城镇化与城乡规划实证研究前沿丛书

城市群城镇化
空间格局、环境效应及优化
——以兰西城市群为例

刘 辉 著

中国建筑工业出版社

图书在版编目（CIP）数据

城市群城镇化空间格局、环境效应及优化——以兰西城市群为例／刘辉著. —北京：中国建筑工业出版社，2017.1
（城镇化与城乡规划实证研究前沿丛书）
ISBN 978-7-112-20244-7

Ⅰ.①城… Ⅱ.①刘… Ⅲ.①城市群—空间规划—规划布局—兰西县②城市群—空间规划—城市环境—环境效应—兰西县 Ⅳ.①TU984.235.4②X321.235.4

中国版本图书馆CIP数据核字（2017）第004851号

责任编辑：焦 扬
责任校对：李美娜 张 颖

城镇化与城乡规划实证研究前沿丛书
城市群城镇化空间格局、环境效应及优化
——以兰西城市群为例
刘 辉 著
*
中国建筑工业出版社出版、发行（北京海淀三里河路9号）
各地新华书店、建筑书店经销
北京京点图文设计有限公司制版
北京富生印刷厂印刷
*
开本：787×1092毫米 1/16 印张：14¾ 字数：335千字
2017年6月第一版 2017年6月第一次印刷
定价：56.00元
ISBN 978-7-112-20244-7
（29604）

序

刘辉于2007年进入西北大学攻读博士学位，主要研究兰西城市群地区的城市化、地域分异与区域综合。在国家自然科学基金项目《西北地区主要城镇区域与PREE系统协调发展的机制研究》（项目编号：50678149）和国家社会科学基金项目《西北地区人口城市化进程与区域PREE系统协调发展的互动机制研究》（项目编号：05XRK010）的支持下，多次到兰西城市群地区调研和考察，地理学本科及硕士的学术背景和知识积淀，使其敏锐地感受到在黄土高原与青藏高原之间的兰西城市群地区特有的自然地理条件和生态环境，通过调研中的亲身体验，目睹兰州、西宁、白银以及众多小城市的现状，深深感受到城镇的生成、发展既与资源禀赋密切相关，同时又受制于自然地理和生态条件，与交通条件紧紧耦合在一起。兰西城市群地区的城镇，有许多历史文化悠久的城镇，也有许多现代资源、交通性城市，部分小城镇仍然处于农耕社会的状态。然而，多元民族文化造就了兰西城市群地区城镇独具特色的城市景观：高高的宣礼塔，街上身着红色服饰的喇嘛和色彩斑斓的建筑，诱人的手抓羊肉和兰州拉面……映射出芸芸众生几千年的平凡生活！然而，在这熙熙攘攘的城镇生活背后，是自然外营力的更为悠久的变化过程：青藏高原的隆起，黄土高原的形成，百万年风雨的雕琢，形成了今天的地理环境，形成了几千年人类社会发展的自然基础。科学问题在于：在青藏高原和黄土高原之间的地域，蜿蜒的湟水和黄河，两侧草木稀疏而裸露的山体和黄土塬……城镇的发展、城镇化的进程与这贫瘠的地理环境究竟有着怎样的联系？我们如何采用定量的方法去测度不同尺度下的关联，去研究城镇的发展、城镇化的进程与自然条件、生态环境之间的耦合机制？

刘辉的这本著作给出了一个基本的答案：

（1）城市化过程本身是一个综合、复杂的时空演变过程，不同国家和区域的城市化过程、特征、主要影响因素、空间格局演化机制各异。生态环境脆弱区域的城市化空间格局演变过程与自然环境各要素之间有着多种相互作用、相互制约的关系。本书从人地关系角度分析城市化与生态环境的相互关系，在城市与自然的关系方面，改变传统的定性分析方法，以兰西城市群对象，利用1986～2006年四期遥感影像数据、1991～2010年甘肃省（青海省）统计年鉴数据、甘肃省气象站观测数据、黄河（湟水）流域部分水文站观测数据等，定量分析气候、降水、河流、地形地貌等与城市人口、经济、规模等的关联耦合关系，开创了城市与自然的新的研究模式。

（2）在理论分析方面，研究生态环境脆弱的干旱半干旱地区，环境和资源等条件如何影响、制约着城市发展的速度、过程。同时，城市化过程也深刻地改变着人地关系地域系统的基本结构和演化过程。本书在总结兰州—西宁区域生态环境演化的基础上，分别以土、水、气三大生态因子来量化城市化过程中的环境演化，重点研究生态环境演化（格局）与城市化空间格局两者之间的相互影响、制约交互作用机理，反演城市化空间格局对生态环境要素的“记忆”和时空“累积”作用过程及生态环境对城市化主要要素的“反抗”作用，充分说明城市发展的自然地理基础作用和经济技术对城市生态环境的“胁迫”作用。研究伴随着城市化过程，生态环境主要要素的响应，包括土地利用类型、流向、生态环境质量指数的变化，耗水结构、水质、水量随城市化的演化，气温和降水变化特征、趋势以及生态环境效应和土地承载力空间差异性。从自然资源条件、交通网络体系、城市经济、政策体制因素方面分析了城市化空间格局形成演化与生态环境响应的耦合机制。

（3）在研究方法方面，采用定性与定量相结合的方法。城市化是一个完整的自然环境要素与经济、社会、技术条件的耦合过程，本书对如制度、体制等诸多人文因素进行定性分析，从自然条件、交通技术、城市经济和政策体制四个方面论证城市化空间格局形成、演化及生态环境响应的机制。通过城市体系分形维数、不平衡指数、基尼指数、空间关联指数、重心模型研究兰西城市群城镇化空间格局，探索人口和经济空间的“热点”和“冷点”及人口、经济和非农业人口重心空间移动轨迹。借助 GIS 和 RS 技术，通过高程分析、河流分形维数计算，研究聚落与水系、海拔高度与人口分布关系，揭示自然生态环境对城市化空间格局的制约作用；通过不平衡指数、空间关联指数、景观格局指数（破碎度、多样性、斑块面积等）、植被覆盖指数、生态环境承载力、分形技术以及 GIS 空间分析等方法，研究环境对城市化，特别是城市化空间格局演化的响应。

（4）兰西城市群位于黄河流域上游，自然环境恶劣，生态系统脆弱，对下游生态安全影响较大。对该区域的研究可弥补国家对生态环境脆弱、发展区位不利、城市群社会经济条件相对较弱的城市化空间格局研究的不足，同时对西北地区河谷型城市化空间格局优化具有重要的借鉴意义。

刘辉依托博士论文《兰州—西宁区域城市化空间格局及环境响应研究》为基础，通过博士后流动站工作以及在北京璟田城市规划设计有限公司进行的城市区域规划后续研究，历经 5 年的补充和完善，就中国城市群及城镇群发展的现状和进展，对兰西城市群空间优化的原则、优化的 8 种不同路径进行充实。其中包括基于交通联系度的城市群空间划分、产业园区与城区（镇区）关系下产城融合的类型及模式、重点镇和特色镇的引导等，形成今天的《城市群城镇化空间格局、环境效应及优化——以兰西城市群为例》的书稿。

《国家新型城镇化规划（2014—2020 年）》中指出：“我国能源资源和生态环境面临的国际压力前所未有，传统高投入、高消耗、高排放的工业化城镇化发展模式难以为继。”“随着资源环境瓶颈制约日益加剧，主要依靠土地等资源粗放消耗推动城镇化快速发展的模式不可持续。”在“指导思想”中提出：“生态文明，绿色低碳。把生态文明理念全面融入城镇化进程，着力推进绿色发展、循环发展、低碳发展，节约集约利用土地、水、能源等资源，强化环境保护和生态修复，减少对自然的干扰和损害，推动形成绿色低碳的生产生活方式和城市建设运营模式。”国家将兰西城市群区域作为全国城镇化战略格局中的重要组成部分，提出：“西部地区是我国水源保护区和生态涵养区。培育发展中西部地区城市群，必须严格保护耕地，特别是基本农田，严格保护水资源，严格控制城市边界无序扩张，严格控制污染物排放，切实加强生态保护和环境治理，彻底改变粗放低效的发展模式，确保流域生态安全和粮食生产安全。”在《国家新型城镇化规划（2014—2020年）》和《全国主体功能区规划》发布以来，各地按照生态环境容量，纷纷探讨提高城镇承载力、优化城镇空间布局形态，以城乡统筹、城乡一体、产城互动、节约集约、生态宜居、和谐发展为基本特征的城镇化，实现大中小城市、小城镇、新型农村社区协调发展、互促共进的城镇化道路。

《城市群城镇化空间格局、环境效应及优化——以兰西城市群为例》一书，为解决兰西城市群区域人口增长、城市扩展、资源开发及经济发展与生态系统脆弱、环境问题突出、自然资源约束明显等矛盾提供切实可行的对策和理论依据。

书稿仍有许多不足，如数据稍感陈旧，城镇化进程与生态环境脆弱化的耦合关联等还需要深入研究。然而，瑕不掩瑜，在今天中国城镇化的进程中，《城市群城镇化空间格局、环境效应及优化——以兰西城市群为例》的出版，可谓正当其时。

谨为序。

段汉明

2016年10月11日

目　录

序

第 1 章　城市群和城镇群相关研究 …… 1

1.1　中国城市群和城镇群发展现状 …… 1

1.1.1　城市群是国家新型城镇化和区域发展的重要载体 …… 1

1.1.2　优化城镇化布局，培育中西部城市群是新型城镇化的重要内容之一 …… 5

1.1.3　城镇群的建设和发展是培育城市群的重要内容和途径之一 …… 6

1.2　兰西城市群城镇化及生态环境概况 …… 11

1.2.1　兰西城市群范围识别 …… 11

1.2.2　兰西城市群城镇发展及生态环境概况 …… 15

1.3　城镇化空间格局与环境交互作用的研究意义 …… 19

1.3.1　理论意义 …… 19

1.3.2　实践意义 …… 21

1.4　兰西城市群国内外研究中的问题和不足 …… 22

1.5　本书研究的思路、方法与技术路线 …… 23

1.5.1　研究思路 …… 23

1.5.2　研究方法 …… 24

1.5.3　技术路线 …… 26

第 2 章　国内外城镇化空间格局及环境效应研究 …… 29

2.1　国外城镇化空间格局演化及环境响应研究 …… 29

2.1.1　城镇化空间结构模式研究 …… 29

2.1.2　城镇化的生态环境效应研究 …… 32

2.2　国内城镇化空间格局演化及环境响应研究 …… 33

2.2.1　城镇化空间结构模式研究 …… 33

2.2.2　城镇化的环境响应研究 …… 40

2.3　近百年来兰西城市群城镇空间格局演化及环境响应 …… 42

2.3.1　城镇化阶段及空间结构模式 …… 42

2.3.2　城市空间结构研究 …… 44

2.3.3　兰西城市群区域生态环境研究 …… 45

2.3.4　近千年来城镇聚落与环境关系演化过程 …… 46

小结 …… 49

第 3 章　兰西城市群城镇化空间格局及演化 …… 51
3.1　城镇化及空间格局研究方法 …… 51
3.1.1　城镇化及水平测度 …… 52
3.1.2　城镇化空间分布均衡与差异性测度 …… 54
3.1.3　城市空间紧凑程度 …… 57
3.2　城市群城镇化空间格局及演化 …… 57
3.2.1　城镇化进程和发展阶段 …… 58
3.2.2　人口城镇化空间结构 …… 60
3.2.3　经济城镇化空间结构 …… 65
3.2.4　综合城镇化水平 …… 68
3.2.5　城镇化空间移动轨迹 …… 71
3.3　城市空间结构形态及演化 …… 73
3.3.1　城镇化空间形态多样性 …… 74
3.3.2　城镇化空间拓展的方向性 …… 75
3.3.3　城镇化空间紧凑度和强度演化 …… 76
3.3.4　城镇化景观格局的演化 …… 80
小结 …… 83

第 4 章　城镇化过程的环境效应 …… 85
4.1　兰西城市群生态环境概况 …… 85
4.1.1　土地 / 覆盖率演化 …… 85
4.1.2　水环境演化 …… 87
4.1.3　大气环境演化 …… 89
4.1.4　生态环境的主要问题 …… 89
4.2　生态环境对城镇化的响应 …… 90
4.2.1　土地随城镇化进程的响应 …… 90
4.2.2　水环境对城镇化的响应 …… 97
4.2.3　局地气候环境对城镇化的响应 …… 103
4.2.4　生态环境效应空间上的差异 …… 108
4.2.5　土地承载力演化及空间差异 …… 113
小结 …… 116

第 5 章　城镇化空间格局与环境相互作用机制 …… 118

5.1 城镇化与生态环境间的交互作用 …… 119
5.1.1 城镇化对生态环境的促进和胁迫作用 …… 119
5.1.2 生态环境对城镇化的促进和约束作用 …… 122
5.1.3 自然环境对城市生态环境演化的作用 …… 123
5.1.4 生态自然格局奠定城镇化空间格局 …… 128
5.2 交通对城镇化与环境空间的推动和拉大 …… 135
5.2.1 交通加速环境空间的变化 …… 136
5.2.2 交通联系度促进城镇空间格局形成 …… 145
5.3 经济对城镇化空间格局和环境演化的双重作用 …… 148
5.3.1 城市经济发展速度影响生态环境演化的速度和强度 …… 148
5.3.2 经济规模基础决定城镇化空间格局的形成 …… 160
5.4 政策体制及规划调控对环境响应的加速及减缓 …… 165
5.4.1 城镇化道路和产业布局政策加速了环境恶化 …… 165
5.4.2 “退耕还林还草”政策恢复生态环境 …… 166
5.4.3 区域和产业政策等引导城镇化的空间格局形成 …… 167
小结 …… 175

第6章 兰西城市群城镇化空间格局优化 …… 177
6.1 城镇群空间格局优化的原则和内容 …… 177
6.1.1 “三生”空间优化组合，可持续发展原则 …… 177
6.1.2 城镇发展要素自由流通，效益最大化原则 …… 179
6.1.3 城市功能优化和特色化，城镇网络化原则 …… 180
6.2 培育和优化城镇群发展的主要路径 …… 180
6.2.1 依据城镇生态环境承载力，划定区域功能控制线 …… 181
6.2.2 扩大中心城市规模，提高中心城市辐射带动力 …… 183
6.2.3 重点培育规模以上重点镇和特色镇的建设发展 …… 188
6.2.4 优化城市职能，进行差异化特色化发展 …… 191
6.2.5 统筹城市群内各城市规划的协调性发展 …… 193
6.2.6 工业化和城镇化互动发展，促进产城融合发展 …… 196
6.2.7 严控生态底线，持续发展，建设生态城和智慧城 …… 206
小结 …… 214

参考文献 …… 216
后记 …… 225
附图 …… 226

第 1 章　城市群和城镇群相关研究

城市群作为城镇群的高等级空间形态，是国家参与全球竞争和国际分工的全新地域单元，是中国加快推进城镇化的主体空间形态，是中国未来经济发展中最具活力和潜力的核心增长点。城市群在特定的区域范围内云集了相当数量的不同性质、类型和等级规模的城市，以一个或两个（少数多核心的城市群例外）特大城市（小型的城市群为大城市）为中心，依托一定的自然环境和交通条件，城市之间的内在联系不断加强，共同构成一个相对完整的城市"集合体"。当一个城市密集地区的大城市数量超过 3 个、人口总规模超过 2000 万人（其中核心城市市区常住人口规模超过 500 万人）、人均 GDP 超过 1 万美元、城镇化水平大于 50%、非农产业比重大于 70%（处在工业化和城镇化中后期）、核心城市 GDP 中心度大于 45%、经济外向度大于 30%、经济密度大于 500 万元 /km^2 且能形成半小时、1 小时和 2 小时经济圈时，可认为这一城市密集地区达到了城市群发育的基本标准，可按照城市群来建设。

1.1　中国城市群和城镇群发展现状

1.1.1　城市群是国家新型城镇化和区域发展的重要载体

城市群是中国未来经济发展格局中最具活力和潜力的核心地区 [1]。《国家主体功能区规划（2010–2020）》、《国民经济和社会发展十三五规划》、《国家新型城镇化规划（2014–2020）》等重要的国家发展规划和发展战略中，均将城市群作为国家或区域发展的重要载体。其中《国家主体功能区规划（2010–2020）》首次将全国国土空间划分为优化开发区、重点开发区、限制开发区和禁止开发区 4 类主体功能区。其中优化开发区 3 个，分别是环渤海地区、珠江三角洲地区、长江三角洲地区；重点开发区 18 个，包括冀中南、太原城市群、呼包鄂榆、哈长、东陇海、江淮、海峡西岸、中原、长江中游、北部湾、成渝、黔中、滇中、藏中南、关中—天水、兰西（兰西）、宁夏沿黄、天山北坡。优化开发区和重点开发区主要指我国的城市群地区。另外，《国家新型城镇化规划（2014–2020）》中提出的优化城镇化布局和形态主要包括：优化提升东部地区京津冀、长江三角洲和珠江三角洲城市群，培育发展中西部地区成渝、中原、长江中游、哈长等城市群，建立城市群发展协调机制，促进各类城市协调发展，强化综合交通运输网络支撑等。

方创琳按照七大标准（城市群内都市圈或大城市数量不少于 3 个，其中作为核心城市的城镇人口大于 500 万人的特大或超大城市至少有 1 个；人口规模不低于 2000 万人；城镇化水平大于50%；人均GDP超过1万美元，经济密度大于500万元/km^2；经济外向度大于30%；基本形成高度发达的综合运输通道和半小时、1小时与2小时经济圈；非农产业产值比重超过70%；核心城市GDP中心度大于45%，具有跨省的城市功能）及10个指标（城市个数、人口规模、城镇化水平、人均GDP、经济密度、经济外向度、铁路网密度、公路网密度、非农产业产值比重、核心城市GDP中心度）对全国城市群建设条件和发育情况进行量化评价，并划分为28[2]个城市群。从重点培育国家新型城镇化政策作用区的角度出发，形成5个重点建设的国家级城市群（长江三角洲城市群、珠江三角洲城市群、京津冀城市群、长江中游城市群、成渝城市群）、9个稳步建设的区域性城市群（哈长城市群、辽中南城市群、山东半岛城市群、江淮城市群、中原城市群、海峡西岸城市群、关中城市群、广西北部湾城市群、天山北坡城市群）和6个引导培育的新的地区性城市群（晋中城市群、兰西城市群、呼包鄂榆城市群、滇中城市群、黔中城市群、宁夏沿黄城市群），组成“5+9+6”的中国城市群空间结构新格局[3]。

国家重点建设发展城市群概况 表1-1-1

类型	城市群或都市圈名称	城市群或都市圈中的城市名称	城市个数	城市群的核心城市
重点建设的国际级城市群（5个）	长江三角洲城市群	上海、苏州、无锡、常州、南京、镇江、扬州、泰州、南通、杭州、嘉兴、湖州、宁波、绍兴、舟山	15	上海、南京、杭州
	珠江三角洲城市群	广州、深圳、珠海、佛山、惠州、肇庆、江门、东莞、中山、香港、澳门	11	广州、深圳、香港
	京津冀都市圈	北京、天津、唐山、廊坊、保定、秦皇岛、石家庄、张家口、承德、沧州	10	北京、天津
	长江中游城市群	武汉、黄石、黄冈、鄂州、孝感、咸宁、仙桃、潜江、天门；襄阳、宜昌、荆州、荆门；长沙、岳阳、常德、益阳、株洲、湘潭、衡阳、娄底；南昌、九江、景德镇、鹰潭、上饶、新余、抚州、宜春、萍乡市、新干县（吉安市）	31	长沙、武汉、南昌
	成渝城市群	成都、绵阳、自贡、泸州、德阳、广元、遂宁、内江、乐山、资阳、宜宾、南充、达州、雅安、广安、巴中、眉山、重庆	17	重庆、成都
稳步建设的区域性城市群（9个）	哈长城市群	哈尔滨、大庆、长春、齐齐哈尔、绥化市、白城市、松原市	7	哈尔滨
	辽中南城市群	沈阳、大连、铁岭、抚顺、本溪、辽阳、鞍山、阜新、锦州、盘锦、营口	11	大连、沈阳
	山东半岛城市群	济南、青岛、烟台、威海、日照、东营、潍坊、淄博	8	济南、青岛
	江淮城市群	合肥、巢湖、淮南、蚌埠、芜湖、铜陵、马鞍山	7	合肥

续表

类型	城市群或都市圈名称	城市群或都市圈中的城市名称	城市个数	城市群的核心城市
稳步建设的区域性城市群（9个）	中原城市群	郑州、洛阳、开封、新乡、焦作、许昌、济源、平顶山、漯河	9	郑州
	海峡西岸城市群	福州、莆田、泉州、厦门、漳州、宁德	6	厦门
	关中城市群	西安、咸阳、铜川、宝鸡、渭南、韩城、华阴、兴平	8	西安
	广西北部湾城市群	南宁、北海、防城港、钦州、玉林、崇左	6	南宁
	天山北坡城市群	乌鲁木齐、昌吉、阜康、米泉、石河子、克拉玛依、乌苏、奎屯	8	乌鲁木齐
引导培育新的地区性城市群（6个）	呼包鄂榆城市群	呼和浩特、包头、鄂尔多斯、榆林	4	呼和浩特
	晋中城市群	太原、晋中	2	太原
	宁夏沿黄城市群	银川、石嘴山、吴忠、中卫、平罗、青铜峡、贺兰、永宁、中宁	9	银川
	兰西城市群	兰州、定西、白银、西宁、临夏	5	兰州
	滇中城市群	昆明、曲靖、玉溪、楚雄	4	昆明
	黔中城市群	贵阳、遵义、安顺、都匀、凯里	5	贵阳
合计	20	183	183	30

数据来源：方创琳．中国城市群研究取得的重要进展与未来发展方向．地理学报，2014，69（8）：1130–1144.

依据《中国城市统计年鉴（2014）》的不完全统计，2013 年年末，国际级、区域级、引导培育的地区级等三大类 20 个城市群（“5+9+6”）占全国建设用地面积的 9.50%，承载全国人口的 60.21%，占地区生产总值的 83.89%，拥有金融机构存款额和贷款额的 78% 以上，社会消费品零售额占全国的 72.74%，耗掉城市供水量占全国城市供水量的 71.34%（表 1–1–2）。国内学者从不同角度对城市群空间范围划分 [4]、结构体系和空间差异 [5]、发育程度、稳定性 [6]、紧凑度 [7]、城市群产业集聚特征和动力机制、城市群交通网络 [8] 等进行了系统研究，即对城市群在区域中的经济集聚和辐射、交通联系及产业组织和自然资源高效配置等作用进行了多角度研究。但是对城市群区域城镇化空间格局如何优化，特别是如何培育和发展潜在城市群、发育中的城市群（豫皖城市群、冀鲁豫城市群、鄂豫城市群、徐州城市群、北部湾城市群、琼海城市群、呼包鄂榆城市群、晋中城市群、兰西城市群、宁夏沿黄城市群、天山北坡城市群、黔中城市群、滇中城市群）研究相对较少，加强这些研究对培育中西部城市群建设和发展，缩小东、中、西城市群发展水平和差距有着重要意义。

国家重点建设城市群概况一览表 表 1-1-2

类型	总人口（万人）	城市建设用地面积（km^2）	地区生产总值（亿元）	年末金融机构人民币存额（亿元）	年末金融机构人民币贷额（亿元）	社会消费品零售总额（亿元）	城市供水量（万吨）
长江三角洲城市群	14981.1	8605	94607.14	192887.24	141280.14	34150.17	814958
珠江三角洲城市群	3142.2	2477	53060.48	99152.43	62230.09	18933.00	756898
京津冀城市群	7540.5	3161	56473.87	137551.81	75558.18	20700.34	372552
长江中游城市群	3196.1	976	15630.08	21442.55	15961.04	6673.36	149507
襄荆宜城市带	1957	414	8169.63	7412.74	4331.77	2919.29	43933
环长株潭城市群	4224	704	19656.82	20388.93	14707.77	6139.09	140156
环鄱阳湖城市群	3890.8	735	12667.84	16789.91	11350.59	3856.54	85671
成渝城市群	11670.4	2484	37756.55	66796.11	45185.08	14256.92	262200
哈长城市群	3625.8	1373	18958.82	21697.11	15781.82	7326.25	118645
辽中南城市群	3379.1	1780	26902.21	34958.50	25725.17	9401.54	225518
山东半岛城市群	4077.3	1614	34372.65	42801.83	31469.72	13439.53	152781
江淮城市群	2096.5	910	10573.08	14915.45	12223.43	3213.75	104118
中原城市群	4537.6	1070	18475.63	23579.06	16223.47	6920.03	93858
海峡西岸城市群	2096.7	873	17732.26	24865.12	21612.80	7164.36	101219
关中城市群	2510.4	716	9961.41	19137.19	12385.05	3917.29	74613
广西北部湾城市群	2330.7	537	6600.53	9946.36	8273.44	2547.41	63816
天山北坡城市群	428.7	453	3055.96	6720.27	4262.22	1023.59	44201
呼包鄂榆城市群	990.3	685	13016.06	11518.57	10074.46	3072.16	47355
晋中城市群	698	337	3435.10	11653.59	8021.15	1710.94	35660
宁夏沿黄城市群	514.4	281	2374.21	3597.42	3748.01	560.99	18976
兰西城市群	1097.3	392	3514.66	9444.14	7804.17	1379.72	53363
滇中城市群	1455.1	492	6101.72	12620.62	10874.59	2306.96	39635
黔中城市群	1491.3	332	4099.26	8574.45	5812.74	1367.55	33553
合计	81931.3	31401	477195.97	818451.40	564896.89	172980.78	3833186
全国	136072	330700	568845.20	1043846.86	718961.46	237810	5373021
城市群占全国比重（%）	60.21	9.50	83.89	78.41	78.57	72.74	71.34

数据来源:《中国城市统计年鉴（2014）》汇总。

1.1.2　优化城镇化布局，培育中西部城市群是新型城镇化的重要内容之一

自 2012 年党的十八大报告到 2014 年《国家新型城镇化规划（2014–2020）》，中央和地方多次提到城市化布局和形态的优化（表 1–1–3）。其中 2013 年 12 月 12 日举行的推进新型城镇化会议强调新型城镇化是以城乡统筹、城乡一体、产城互动、节约集约、生态宜居、和谐发展为基本特征的城镇化，是大中小城市、小城镇、新型农村社区协调发展、互促共进的城镇化。它还提出了新型城镇化的六大任务：推进农业转移人口市民化；提高城镇建设用地使用效率；建立多元资金保障体制；优化城镇化布局和形态；提高城镇建设水平；加强对城镇化的管理。其中优化城镇化布局和形态重点从人口资源环境的基础上，形成大中小城市和小城镇、城市群科学布局，规模等级合理，各种资源合理配置，空间综合效益最大化的结构形态。

优化城市化布局和形态相关事件　　表 1–1–3

事件	内容
2012 年 11 月召开的党的十八大	大力推进生态文明建设，优化国土空间开发格局。要按照人口资源环境相均衡、经济社会生态效益相统一的原则……促进生产空间集约高效、生活空间宜居适度、生态空间山清水秀，推动各地区严格按照主体功能定位发展，构建科学合理的城市化格局、农业发展格局和生态安全格局
2012 年 12 月召开的中央经济工作会议	构建科学合理的城市格局，大、中、小城市和小城镇、城市群要科学布局，与区域经济发展和产业布局紧密衔接，与资源环境承载能力相适应……走集约、智能、绿色、低碳的新型城镇化道路
2013 年 12 月 12 日中央推进新型城镇化会议	强调新型城镇化是以城乡统筹、城乡一体、产城融合、节约集约、生态宜居、和谐发展为基本特征的城镇化，是大中小城市、小城镇、新型农村社区协调发展、互促共进的城镇化。提出新型城镇化六大任务，分别是：推进农业转移人口市民化；提高城镇建设用地使用效率；建立多元资金保障体制；优化城镇化布局和形态；提高城镇建设水平；加强对城镇化的管理……要一张蓝图干到底
国家新型城镇化规划（2014–2020）	分八个篇章，其中六个篇章集中在通过有序推进农业转移人口市民化、优化城镇化布局和形态、提高城市可持续发展能力、推进城乡发展一体化、改革完善城镇化发展体制机制，提高城镇化水平和质量，使城镇化格局更加优化，城市发展模式科学合理化，城市生活和谐宜人
上海市优化城市化形态	上海从四个方面优化：坚持有机疏散基本理念，强化城乡空间统筹和海洋陆域资源统筹，严控生态空间底线；优化城乡空间，强化市域城镇发展轴线，形成中心城、新城和新市镇融入长江三角洲城市群一体化发展的空间格局，突出重点，实施差异化的空间发展策略；构建覆盖全域的空间政策体系；筹划战略机遇空间规划
甘肃省新型城镇化规划（2014–2020）	优化甘肃省城镇化布局和形态，采取方针为：加快建设以兰白都市圈为核心的中部城市群；进一步提升河西走廊城市带发展水平；积极推动陇东和陇南城市带加快发展；大力促进中小城市和小城镇协调发展
青海省新型城镇化规划（2014–2020）	青海省优化城镇化布局和形态：与丝绸之路经济带、国家三江源生态保护综合试验区、柴达木循环经济试验区、西宁—兰州城市群建设紧密结合，优化城镇化总体布局，加快建设东部城市群，壮大区域性中心城市，培育新兴城市，打造重点城镇，推进城乡发展一体化

在东部地区城市群、中西部地区城市群发育程度、发展水平、影响因素和空间形态差异较大的背景下，什么样的城市化空间形态最优，最优的原则是什么？探索如何使西部地区城市群进入城镇化的高级阶段，成为西北地区经济社会发展的新型城镇主导区域，研究城镇区域社会经济一体化发展的途径和城镇、城镇区域及城镇化发展的内在规律。培育中西部城市群对提高全国城市化水平和优化城市化形态有着重要意义。

1.1.3 城镇群的建设和发展是培育城市群的重要内容和途径之一

城镇群的建设和发展，一方面，可以克服中小城市与小城镇脱离大城市依托在城市功能上的缺陷，解决可就业性、可服务性等问题，克服分散化发展导致的资源环境过度消耗；另一方面，可以克服巨型城市中心城区单中心的无限扩展，把过度集中的城市功能化解到周围的二级城市和中小城市中去，保留了城市功能混合、土地空间紧凑、人口密度合理化的优点。《国家新型城镇化规划（2014–2020）》明确提出要重点优化提升东部地区城市群和培育发展中西部地区城市群。小城镇在城市群建设中处于城镇体系的底层，另外，建设和管理上受行政制度等级体系影响，小城镇建设往往在城市群建设中处于被冷落的地位。但小城镇是农村一定区域范围内的政治、经济和文化中心，非农产业劳动者的聚居地，工业品和农副产品的商品交换场所，部分农副产品加工基地和农用生产资料供应中心，乡镇企业相对集中，具有一定的社会服务和城市基础设施，同时又保存着一些农村的自然和社会环境。小城镇一头连着城市，一头连着广大的农村，因此，在城镇化建设和发展中，一方面对城镇群内大中城市发展及乡村发展，实现中国城乡统筹，缩小城乡二元结构，实现一体化发展起到关键作用，另一方面，直接影响着城镇群内核心城市和中心城市产业转移的类型、方向、速度和效率，促进大中城市与小城镇空间功能优化和协调，决定城镇化道路的成败。

目前，国内外小城镇建设发展研究集中在小城镇的发展类型、发展阶段和发展政策、发展模式、空间集聚、消费模式、建设与管理、小城镇发展趋势等方面。其中：①针对不同地域和空间小城镇进行研究。《中国建制镇统计年鉴》按照城关镇、平原、丘陵、山区4种类型对其总人口、从业人口、镇区面积等要素进行相关统计。有些学者则根据大都市郊区、城镇密集区、山区、边疆地区等不同区域城镇的建设发展进行研究。康勇等研究了北京郊区小城镇发展的路径，包括构建生态友好型产业体系、提高基础设施综合承载能力、打造现代宜居新型小城镇等[9]。②小城镇发展模式研究。按经济发展因素和主要产业划分为工业型、交通型、文化旅游型、商贸物流型及综合小镇等不同发展模式。许玲针对中国不同区域的发展特色，将小城镇发展模式划分为苏南模式、温州模式、广东模式、浦东模式、阜阳模式等[10]。刘会晓、王大勇将发达国家小城镇建设模式总结为："卫星城市"❶建设模式、

❶ 卫星城，以城区为中心的半径约48km范围内，向外分内圈、近郊圈、绿带圈和外圈4个圈层。小城镇对大城市在经济、设施上的依赖性强，大城市与小城镇之间交通比较发达，可满足大量人口通行需要，出现"小镇居住，大城工作"的局面。

综合建设模式、绿色或生态小城镇建设模式[11]。③小城镇发展中的因素研究。包括内部因素和外部因素。其中内因包括农村经济的市场需求，人口的聚集，乡镇企业与农村二、三产业的发展。罗震东、何鹤鸣认为全球化生产网络的构建、快速交通网络的完善、高品质集约发展的诉求以及社会消费需求的升级等全球城市区域的发展特征是推动区域内小城镇加速发展的外部因素[12]。

城镇群内小城镇具有较大的适宜居住和工作的空间，越来越成为中国新型城镇化的重点之一。中国小城镇空间分布以东部为主，综合建设发展水平呈从东向西逐渐降低的格局。国内针对城镇群内小城镇的研究相对较少，造成城镇群的小城镇在建设发展中规划定位不准确，发展目标不明确，城镇特色不鲜明，管理依据不标准等问题。新型城镇化背景下，国家城镇群在国家战略中的地位和作用日益凸显，研究城镇群内城镇等级体系、空间分布、主导产业等发展的相关问题，有效弥补小城镇现有研究的薄弱点，推动培育中西部地区城镇群的形成有着重要的实践意义。

1.1.3.1　小城镇的空间分布以东部为主，建设综合发展水平从东向西逐渐降低

《镇规划标准》(GB50188–2007)，依据镇区人口规模，将镇规模等级划分为特大型(>50000)、大型(30001 ~ 50000)、中型(10001 ~ 30000)、小型(≤ 10000)这 4 种等级。中国小城镇发展，从规模来看，2011 年末，全国有 19683 个建制镇，288 个城市(4 个直辖市、15 个副省级城市、269 个地级市)，拥有 125652.0 万人，其中市辖区人口 39379.6 万人，小城镇 86525.31 万人，镇区人口 24653.16 万人，全国小城镇人口占城市人口的 68.86%，占全国市辖区人口的 62.60%。从小城镇发展来看，尽管东部沿海小城镇数量较少，仅占全国小城镇的 33.72%，却承担着全国小城镇人口数量的 40.01%，企业数量的 54.89%，公园个数的 62.75% 等(表 1–1–4)。因此，无论从建制镇从业人员、建制镇企业数量，还是建制镇基础设施和绿化来看，东部沿海地区小城镇建设发展占有主导地位，起到示范和引领全国小城镇建设和发展方向的作用。

2011 年末中国东中西及东北区域建制镇发展情况一览表　　　表 1–1–4

地区	总量				比重(%)			
	东部	中部	西部	东北	东部	中部	西部	东北
建制镇(个)	6637	5146	6387	1513	33.72	26.14	32.45	7.69
总人口(万人)	34615.24	22691.72	24817.99	4400.36	40.01	26.23	28.68	5.09
镇区总人口(万人)	10943.63	5966.36	6456.15	1287.02	44.39	24.20	26.19	5.22
从业人员(万人)	18743.62	12183.95	13142.52	2198.21	40.51	26.33	28.41	4.75
第二产业(万人)	7231.51	3420.4	2671.07	409.23	52.66	24.91	19.45	2.98
第三产业(万人)	5216.39	3145.58	3398.95	567.68	42.31	25.51	27.57	4.60

续表

地区	总量				比重（%）			
	东部	中部	西部	东北	东部	中部	西部	东北
有效灌溉面积（万 hm^2）	1362.88	1106.83	929.36	322.2	36.62	29.74	24.97	8.66
粮食播种面积（万 hm^2）	2158.27	2185.38	2149.79	1074.89	28.52	28.88	28.41	14.20
企业数（万个）	440.32	180.4	156.91	24.5	54.89	22.49	19.56	3.05
工业企业（万个）	202.86	67.91	37.46	8.93	63.96	21.41	11.81	2.82
固定资产投资完成（亿元）	57142.6	20540.02	19231.44	1428.15	58.11	20.89	19.56	1.45
企业投资完成额（亿元）	2100.71	1700.55	1168.76	133.71	41.16	33.32	22.90	2.62
储蓄所（个）	32911	18394	22657	4282	42.06	23.51	28.96	5.47
市场个数（个）	28653	15536	15525	3244	45.51	24.68	24.66	5.15
公园个数（个）	8948	2934	2010	368	62.75	20.58	14.10	2.58
农技推广服务人员（个）	116759	94847	97857	25097	34.90	28.35	29.25	7.50
镇区占地面积（hm^2）	3796674	1983714	3360545	749977	38.39	20.06	33.98	7.58
镇区绿化面积（hm^2）	364053	147163	145897	25364	53.34	21.56	21.38	3.72

注：通过《中国建制镇统计年鉴（2012）》整理获得。

1.1.3.2　东部沿海三大城市群内部小城镇发展的现状

城市群内小城镇的建设和发展受到城市群内核心城市、中心城市的集聚和辐射力，城镇群的产业网络、交通网络、生态网络等联系，都市文化和生态文化的熏陶，高新技术和尖端人才的外溢，就业机会和学习机会的增加等诸多外界因素的影响，形成多种类型城镇。

1）三大城市群内，小城镇体系各异，中型以上建制镇对城镇群影响较大

中国东部沿海京津冀城市群、长江三角洲城市群和珠江三角洲三大城市群内小城镇数量为分别为 1250 个、861 个、380 个，合计 2491 个，占东部沿海小城镇数量的 37.58%。其中镇区人口超过 1 万人的建制镇，长江三角洲城市群最多（393 个），珠江三角洲最少（114 个）。

三大城市群内小城镇体系差异较大，其中京津冀和珠江三角洲城市群建制镇以镇区人口规模小于 1 万人的小型镇为主，而长江三角洲城市群以中型镇和大型镇为主。小城镇体系中，中型镇、大型镇及特大型镇对城市群发展影响较大：①京津冀城市群内，建制镇以小镇（镇区人口规模小于 1 万人）为主。镇区人口超过 1 万人的中型镇占到 31.44%，镇区总人口为 1541.77 万人，占城市群市辖区人口总量（3106.4 万人）的 49.63%。②长江三角洲城市群

内，建制镇以中型以上镇为主。中型以上镇为 502 个，占城市群内建制镇总量（861 个）的 58.30%，镇区总人口为 2213.97 万人，占该城市群市辖区人口总量的 53.81%。③珠江三角洲城市群内，建制镇以小镇为主。中型以上镇 114 个，占城镇群内建制镇总量（380 个）的 30%。镇区总人口为 803.99 万人，占该城市群市辖区人口总量的 37.95%（表 1-1-5）。

2011 年末三大城镇群建制镇及小城镇人口分布概况　　　　表 1-1-5

城镇群	建制镇个数	建制镇总人口超过 3 万人的个数	镇区人口超过 1 万人的个数	建制镇总人口（万人）	镇区总人口（万人）	全市人口（万人）	市辖区人口（万人）	建制镇总人口 / 全市人口（%）	镇区人口 / 市辖区人口（%）
京津冀	1250	719	393	4827.15	1541.77	7902.2	3106.4	19.51	49.63
长江三角洲	861	671	502	5686.20	2213.97	7847.3	4168.3	28.21	53.11
珠江三角洲	380	266	114	2735.28	803.99	3580	2118.4	22.46	37.95

注：通过《中国建制镇统计年鉴（2012）》整理获得。

2）三大城市群内小城镇空间分布各异

长江三角洲和珠江三角洲城市群内规模以上建制镇分布相对均匀，而京津冀城市群内分布差异较大。城市群核心城市形成的轴线越长及沿线分布规模以上建制镇越多，对城镇群发展水平和竞争力影响越大。

三大城市群，在空间上形成了不同的空间结构（图 1-1-1），其中：①京津冀城市群形成了以北京、天津为双核心，以北京—石家庄、北京—天津、北京—唐山为轴线的“个”字形空间结构，中型以上城镇的空间分布相对集中，且东部平原为主，西部山区相对较少。东部平原主要分布在京—石轴线上，而由双核心城市形成的北京—天津轴线相对较短，其周围分布规模以上建制镇相对较少。②长江三角洲城市群形成以南京、上海、杭州和宁波为核心的“2”字形空间结构，规模以上建制镇空间分布相对分散，且核心城市南京、上海、杭州和宁波形成的轴线相对较长，规模以上建制镇由轴线串通连接的较多。③珠江三角洲城市群由广州和深圳形成双核心城镇群，规模以上建制镇空间分布相对零散，尽管两核心城市形成轴线相对较长，但连接规模以上建制镇相对较少，会影响到核心城市与周围建制镇在功能上相互补充和产业上相互关联的强弱。

1.1.3.3　城市群内核心城市与都市区外围小城镇主导产业和管理水平的差异

研究以三大城市群内 90 多个特大镇（镇区人口规模在 5 万以上的建制镇，表 1-1-6）为案例进行分析，发现三大城市群核心城市市域内及都市区外围的特大镇在产业结构、城镇居民可支配收入、镇区土地出让占全部财政收入、规划建设管理等方面存在差异：①都市区外围特大镇规划建设管理方面弱于核心城市。核心城市规划建设管理专业人员，在特大镇一般拥有 3 人左右，部分特大镇拥有专业人员超过 3 人，例如北京通州永乐店镇 8 人，上海金山区朱泾镇 5 人。都市区外围特大镇规划建设管理专业人员不到 1 人，或者没有，如保定市的清苑镇、涞水镇和三坡镇等均没有专业管理人员。②核心城市内的特大镇产业结构优于都市区外围。尽管特大镇产业结构均是以二、三产业为主，但处于核心城市内的特大镇与都市区外围特大镇主导工业特点不同。京津冀城市群和长江三角洲城市群核心城市内特大镇往往以汽车、新材料和高新技术等高端制造业为主，珠江三角洲城镇群核心城市特大镇产业还有珠宝首饰制造业、奢侈品产业等。另外，区位和基础较好的特大镇，则形成生产性服务业和文化创意产业较为发达的产业结构。都市区外围特大镇工业往往以机械加工、食品加工、塑料五金加工为主，如北京昌平南口镇形成了以南口机车车辆厂、鹿牌保温瓶公司、平板玻璃公司等老工业企业为主导的北京市工程机械制造产业基地和市政路桥产业基地，而位于核心城市外围的沧州桑园镇则以机械加工制造产业为主，年创税收 3580 万元，吸纳 14146 人就业，以艺能公司等企业为龙头，形成机械加工产业链。

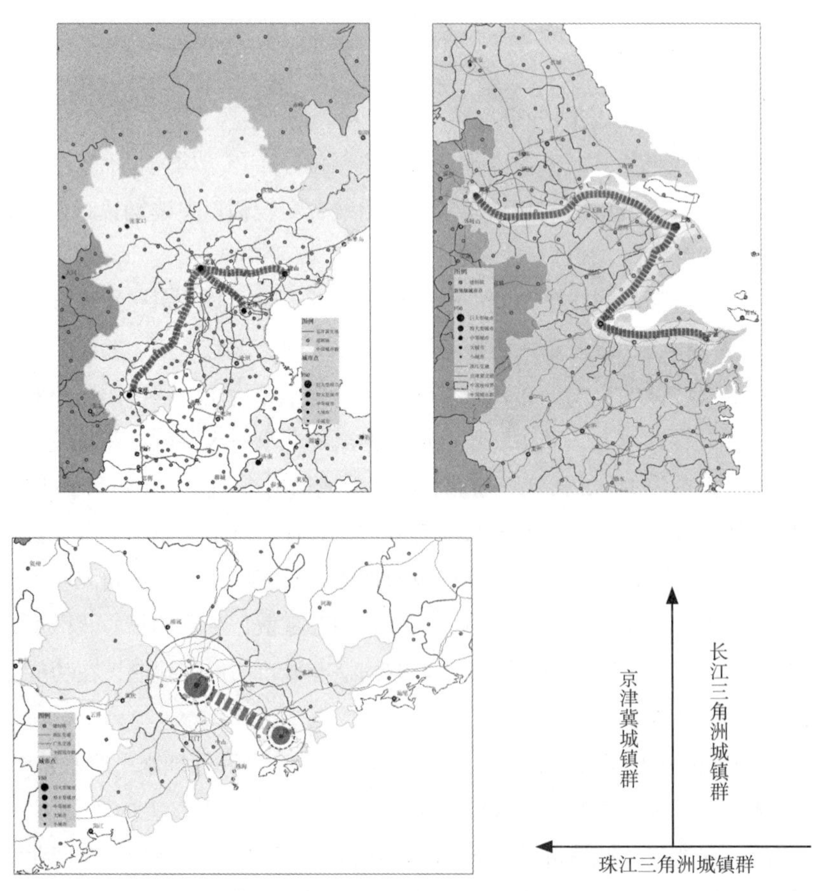

图 1-1-1　三大城镇群规模以上建制镇空间分布（彩图见附图）

三大城市群部分特大镇及共性特点　　表 1-1-6

城镇群	类型	特大镇（镇区人口规模在 5 万以上）	共性特点
京津冀城镇群	核心城市：北京、天津	北京（窦店镇、潞县镇、小汤山镇、南口镇、北七家镇、庞各庄镇、溪翁庄镇、康庄镇） 天津（杨柳青镇、张家窝镇、芦台镇、大北涧沽镇、渔阳镇）	（1）区位优越、交通便利，位于高速公路及省道附近。 （2）城镇居民生活水平相对较高，城镇居民可支配收入为 1.5 万~ 2 万元；产业结构以第二产业或者第三产业为主。 （3）城镇规划管理水平相对较高，城镇详细规划面积占城镇建设用地面积比重较高。 （4）投资额度相对较大，城镇基础设施建设水平相对完善
	都市外围：保定、张家口、承德、唐山、沧州	唐山（滦州镇、倴城镇、姜各庄镇、夏官营镇） 保定（白沟镇、定兴镇、望都镇、松林店镇） 承德（下板城镇、兴隆镇、平泉镇、滦平镇、隆化镇、大阁镇、宽城镇、围场镇） 张家口（张北镇、蔚州镇、西城镇、柴沟堡镇、沙城镇） 沧州（东光镇、苏基镇、桑园镇、乐寿镇、泊镇、南排河镇、胜芳镇）	
长江三角洲城镇群	核心城市：南京、上海、杭州	上海（南翔镇、马陆镇、周浦镇、航头镇、朱泾镇、泗泾镇、朱家角镇、华新镇、奉城镇、庄行镇、陈家镇） 南京（东坝镇、石湫镇、桠溪镇） 杭州（临浦镇、瓜沥镇、塘栖镇、瓶窑镇、江南镇、横村镇、千岛湖镇、汾口镇、梅城镇、新登镇）	
	都市外围：苏州、绍兴	绍兴（长乐镇、钱清镇、店口镇、大唐镇、枫桥镇、丰惠镇、崧厦镇、甘霖镇） 苏州（浒墅关镇、甪直镇、渭塘镇、黄埭镇、海虞镇、沙家浜镇、梅李镇、锦丰镇、金港镇、震泽镇）	
珠江三角洲	核心城市：广州、深圳	广州（钟落潭镇、沙湾镇、太平镇、鳌头镇、新增镇、中新镇、东涌镇）	
	都市外围：佛山、东莞	佛山（明城镇、杨和镇、龙江镇、北滘镇、西樵镇、里水镇）	

注：镇区人口规模在 5 万人以上建制镇。

1.2　兰西城市群城镇化及生态环境概况

1.2.1　兰西城市群范围识别

1.2.1.1　国内外城市群空间范围识别

城市群因城市间的人流、物流、经济流、信息流、资金流等相互联系和作用，形成一个复杂、开放的巨系统。国内外学者采用城市引力模型、城市经济区划方法、行政区划方法等，提出了城市群空间范围识别的标准[4]，其中具代表性的如表 1-2-1 所示。

国内外城市群界定的标准　　表 1-2-1

序号	时间	提出者	主要标准的界定
1	1957	简·哥特曼（法国）	5 个标准： （1）区域内有较密集的城市； （2）有相当多的大城市形成各自都市区，核心城市与都市区外围地区有密切的社会经济联系； （3）有联系方便的交通走廊把核心城市连接起来，各都市区之间没有间隔，且联系密切； （4）人口规模在 2500 万人以上； （5）具有国际交往枢纽作用
2	1950	日本行政管理厅	都市圈： （1）以一日为周期，可以接受城市某一功能服务的地域范围； （2）中心城市人口规模在 10 万以上 大都市圈： 中心城市为中央指定城市，或人口规模在 100 万以上，且邻近有 50 万人以上城市，外围到中心城市通勤人口不低于本身人口的 15%，都市圈之间货运量不超过总运输量的 25%
3	1991	周一星	5 个标准： （1）具有两个以上人口超过 100 万的特大城市作为发展极，至少一个具有较高对外开放度； （2）大型海陆空港口（年货运吞吐量 1 亿吨以上），且有多条国际航线运营； （3）多种综合交通走廊以及区内各城市与走廊有便捷联系，两侧人口稠密； （4）有较多的中小城市，总人口规模在 2500 万以上，人口密度达到 700 人 /km^2； （5）中心城市及城市间经济联系紧密
4	2006	姚士谋	十大识别标准： 总人口（1500 万~ 3000 万人）；区域内特大超级城市的个数（>2 座）；区域内城市人口比重（>35%）；区域内城镇人口比重（>40%）；区域内城镇人口占省区比重（>55%）；等级规模结构（较完整的 5 个等级）；交通网络密度（铁路 250 ~ 550 km/10^4km^2、公路 2000 ~ 2500km/10^4km^2）；社会商品零售额占全省比重（>45%）；流动人口占全省（区）比重（>65%）；工业总产值占全省（区）比重（>70%）
5	2008	倪鹏飞	城市群发展阶段识别标准： 据人口条件（人口规模和人口密度）、资源条件（土地和水资源）、区位条件、政府规划（配套政策）、城市群体系（中心城市形成、联系程度和分工程度）、经济条件（工业化水平），划分为潜在城市群、萌芽城市群、成长城市群、成熟城市群四大类
6	2010	方创琳	城市群七大标准： 城市群内都市圈或大城市数量不少于 3 个，其中作为核心城市的城镇人口大于 500 万人的特大或超大城市至少有 1 个；人口规模不低于 2000 万人；城镇化水平大于 50%；人均 GDP 超过 1 万美元，经济密度大于 500 万元 /km^2；经济外向度大于 30%；基本形成高度发达的综合运输通道和半小时、一小时与两小时经济圈；非农产业产值比率超过 70%；核心城市 GDP 中心度大于 45%，具有跨省的城市功能

1.2.1.2　兰西城市群空间范围

1）相关兰西区域范围划分比较

针对兰西城市群空间范围划分，国内学者针对研究的不同问题、研究深度及侧重性存在的差异，其空间范围的识别也存在差异。范围共同点如下：①沿着陇海线延伸；②均含有兰州市区县、西宁市区县、白银市区县、海东地区。范围差异表现在南部的临夏市、东部的定西市和天水市、北部的武威市、西部的格尔木和德令哈等区域。

兰西城市群空间范围划分差异性一览表　　表 1-2-2

序号	时间	提出者	范围
1	1999	朱竑	西北河湟谷地：兰州市 3 县 5 区，白银市 3 县 2 区，西宁市 4 区 3 县，海东地区互助、平安、乐都、民和 4 县
2	2000	段汉明	兰州、西宁两省会城市及周围区域：北至永登，南至临洮，东起会宁，西至湟源
3	2004	高永久	天水、定西、临夏、兰州、白银、武威、西宁
4	2009	张志斌	兰州、白银、临夏、定西（漳县和岷县）4 市 17 县； 西宁、海东地区及尖扎、贵德等 1 市 11 县，格尔木和德令哈
5	2010	朱兵、张小雷等	兰州、白银、定西、临夏、西宁市和海东地区共 4 市 28 县
6	2013	兰西格经济区	兰州市、白银市、定西市（除漳县、岷县）、临夏、武威市（除民勤）、西宁市、海东地区、海北州、海南州（共和、贵德两县）、黄南州（同仁、尖扎两县）、海西州

本书考虑现有研究范围的共性，结合自然单元、经济基础、交通网络等，确定兰西城市群包括甘肃省的兰州市（5 区 3 县）、白银市（2 区 3 县）、定西市（1 区 4 县）、临夏回族自治州（1 市 7 县），青海省的西宁市（4 区 3 县）、海东地区（6 县），一共 31 个大、中、小城市，包括 5 市 26 县，其中兰州市跨入特大城市行列，西宁属于大城市。主要特点如下：

2）山脉围合的相对独立完整的自然单元

兰西城市群区域北到乌鞘岭（半干旱与干旱分界线）南接拉脊山及东延线，西起日月山，东接六盘山。西北半干旱区、青藏高原区和东部季风区三大自然区域的交会部位，在自然地理环境和气候植被等方面具有明显的过渡性和相似性。气候类型是半湿润向半干旱过渡，地形上是第二阶地向第三阶地过渡，自然环境结构为沟底地—沟谷坡地—三级墚峁地—二级墚峁地—一级墚峁地组合成的水平线状空间结构，是黄土高原向青藏高原过渡区。就地貌、气候、水文、土壤、植被等自然地理基础单元来看，该区域为同一地理单元。自然环境结构对区域经济、城镇空间形态发展有着决定性影响。

图 1-2-1 研究范围在青海省和甘肃省中的区位

图 1-2-2 兰西城市群区域周边地形及其地理格局（彩图见附图）

3）经济基础和历史文化背景一致

兰西城市群是西部城镇人口较为密集的区域。自汉代开始，此区域就是重要的屯垦区域，隋唐以后，著名的“茶马互市”也在此繁荣。其次，发展至今，区域所辖的青海省的西宁市以及海东地区六县，甘肃省的兰州、白银、临夏州均是此区域经济状况较好的地区。前者代表青海省经济发展的水平，后者则代表甘肃省经济发展的水平，二者在此相接，相互影响，相互作用，成为一个颇具特色的跨越行政界线的整体区域。2012 年底，兰西城市群内的兰州市、白银市、定西市、临夏回族自治州总人口 1009.51 万人，占甘肃省全省总人口 2578 万人的 39.16%，地区生产总值 2372.73 亿元，占甘肃省生产总值 5650 亿元的 42%；西宁市和海东地区总人口 366.6 万人，占青海省总人口 573.17 万人的 63.96%，地区生产总值 1125.23 亿元，占青海省生产总值 1893.54 亿元的 59.42%；兰西城市群区域，总人口 1376.11 万人，占甘肃省和青海省总人口 3151.17 万人的 43.67%，地区生产总值 3497.95 亿元，占两省生产总值 7543.74 亿元的 46.37%。

经济水平低，贫困城市多；城市规模小，发展起点低；民族自治县多；社会发展基础薄弱。兰西城市群区域总人口增长快，城镇化率增长速度由快变慢。兰西城市群区域在 1987 年的总人口为 624.9 万人，城镇化率为 22.6%，到 1993 年分别增长到 677.9 万人和 34.7%，总人口和城镇化率的年增长率分别达到 1.2% 和 8.9%。2012 年兰西城市群区域总人口为 1376.11 万人，非农业人口为 469.15 万人，城镇化率为 34.1%，其中在 1993 ~ 2007 年之间兰西区域总人口和城镇化率的增长率为 1.7% 和 0.96%，城镇化率增长速度放慢。

4）黄河上游和湟水流域生态环境问题一致

兰西城市群区域（图 1–2–3）属于黄土高原河湟流域，地广人稀，生态环境敏感、脆弱，水土流失严重，沙质荒漠化，土壤次生盐渍化，旱涝灾害频发，对黄河下游生态造成很大威胁。[13] 伴随着工业化、城市化的发展，兰西区域生态环境压力越来越大。兰西城市群城市废水排放达标率由 2000 年的 31% 降低到 2006 年的 18%。西宁在 2000 ~ 2012 年工业废水排放由 4661 万吨 / 年增加到 21994 万吨 / 年；同期工业固体废弃物产生量由 337 万吨 / 年增加到 882 万吨 / 年；同期废气排放总量由 607 亿 m^3/ 年增加到 2099 亿 m^3/ 年，对区域生态环境造成巨大压力。

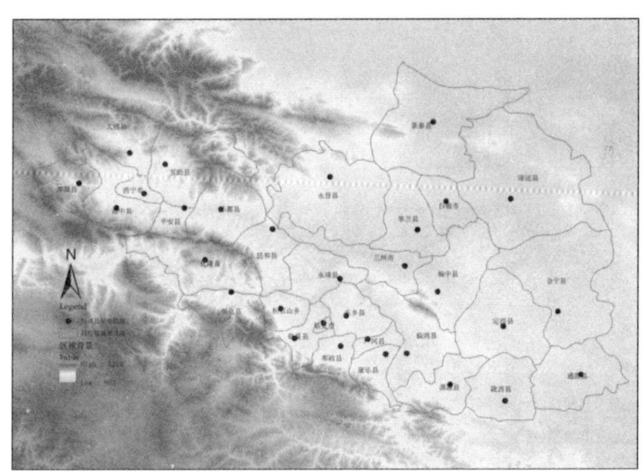

图 1–2–3　兰西区域的 DEM 数据的范围

1.2.2　兰西城市群城镇发展及生态环境概况

1.2.2.1　城镇规模结构不合理，差异较大

兰西城市群城镇人口规模等级，从城镇人口规模和常住总人口规模等级来看，该城镇群以中小城市为主。具体如下：

1）城镇人口规模等级

兰西城市群区域城镇人口规模差异较大，其中非农业人口规模超过 100 万的城市只有兰州市 1 个，50 万 ~ 100 万人口规模的有西宁市 1 个，20 万 ~ 50 万人口规模的有白银市 1 个，

10万~20万人口规模的有临夏市、民和县、乐都县、互助县，其余24个城市人口规模均小于10万人。

兰西城市群城市规模等级　　单位：万人　　表1-2-3

序号	城市	非农业人口	序号	城市	非农业人口
1	平安县	4.18	17	永登县	7.55
2	民和县	10.81	18	榆中县	4.86
3	乐都县	12.55	19	通渭县	4.48
4	互助县	13.23	20	陇西县	8.13
5	化隆县	4.82	21	渭源县	2.53
6	循化县	2.72	22	临夏市	15.77
7	大通县	9.31	23	临夏县	3.4
8	湟中县	4.11	24	康乐县	2.41
9	湟源县	3.04	25	永靖县	4.55
10	靖远县	5.48	26	广河县	2.66
11	会宁县	5.56	27	和政县	4.7
12	景泰县	4.86	28	积石山	2.73
13	白银市	32.11	29	西宁市	76.18
14	兰州市	186.94	30	定西市	9.85
15	漳县	2.11	31	临洮县	5.46
16	岷县	4.06			

数据来源：2013年《青海省统计年鉴》和2013年《甘肃省统计年鉴》

2）常住人口规模等级

从兰西城市群城镇常住人口规模来看，其中城市人口规模超过100万的有兰州市和西宁市2个，成为区域性中心城市，50~100万人口规模的有会宁、永登、临洮和陇西4个，20万~50万人口规模的有21个，20万人口规模以下城市有4个（表1-2-4）。

兰西城市群常住人口规模等级一览表　　　　表 1-2-4

城区人口规模（万人）	城（市）镇数量（个）	城镇人口（城市名称后为城区人口数：万人）
100 ~ 300（大城市）	2	兰州市（247.1）、西宁市（123.9）
50 ~ 100（中等城市）	4	会宁（54.12）、永登（50）、临洮（54）、陇西（51）
20 ~ 50（Ⅰ型小城市）	21	白银市（48.9）、靖远（45.49）、榆中（43.71）、湟中（43.78）、大通回族土族自治县（43.59）、定西市（46.6）、通渭（45）、渭源（35）、临夏（38.69）、民和回族土族自治县（35.01）、互助土族自治县（35.64）、乐都（36.02）、景泰（22.57）、临夏市（27）、永靖（20.45）、广河（22.7）、和政（20.81）、康乐（26.63）、东乡族自治（28.72）、积石山保安族东乡族撒拉族自治县（25.8）、化隆回族自治县（20.33）
20 以下（Ⅱ型大城市）	4	皋兰（17.26）、湟源（13.66）、循化撒拉族自治县（12.38）、平安（12.75）

注：定西市：漳县 21、岷县 47（未包括）。

（1）区域中心城市（兰州市和西宁市）

兰州是甘肃省政治、经济、文化中心，西北地区中心城市之一，西陇海—兰新经济带上重要的节点，是西北地区交通枢纽、商贸中心之一，在实施国家西部大开发战略和“一带一路”战略中占有重要地位，在兰西地区处于核心地位，经济实力雄厚，是带动青、甘、宁发展的区域中心城市。西宁处于相对独立的以亚欧大陆桥为纽带的陇海经济带，是与兰州相距最近的省会城市，是青海省政治、经济、文化、教育、科教和交通、通信中心，其国内生产总值占全省的 1/3，工业产值占全省近 2/3，虽然它在绝对实力上与兰州存在一定差距，但就整个兰西地区而言，西宁的吸引力和辐射带动作用使其成为了区域第二大中心城市。

（2）区域次中心城市（白银市）

白银地处西宁、银川、西安等大中城市范围内中心位置，是西陇海—兰新经济带的重要组成部分，占甘肃省总面积的 4.4%，经济总量处于全省 14 个地州市的第三位，有着强大的资源优势、工业优势和便捷的交通优势，是兰西地区仅次于兰州、西宁的次一级中心城市。

（3）地区中心城市（定西市和临夏市）

定西市是定西地区的中心城市，古“丝绸之路”的重镇，又是新欧亚大陆桥的必经之地，也是兰州一小时经济圈的重点城市，素有“甘肃咽喉，兰州门户”之称，距兰州市仅 98km。我国东西交通命脉之一的陇海铁路、宝兰铁路复线，由华东、华北进入大西北的公路主干线 312、310 国道，由大西北进入大西南的公路主干线 212、316 国道都穿境而过。定西的区域优势，特别是交通优势，既方便了与外界的联系，又为其产业化内部的扩张奠定了基础。四通八达的交通网络为其城市社会经济的发展奠定了较好的自然基础，使其成为兰西地区的重要城市之一。

临夏市是兰西地区唯一的县级市，是临夏回族自治州州府所在地，全州政治、经济、文化、交通的中心。临夏市地处黄土高原与青藏高原、中部农区与西部牧区、温带与寒带的“三过渡”带，由于东西两头在产业上有较强的互补性，区位优势十分明显。临夏市是国务院批准的全国对外开放城市。改革开放后，临夏市依靠区位优势培育了辐射临夏周边及青藏川的市场网络，成为了西北地区重要的商品集散地和畜产品加工输出基地，并在周边地区有较强的市场竞争力。目前的临夏市已成为甘肃中南部具有较强辐射和带动作用的重点城市，也在兰西地区具有举足轻重的地位。

兰西城市群在城镇空间格局上形成了两极夹两轴的格局，即：西极——西宁是副中心，东极——兰州是该城市群带的综合性中心城市。以湟水、大通河下游河谷为主轴线，形成经济发展的核心地带，副轴是兰州、白银之间少数民族集聚区和黄河干流区，在空间上形成两极夹两轴的城市体系空间格局。[14，15]

这种格局在西北生态脆弱区形成了人口、经济、文化、科技、基础设施等高度集聚区，其空间格局是否合理？近 20 年兰西城市群区域城市化得到加快发展，城市化空间格局演化与环境之间是如何相互影响和作用的呢？城市化给生态环境带来了哪些效应？同时城市化过程中因没有处理好与经济、资源、社会等发展要素的关系而出现了一系列城市化问题，包括城市人居环境退化、基础设施缺乏、半城市化、被动城市化与“城中村”、城市区域化加速，城市间恶性竞争加剧、城市化出现“集群式”发展、“驱赶型城市化”等。探讨兰西城市群区域城镇化发展及建成区城市化空间聚集程度可为兰西城市群城镇发展的政策制定提供理论基础，同时，探讨城市建设活动对生态环境的影响以及生态环境对城市发展的制约，有利于推动区域城市化与人居环境协调发展，避免城镇发展带来的环境问题发生或者恶化。

1.2.2.2 伴随着城镇化进程，建设区域内草地和耕地锐减

在兰西城市群范围内，随着城镇化建设、河流流量变化以及大气降水等因素的影响，区域土地覆盖 / 利用发生了很大变化。草地由 1986 年的 3326.5km^2，降低到 2005 年的 1366.7km^2；同期耕地由 2685.3km^2 降低到 2325.2km^2；同期建成区由 573.2km^2，增加到 750.1km^2（表 1–2–5）。

土地覆盖 / 利用的变化直接影响到整个区域的地表环境，同时也影响了区域的生态环境。

兰西地区土地利用变化统计表　单位：km^2　表 1–2–5

类别	林地	草地	耕地	水雪云	建成区	未利用
1986 年	7483.6	3326.5	2685.3	513.2	573.2	13867.3
2001 年	8267.6	3179.1	2620.8	215.4	770.2	13368.2
2006 年	8307.6	1366.7	2325.2	404.3	750.1	14560.9

数据来源：1986 年、2001 年、2006 年兰西地区的 TM 图像计算获得。

1.2.2.3　兰西城市群区域城镇发展使生态环境压力逐渐加大

伴随着兰西城市群区域的工业化、城镇化发展，该区域生态环境压力越来越大。从废水排放来看，西宁 2002 ~ 2010 年废水排放总量由 2215 万吨 / 年增加到 4052 万吨 / 年；而废水排放达标率一直在 80% 左右徘徊；同期工业固体废物产生量由 74 万吨 / 年增加到 392 万吨 / 年；同期废气排放总量由 661 亿 m^3/ 年增加到 3520 亿 m^3/ 年，对区域生态环境造成压力（表 1-2-6）。

西宁 2000 ~ 2006 年工业企业“三废”排放及处理情况　　表 1-2-6

类型 / 年份	废水排放总量（万吨 / 年）	废水达标量（万吨 / 年）	废水排放达标率（%）	工业粉尘排放量（吨 / 年）	工业固体废物产生量（万吨 / 年）	废气排放总量（亿 m^3 / 年）
2002	2215	1856	84	17296	74	661
2003	2066	1878	91	19272	97	720
2004	1979	1806	91	28113	112	914
2005	4343	3104	71	35357	184	954
2006	4180	3349	80	32088	165	1286
2007	4358	3570	82	32013	203	1424
2008	4139	3463	84	31852	235	1700
2009	4387	3828	87	32811	250	1808
2010	4052	3607	89	45658	392	3520

数据来源：《西宁统计年鉴》

1.3　城镇化空间格局与环境交互作用的研究意义

选取西北河湟谷地区域作为研究对象，该区域属于西北地区城镇密度和经济发展水平相对较高的地区，同时，该区域生态环境脆弱，属于黄河流域上游，对下游生态安全影响较大。对该区域的研究可弥补国家对生态环境脆弱、资源条件较差、城市群发展条件不成熟区域城镇化空间格局研究的不足，同时对西北地区河谷型城市化空间格局优化有借鉴意义。

1.3.1　理论意义

城镇化是经济结构、社会结构和生产方法、生活方式的根本性转变，涉及产业的转变和新产业的支撑、城乡社会结构的全面调整和转型、庞大的基础设施的建设和资源环境对它的支撑以及大量的立法、管理、国民素质提高等众多方面，是长期积累和发展的渐进式过程。同时，城镇与区域，城镇与周围环境，城镇与城镇之间时时刻刻又在进行着物质、能量和信息交流。因此，城镇是开放的复杂巨系统。[16, 17]

城镇改善人文环境的同时，胁迫区域自然生态环境。人类已经使用了大约 1/3 ~ 1/2 的地球陆地面积，地表淡水超过了可开采的 1/2（Vitousek et al., 1997）。同时，Vitousek 等（1997）解释了人类活动对地球环境影响的一些综合趋势：自从工业革命以来，大气层中二氧化碳浓度增加了 30%，空气中 60% 的固定氮来自于人类活动，同时灭绝鸟类物种的 1/4 归因于人类活动。[18] 城镇仅仅占到陆地面积的 20%，地球上 75% 的污染物和废弃物来自于城镇，消耗掉能源的 75%。[19] 同时，城镇化过程带来了单位面积物质代谢和能源消耗强度的增加，土地利用方式的改变及人口集中带来的传染病的扩散等。[20]

城镇化空间格局则是城镇化过程在地域空间的外在表现，包括具有现代文明特征的城镇载体、交通等基础设施的改善等。城镇化空间格局的演化表现为诸多城镇要素（人口、经济、产业、建设用地等）的集聚、扩散，表现为各种工作、居住场所和交通、游憩等设施的变化。从经济学角度看，人类活动具有外部经济性和外部不经济性，因此，城镇化在改善人文环境的同时，又一定程度上影响到自然环境，如 2005 年松花江水污染、2008 年南方 50 年不遇的雪灾、2009 年 2 月底全国大范围的旱情。2014 年国际城市十大关注包括：①空气污染被列为一类致癌物，空气质量直接影响城市竞争力；②底特律破产显示地方债重压下城市发展“大而不倒”模式破产；③全球多层次自由贸易谈判密集展开，推动国际城市升级；④“棱镜门”折射出智慧城市共享与安全的双面性；⑤极端天气频袭各国城市，华沙气候大会受挫预示全球应对气候变化进程困难重重；⑥社会骚乱频发显示新兴市场城市面临经济增长瓶颈和社会分化风险；⑦互联网金融崛起对城市金融核心功能形成全新挑战；⑧文化功能区建设成为激发城市活力、推动城市发展的新路径；⑨青岛黄岛“11·22”爆炸事件凸显快速城市化过程中的城市管理困境；⑩跨国城市伙伴关系热潮反映出城市间合作成为全球化新形式。[21] 其中，事件①和事件⑤因城市空气污染和天气变化，严重影响城市人居环境。2013 年，中国平均雾霾天数为 52 年来之最，12 月上旬的大范围雾霾波及中国 25 个省份，100 多个大中型城市。空气污染长期化的城市，正面临对高端人才与高能级项目产生“环境挤出效应”的风险，区域环境或全球环境的变化直接或者间接地受人类生产和生活活动的影响，同时环境又在一定程度上制约人类生产和生活的活动（图 1-3-1）。

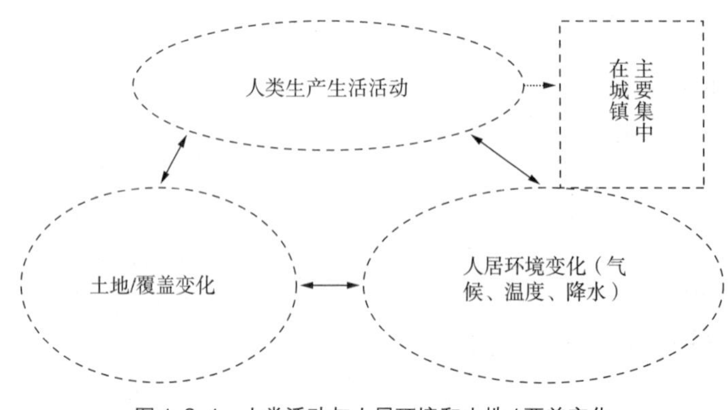

图 1-3-1　人类活动与人居环境和土地 / 覆盖变化

兰西城市群区域属于干旱半干旱区，生态环境脆弱，环境和资源等条件影响、制约着城市发展的速度、过程。同时，城镇化深刻地改变着人地关系地域系统的基本结构和演化过程。借助遥感（RS）、地理信息系统（GIS）和景观格局软件（Fragstats3.3）技术，利用地理学、生态环境学、城市科学相关理论和方法研究兰西城市群区域城市外部和内部空间格局，特别是外部城市化空间关联程度，城市化的"热点"和"冷点"区以及城市内部空间紧凑程度，探索空间发展方向；借鉴景观生态学及城市生态学的研究方法，研究区域城市建设等人类生产和生活活动对区域土地利用景观格局的影响，土地利用 / 覆盖的变化程度及转化方向，水环境的变化、大气环境及温度等生态环境的影响。

兰西城市群区域城市化空间格局及生态环境交互机制研究，一方面有利于人文地理学在研究生态环境演化（自然科学）和人类生产生活（社会科学）之间的关系，即人地关系研究过程中，不同学科的有机融合；另一方面，为生态环境演化（格局）→城市化空间格局两者之间相互影响、制约、交互作用机理研究提供研究范式；三是为城镇化和工业化的区域模式选择及资源环境效应研究打下基础；最后推动多学科及多种方法的综合应用研究，特别是探讨环境学与城市学、生态学与城市学之间的交叉。

1.3.2　实践意义

城市群城镇化空间格局、环境效应及优化研究，在区域、科学性以及国家宏观战略角度具有以下实践意义：

（1）兰西城市群是丝绸之路经济带重要的物流和贸易支点。自古以来该区域就是中国与中亚、西亚以及中东各国友好往来的丝绸之路和唐蕃古道的要塞地区。在国家"一带一路"，即"丝绸之路经济带"和"21 世纪海上丝绸之路"加快建设的背景下，兰西城市群与中亚各国的陆路交通费用降低 50% 左右，为兰西城市群和中亚各国的交往提供了极大的便利条件。应充分发挥兰西城市群在欧亚大陆桥中的桥头堡作用，加强兰西地区与中亚、西亚及中东地区的合作，使兰西地区发展成为新亚欧大陆桥上重要的商贸中心、信息中心、金融中心和物流中心，为中国的经济快速发展提供能源和资源保障，同时促进中亚各国经济繁荣，为中国和中亚各国乃至世界的经济政治稳定和团结做出贡献。中国的轻工业纺织品、服装、日用消费品、家电、机电等价格低廉，经济实惠，是这些国家从中国进口的主要物品。中亚、西亚及中东各国在能源、金属资源及其他资源方面相对于中国具有优势，与其合作有助于满足中国经济发展对能源和资源与日俱增的需求。

（2）西北地区人口增长快，贫困人口多，自然条件恶劣，生态环境脆弱，区位条件相对港口和平原型城市较差。兰西区域是黄河上游流域，保护好上游生态环境对黄河下游以及中游流域居民用水及居住环境显得尤为重要。因此，区域内城市产业的发展、城市化水平的高低和建设活动对本区域水质及生态环境有着重要影响。

（3）城镇化过程本身是一个综合、复杂的时空演变过程，不同国家和区域的城镇化过程、特征、主要影响因素、空间格局演化机制各异，因此，研究生态环境脆弱区域的城镇化空间格局演变过程以及各要素之间相互作用、制约的关系，并结合区域可持续发展需求，从人地关系角度分析城镇化与生态环境的相互关系，然后针对环境要素从兰西城市群城市生态环境规划的角度寻求城镇化空间功能与生态环境协调发展的途径，从而达到优化空间功能和绩效的目的。

（4）区域上，兰西城市群范围内城市类型相似，其发展受地形地貌、生态环境制约程度大，研究其城镇化空间格局演化及环境响应，可有效解决该区域人口、经济与城市空间发展关系以及资源开发利用和生态环境保护的矛盾，形成社会发展、生活质量提高、生态环境改善、资源合理利用的良性循环，具有紧迫性和良好的运用前景。

（5）国家区域宏观政策，《国家十三五规划纲要》中提出拓展区域发展空间，以区域发展总体战略为基础，以“一带一路”建设、京津冀协同发展、长江经济带建设为引领，形成沿海沿江经济带为主的纵向、横向经济轴带，推动区域协调发展。塑造要素有序自由流动、主体功能约束有效、基本公共服务均等、资源环境可承载的区域协调发展新格局。深入实施西部大开发，支持西部地区改善基础设施，发展特色优势产业，强化生态环境保护。因此，针对城市群发展条件不成熟的兰西城市群区域，发挥城市在该区域（西北地区、西陇海经济带中部地区）的作用、提高其城镇化水平、推动城市化过程、提高城市化空间效率，对兰西区域“十三五”发展建设具有指导作用。

1.4 兰西城市群国内外研究中的问题和不足

现有关于兰西城市群（兰西格经济区、兰西经济区、兰西城镇密集区）的研究，存在以下问题和不足：

1）研究对象多选择发达区域，学科综合交叉弱

通过对国内外城市化空间格局及生态环境效应（响应）的研究总结，发现国内外关于区域城市化内外空间格局的研究是从单一城市城镇内部空间格局扩大到区域城镇空间格局研究的转化，并且涉及的学科越来越多，包括城市地理学、城市经济学、城市社会学、城市生态学，都将城市化和生态环境作为自己的热门课题之一。但是，国外的城市化空间格局研究的区域主要集中在发达国家或者发达区域，国内主要集中在东部沿海以及中部城市群发育条件较好的区域，而较少关注经济欠发达地区及城市群发育条件不成熟地区的城市化过程和空间格局，特别是有针对性地关注其区域不同发展阶段的城市化空间格局演化及生态环境效应。本项目研究兰西区域城市化空间格局和环境的响应，可丰富生态环境脆弱区城市化空间格局演化研究的案例。

城市化与生态环境之间的关系是人地关系地域综合系统，包含地理学、生态学、经济学和社会学内容，很难用单一学科理论和知识来阐述相关问题。很多学者往往从自己的学科出

发进行研究。环境学家注重环境污染的评价与机理分析，旨在更好地进行环境保护与治理；生态学家则注重城市生态因子的机理分析，以理清生态因子之间的耦合关系；地理学家注重区域，往往从资源利用与保护的角度来研究城市生态环境，协调好人地关系；社会经济学主要围绕经济与社会发展、城市规划和生态健康展开，重点评价不同城市社会、经济与生态环境的协调程度及规划的合理程度。[22] 他们很少综合自然科学和社会科学相关理论和方法，探讨人地之间相互作用过程、演化和机制问题。

2）研究要素单一，多关系协调，相互作用机制研究薄弱

研究内容主要集中在区域城市化空间格局形成的主要因素、演化的动力机制和机理分析、城市化与环境耦合关系分析等方面，而缺少综合要素的评价，特别是空间相关性和关联程度。在城市生态环境演化过程中，往往集中于生态环境的某一要素，如土地要素、水要素、大气要素、生物群落要素等单一指标的变化测度，以此来反映生态环境对城市经济建设活动的响应，而缺少对土地、水、气三大生态因子系统的综合分析研究。表现在评价指标体系选取和构建方面，环境上集中于环境质量建设、污染控制、城市生态，淡化了景观生态环境破碎程度、景观斑块面积大小等生态指标；经济上集中于经济总量、产业结构、经济外向度、资源能源的消耗等指标，淡化了城市经济建设中不同土地利用类型的经济贡献的强弱。本书借助 Fragstats3.3 技术，通过景观生态格局相关指标，弥补指标的单一性。

城市化建设活动与城市生态环境之间的关系是相互作用的地域系统，研究往往根据城市建设活动（人）对城市生态环境（地）或者地对人的影响研究其作用机制，缺少人对地和地对人相互作用的综合研究。本研究尝试从自然科学和社会科学的综合性方面，研究城市化空间格局的形成演化与生态环境相互作用机制。

3）研究注重时间演化、空间演替和空间如何优化

国内外学者通过功效函数、耦合度函数等，借助 SPSS、Matlab 等统计分析技术，描述城镇区域生态环境与经济发展之间的关系，较好地反映了两者时间上的演化过程、趋势和规律。但因区域内经济活动强弱不同，生态环境基底存在较大差异，导致城镇空间格局发生相应的演化，而生态环境对城镇经济发展如何响应，又在空间上呈现哪种规律？针对这些问题，现有研究还相对较少。本项目通过空间探索性分析方法，借助 RS、GIS 技术，对兰西区域城市经济空间联系程度及环境效应进行研究，表达生态格局、产业结构与水质空间的关系，探讨城市化过程与生态环境效应相互作用的内在机理。

1.5　本书研究的思路、方法与技术路线

1.5.1　研究思路

城市群空间结构的产生、发展和演化过程，一方面从城市区域（自然环境）中汲取能源（煤炭、石油等）和原材料（矿石、木材等）来满足居民的生产、生活用水及工业生产需要，

另一方面通过生产和生活的“代谢”，向城市外围排放“废水、废气和废渣”等，并且随城市化时间和空间的积累，对周边环境产生胁迫，这种胁迫通过人类意识给城镇化或多或少地留下“烙痕”。前者表现在资源、交通枢纽型城市的产生以及在平原、山地、丘陵、沟壑等不同地域背景下城市空间形态的演化上；后者则表现在河流污染、城市废弃物堆积、高新技术产业转移、循环经济和低碳经济发展模式的需求等方面。兰西区域城市建设发展在社会、经济、自然生态环境背景下，城市体系及城市建设空间形态如何？城市建设活动给生态环境带来了哪些影响？形成这种空间格局及生态环境变化的因素有哪些？这些因素之间又如何相互作用？……基于此，研究首先探讨兰西城市群区域人口和经济规模，城市化格局及用地空间形态，分析城市化过程中对环境的不同要素的影响，最后借助系统理论，从自然生态环境、经济、交通和产业发展方面定性和定量研究城市化与生态环境的交互作用，形成整体研究思路为：状态格局（结果）→因素变化（原因）→要素作用（机制）→空间优化（期望目标），进行兰西城市群区域城市化空间格局及环境演化研究（图 1–5–1）。

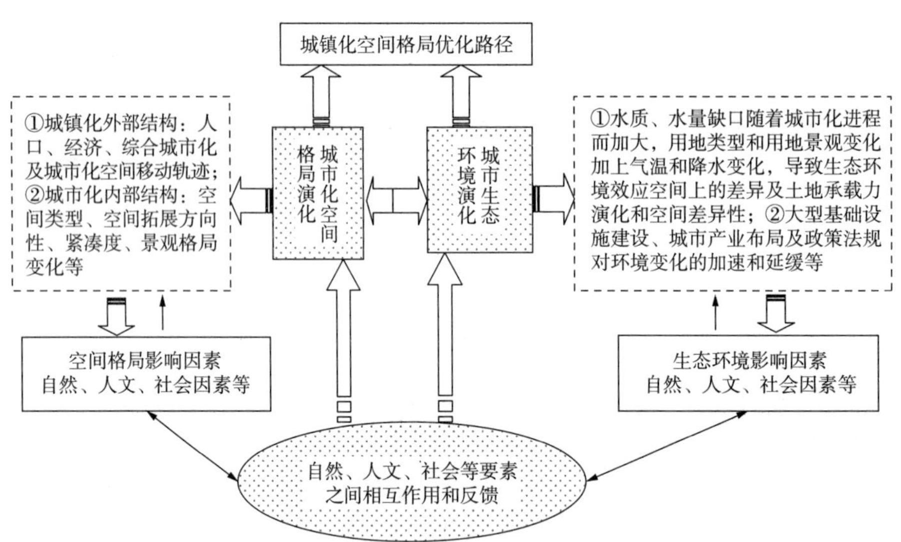

图 1–5–1　兰西城市群区域城市化空间格局及环境响应研究思路图

1.5.2　研究方法

城镇化空间格局及环境响应研究是一种复杂的科学研究，涉及城市学、经济学、环境学、地理学、空间经济学等诸多学科的内容，研究以地理学、生态学和城市科学为基础，结合 GIS 技术，具体涉及以下几种方法：

1.5.2.1　文献收集与实地调查相结合

城镇化及其城镇化空间格局演化的研究在国内外已经有诸多阐述和论证，因此需要通过各种手段进行资料的收集以确立本书整体的研究内容、思路和方法；同时，环境对城镇化，特别是城镇化空间格局演化的响应是一个相对新兴的研究课题，有必要倾听来自政府、专家及企业界人士的看法、意见和建议，以增强对城镇化空间格局演化响应的全面认识，即需要将文献与实地调查结合起来。

1.5.2.2 规范与实证相结合

关于城镇化空间格局演化的环境响应研究相对比较薄弱，因此，有必要通过研究，对相关方法、思路进行理论上的规范，以有效地为后续研究提供参考。与此同时，正是因为规范研究尚不成熟，有必要借助特殊区域的个案分析，总结特定区域城镇化空间格局演化的环境响应的基本规律，即通过对规范研究方法的验证，提高规范研究的可操作性。

多维度和多视角测度城镇化对环境的影响。从土、水、气三大生态因子量化城镇化过程中环境演化，总结兰西区域生态环境演化特点。借助 RS 和 GIS 技术，通过矩阵分析，采用单一土地利用类型变化度模型、综合土地利用变化度、土地类型流向指数、土地资源生态背景质量指数模型，以兰州市为例，研究土地类型演化情况，得出：土地类型变化规模较大地集中在草地、建成区和水域三种类型。另外，针对龙羊峡—兰州干流段市县产业结构与水资源总量、水质及耗水结构变化进行了研究，得出：单位产值工业耗水先增大再降低，每万人居民生活用水先减小再增大。因城镇化进程加快及下垫面的改变，通过对兰州市 1961 ~ 2007 年气温和降水的年度和季度的平均值分析得出兰州市 46 年来年均气温呈现升高趋势，特别是 20 世纪 80 年代后升温明显。另外，该区年平均降水在波动中，有减小趋势。今后 5 ~ 10 年的时间里，兰州区域的防旱形势仍然严峻。最后对区域 1987 ~ 1996 年、1996 ~ 2001 年及 2001 ~ 2006 年之间归一化植被指数（NDVI—Normailized Difference Vegetation Index）进行计算发现区域生态环境演化沿着水系和沟壑向外延伸，即沿着湟水河和黄河干流即西陇海线发生变化。通过土地和经济综合承载力计算，将 31 个市县划分为超载、富裕、临界三种类型。

1.5.2.3 归纳与演绎相结合

一方面，应用该方法可以通过系统地概括城镇化空间格局演化、环境响应的因子，归纳各因素相对稳定和统一的作用方式；另一方面，通过各种因子作用方式的归纳概括，可以向相对规范的研究方向推进，以增强对相关研究的技术指导与研究思路。借助 RS 和 GIS 技术，定性和定量相结合地研究人类建设活动与环境的交互作用机制，研究以城镇化空间格局和生态环境演化的共同因素——自然、交通、经济和政策为例，反映城镇化空间格局对生态环境要素的“记忆”和时空“累积”作用过程及生态环境对城镇化主要要素的“反抗”作用，充分说明城市发展的自然地理基础作用和经济技术对城市生态环境的“胁迫”作用，即城镇化空间格局与生态环境相互作用的耦合机制。研究借助 GIS 和 RS 技术，通过高程分析、河流分形维数计算，研究聚落与水系、海拔高度与人口分布的关系，揭示自然生态环境对城镇化空间格局的作用。另外，通过缓冲区分析，借助景观格局指数以及土地利用强度指数研究交通干线人文因素对生态环境的影响，同时借助 Voronoi 图研究了经济基础对城镇化空间格局形成的决定作用。城镇化与生态环境交互作用的研究，对优化西北地区条件相对优越的城市密集区城镇化空间结构功能、促进城镇化进程、提高城市空间“绩效”有着重要的理论意义。

1.5.2.4 定性与定量相结合

城镇化是一个完整的经济、社会与技术耦合系统，涉及如制度、体制等诸多人文因素的综合影响，因此定性研究必不可少。与此同时，定量方法也发挥着重大的作用，不平衡指数、空间关联指数、景观格局指数（破碎度、多样性、斑块面积等）、植被覆盖指数、生态环境承载力、分形技术以及 GIS 的空间分析法应用等对于城镇化空间格局演化以及环境对城镇化响应的外部特征的挖掘具有重大的意义。利用相关定量研究方法有利于实现本书的研究思路，增强相关研究内容的创新性。

利用多种方法综合系统地研究区域城镇化格局时空演化。在中国城镇化速度提升、东西差距拉大的背景下，利用分形维数、空间集中度、空间关联性、重心模型研究城镇化外部空间格局及演化，发现兰西城市群城镇化空间关联性较差，热点区分布在北部区域，呈现出北高南低和西高东低的格局，经济密度和产业结构空间格局相似，经济城镇化与人口城镇化“热点”和“冷点”区一致。另外，从综合城镇化水平来看，东西向城镇化水平高于南北向。

利用紧凑度、土地利用强度、景观格局指数等模型研究城镇化内部空间格局及演化，得出兰西城市群区域 31 个市县建成区空间形态类型多样，城镇化空间沿着河流方向拓展，且空间紧凑程度在河流两岸表现出较大差异，从生态景观格局来看，整体形成了以河流、铁路、高速路等线状基础设施为廊道，未利用地（沙地、裸土地、裸岩石砾地）为基底，林地、耕地和城乡用地为斑块，草地作为点缀的景观格局。

1.5.2.5 比较分析法

兰西城市群个性鲜明，生态环境承载能力与全国东部、中部和西部相比有差异，通过多样本的比较分析，一方面能够凸显某些单体研究难以发现的影响要素，另一方面能够比较出不同的因素对城镇化空间演化的影响力大小，反映出要素作用方式的差异，剔除或强化某些要素的作用，使要素之间以及不同环境要素对城镇化空间格局演化的响应表现出来。最后，针对中西部地区城市群城镇化空间优化，提出六种不同的途径和方法。研究人类建设活动与环境交互作用，构建城市化“三生”空间格局优化组合的可持续发展原则，城市发展要素自由流通的效益最大化原则，城市功能优化和特色化的网络原则等三大原则，划定区域功能空间控制线；扩大中心城市规模，提高中心城市辐射带动力，重点培育规模以上重点镇和特色镇的建设发展，优化城市职能，进行差异化、特色化发展，统筹不同城市不同规划的协调性和统一性，工业化和城镇化互动发展，促进产城融合发展，严控生态底线持续发展，建设生态城和智慧城等。

1.5.3 技术路线

本书研究的技术路线由研究综述、理论基础、研究方法、研究内容、结论和展望五部分内容，按本书系统研究的逻辑关系构成（图 1-5-2）。

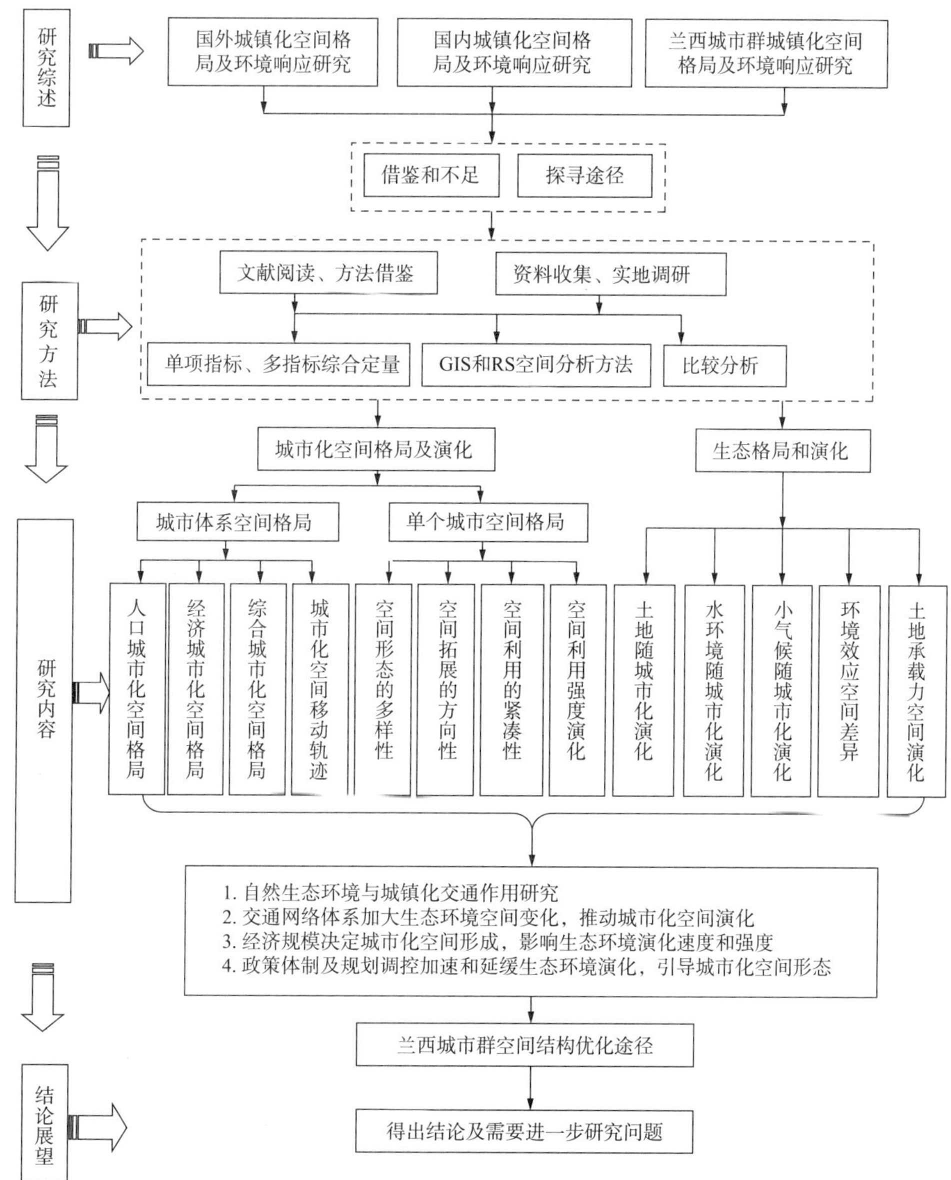

图 1–5–2 兰西城市群区域城市化空间格局及环境响应研究技术路线

1.5.3.1 相关研究进展和评述

包括国内外研究进展及简要评述，国内目前城镇化空间格局及环境演化研究的不足之处。

1.5.3.2 理论基础

针对国内外研究存在的不足，按照由现象、结果到本质、根源的逻辑思路，探寻解决问题的思路。研究的区域属于甘肃省和青海省交界区域，具有特殊性、结构性；同时，城镇化及生态环境演化具有动态性、不可逆性、复杂性、非线性等特点。因此，本研究借鉴的相关理论基础包括城镇化空间结构理论、生态城市理论及人地关系地域综合系统理论。

1.5.3.3 研究方法

主要运用规范分析与实证研究相结合、定量与定性相结合的方法分析城镇化内部空间和外部空间形态问题，研究过程中主要采用 GIS 空间分析方法，涉及计量模型，借鉴景观生态格局指数，并构建多指标的综合指标体系，选定样本进行实证研究。

1.5.3.4 研究内容

主要包括两部分内容，一部分是城市化空间格局及演化，研究兰西城市群城市体系及空间格局，城市建设用地空间形态及演化；另一部分是生态格局和演化，研究土地、水和天气等自然生态环境因子随着城镇建设如何变化，及城镇化建设与生态环境之间相互作用的主要机制。

第 2 章　国内外城镇化空间格局及环境效应研究

城市是人地关系相互作用最为明显的区域，该区域与生态环境形成人地关系地域综合系统。很多学者以“人”或者“地”反映自然、人文要素，以及自然和人文要素之间的相互影响与空间上的投影过程。因此，城镇化、生态环境成为地理学、城市学、环境学和经济学方面很多学者研究的重点，特别是城镇化过程、格局、空间形态及城市生态环境演化等。

2.1　国外城镇化空间格局演化及环境响应研究

2.1.1　城镇化空间结构模式研究

2.1.1.1　空间相关概念的研究

古希腊哲学家亚里士多德（Aristoteles，公元前 384 ~前 323 年）提出，空间是一切场所的总和，是具有方向性和质的特性的场（field）。富利（L.D.Foley）和韦伯（M.M.Webber）是最早试图建构城市空间概念框架的学者，富利提出了四维的城市空间结构的概念框架。空间的概念架构是多层面的。首先，城市空间具有 3 个结构层面，分别是物质环境、功能活动、文化价值；第二，城市空间结构包括“空间的”与“非空间的”两种属性，“空间的”是指物质环境、功能活动和文化价值三方面在地理上的空间分布，“非空间”指除空间要素外，在空间进行的各类文化、社会等活动和现象；第三，城市空间应从“形式”和“过程”两方面去理解，形式即空间分布模式与格局，过程即空间作用模式，形式与过程体现了空间与行为的相互依存性；第四，城市空间结构的演变、发展的历时过程，不但要看到某个阶段的共时态特征，还要将它作为置于历时性的发展链条上的一个环节，历史地、动态地看待和研究。

韦伯的论述限于城镇结构的空间属性，包括形式与过程两个方面。他提出城镇空间包括 3 个要素，即：物质要素，指物质空间各要素的位置关系；活动要素，指各种活动的空间分布；互动要素，指城市中的各种“流”。城市空间结构的形式是指物质要素与活动要素的空间分布模式，过程则是指要素之间的相互作用，表现为各种“流”，相应地，城镇空间被划分为“静态活动空间”（建筑）和“动态活动空间”（交通网络）。

波纳认为，城市土地利用方式和强度决定了城市空间构成的二维基面和基本形态格局，“城市形态”是其表现形式，而要素之间的相互作用以及城市中各种活动对不同区位的竞租过程带来的动力与压力及其相关效应，形成了城市空间结构的构成机制。

2.1.1.2 城镇化空间结构模式

城镇化空间结构模式是“点、线、面”要素在空间中组合的不同形态。国外对城市空间结构的研究在对象上分为单一城市和多城市（城市群、都市圈）空间结构、城市内部和外部的空间结构，并且随着研究的细化和深化，对人口、经济、环境、社会、文化等不同要素从不同角度进行了空间结构的研究。最早从区域角度进行探索性研究与实践的英国学者霍华德（E.Howard，1898）提出“田园城市”理论（the Creation of Garden City Theory）模式，强调把城市和区域作为整体研究。[23，24] 1912 年昂温（R.Unwin）将这一思想进一步发展为“卫星城”理论，付诸大城市功能疏解和调整的研究之中。英国生态学家格迪斯（P.Geddes）进一步研究城市功能，于 1915 年在《进化中的城市》一书中预见性地提出经过大规模集聚与扩散，城市将形成新的空间形态，即城市地区（City Region）、集合城市（Conurbation）和世界城市（World City）。另外还有伊利尔·沙里宁（E.Saarinen）的有机疏散理论与克里斯塔勒（W.Christaller，1933）的中心地理论（Central Place Theory），及以帕克（F.Park）和沃思（L.Wirth）为首的美国芝加哥学派从城市社会生态学角度提出的同心圆、扇形和多核心城市空间结构。随着城市的发展，法国经济学家佩鲁（F.Perroux）于 1955 年提出增长极理论，美国弗里德曼（Friedmann）提出区域发展“核心与外围”理论，到 1957 年，法国地理学家戈特曼（J.Gottmann）发表论文《大都市带：东北海岸的城市化》，文中提出“大都市带”（Metropolis）理论。[25] 该理论认为支配空间经济的已不再是单一的大城市或都市圈，而是聚集了若干个都市圈，并在人口和经济活动等方面有密切联系的巨大整体。其基础功能是汇集人口、物资、资金、观念、信息等各种可见与不可见要素，主宰着国家经济、文化、金融、通信、贸易等方面的主要活动和发展政策的制定，甚至成为影响全球经济活动的重要力量。[26-30] 加拿大学者麦吉（T.G.McGee）提出城乡一体化区域（Desakota Region）理论，后来，这一概念发展成为类似大都市带的超级都市区（Mega-Urban Region，MR）概念。[31,32] 这些都为城镇化空间结构理论研究奠定了理论基础。

美国的尼尔·R·佩尔斯（NealR.Peirce）的 Citistate 理论与“新的城邦时代”的判断具有重大的现实意义和深远的历史意义，是对城镇化规律及其空间形态高级阶段的正确反映，也是对世界政治、经济历史发展趋势的重大发现。Citistate 理论赋予城市密集地区 [大城市区域（Metropolitan Area）、城市群（Metropolis）、城市聚集区（Courbation）等] 以新的内涵，丰富了城镇化的内涵。

城市内部空间结构是在一定的经济、社会背景和基本发展动力下，综合人口、经济职能的空间分布与社会空间类型等要素形成的复合型城市地域形式。国外城市内部空间结构研究包括城市人口空间、经济空间、社会空间等内容，首先从定性描述的城市社会空间结构起步（20 世纪 20 年代中至 50 年代末），然后伴随计量革命步入模型化阶段（20 世纪 50 年代末至 60 年代末），70 年代以后，城市内部空间研究进入多元化阶段，研究内容包括城市社会两极分化、居住异化、职住分离、城市零售业和办公业的郊区化、文化娱乐空间多样化等。同时，城市蔓延发展较快，新技术和新方法得到广泛应用。[33，34]

国外典型城市空间结构研究一览表　　表 2-1-1

类型	序列	时间	结构类型	主要内容、观点	评价
单一城市内部空间结构（美国）	1	1923 年	同心圆结构	伯吉斯（E.W.Burgess）对芝加哥城市土地利用结构进行分析后提出城市内部结构为同心圆。从内向外为城市商业聚集地、过渡地带（旧房子，新移民居住）、工人住宅带、中产阶级人士住宅区、富人住宅区	通过经验观察提出，从经济城镇化角度分析空间结构。在均质区域城市，忽略掉交通、社会属性和不同企业对区位偏好差异等因素的影响，符合同心圆结构模式
	2	1939 年	扇形结构	霍伊特（Homer Hoyt）通过观察美国 64 个城市以及纽约、芝加哥、底特律、华盛顿、费城等大城市的住宅分布，用经济学家的眼光，保留同心圆结构，考虑交通运输线（线性易达性、定向惯性）对同心圆结构的影响和修正，城市内部空间结构形成扇形和楔形	通过经验观察提出，继承和保留了同心圆结构，增加了交通方向性的影响，忽略了土地社会属性以及行为偏好等因素，强调了交通对空间格局的影响
	3	1933 ~ 1945 年	多核心结构	由麦肯齐（R.D.Mckenzie）于 1933 年提出，1945 年被哈里斯（C.D.Harris）和乌尔曼（E.L.Ullman）发展和系统化，认为商业区为城市核心区（有支付高额租金的能力），位于交通最优区位，其余成长点由城市交通网络、工业区位、服务业发展等形成其他中心	在前人经验和总结的基础上提出，从地租和交通两方面考虑，并且脱离了均质区域条件限制，更接近现实条件和应用
多城市外部空间结构	4	1933 年	中心地理论	由德国的克里斯塔勒（W.Christaller）提出，廖什（August.Losch）和贝利（J.L.Berry）进行了发展，提出 K=3、K=4、K=7 不同原则下的空间结构，市场地域呈六边形、聚落分布呈三角形的空间结构，并且提出了中心地规模等级、职能类型与人口的关系	中心地理论揭示一定区域内城镇的等级、规模、职能结构之间的相互联系和空间分布规律，其研究对象是区域内城市与城市之间的相互关系、城市在区域中的空间分布
多城市外部空间结构	5	1950 年	增长极理论	法国经济学家佩鲁（F.Perroux）通过观察经济活动发现，市场条件下，经济增长不均衡，存在极化（Polarization）趋势。后来法国地理学家 J·布德维尔（J.Boudeville）和赫希曼（O.A.Hirschman）发展了增长极的概念和理论，其中增长极效应包括：支配效应、乘数效应、极化效应、扩散效应	指出空间非均衡发展，并且中心城市对外围城市起到支配作用
	6	1957 年	大都市圈理论	戈特曼（J.Gottmann）在考察美国东北海岸三个世纪以来的城镇发展后提出了大都市带（Megalopolis）的城镇空间新概念，预言大都市带是城镇群体发展、人类居住形式的最高阶段。M·耶茨（M.Yeates）把城镇空间演化分为五个阶段：重商主义时期城市、传统工业时期城市、大城市时期、郊区化成长时期和银河状大城市时期	指出都市圈内有一个或者两个以上的中心城市，空间形态上不一定是圆形，且都市圈内的城镇之间通过交通、通信等形成密切的联系，特别是城镇之间有农田、山林、绿化等分割，对生态环境有利

城市外部空间结构演化包括两个方面：一是单个城市的郊区化及城市区域化过程；二是都市连绵区的形成。郊区化始于20世纪20年代，盛于第二次世界大战后的发达国家。西方国家研究郊区化首先是人口研究，即人口从城市中心迁移到郊区居住，另外，郊区化还包括产业郊区化：工业、商业和零售活动也逐渐向郊区迁移，最后是高技术部门郊区化。城市郊区化的结果是在空间上形成了中心城市与外围地域联系日益密切的一体化地区，即呈现出城市区域化的发展趋势。城市区域化通过基础设施、产业、企业、交通和信息等网络，使相邻的两个或两个以上的大都市区在地域上联系起来，形成了都市连绵区——城市外部空间结构演化到成熟阶段的最高空间组织形式（表2-2-1）。

如表2-1-1所示，城镇化空间结构模式研究经历了由圈层到多核心，由增长极（单中心）到都市圈和城市群带，表现出了对城镇化空间认识的过程。相应地，研究条件也是从均质空间到多要素（交通、行为偏好、城市之间相互作用等）作用，研究内容是从经济到社会、环境，特别是都市圈理论注意到了城市与生态环境之间的关系，城市之间的其他类型用地有利于生态环境发展。城镇化空间结构模式总体包括城市内部空间结构模式和城市外部空间结构模式，其中内部空间结构模式除了同心圆、扇形、多核心模式外，还包括同心圆—扇形模式、三地带学说、折中理论。外部空间结构除了中心地、单核心、大都市圈模式外，还包括双核心模式、城市带（点—轴）模式和城市群（网络）模式。

通过以上理论得出，无论三大古典模式还是其他土地利用结构模型，空间结构是城市各种功能区之间及各功能区内部各个组成部分的排列和组合关系，通过城市交通、通信构成整体。尽管城市内功能区类型和每个功能的均质度不同，同类型功能在不同时代、城市发展的不同阶段的均质度各有差异，但城市内部的各种功能呈现出成组成团的特征。其中交通、工业、商业和居住活动形成的四大功能区构成城市内部空间结构的主体，它们在城市中的各种结构形态和相互位置关系的变化在整体上决定了城镇化空间结构变化的基本趋势。城市外部空间结构变化则由河流、交通等大型基础设施及大、中、小不同城市空间分布来决定。

2.1.2 城镇化的生态环境效应研究

2.1.2.1 环境响应的思想

早在19世纪末期，英国学者霍华德（Howard）在“田园城市”中，用理性的规划方法来协调工业化、城镇化与城市生态环境，通过城市与乡村一体化发展，实现生态环境与城市和谐发展。刘易斯·芒福德的城市观、区域观强调区域是城市的生态环境，城市和区域构成一个完整的有机系统，城市是区域个性的一种表现，城市的活动有赖于区域的支持，区域的发展又取决于城市的推动；对于城市密集区，在《城市发展史——起源、演变和前景》中主张大、中、小城市的结合，城市与乡村的结合，人工环境与自然环境的结合，建议人们从人地关系的角度认识城市及其城市发展。[35]《雅典宪章》规定城市的四大功能是居住、工作、游憩、交流，并进一步明确了城市生态环境有机综合体的思想。

特别是 20 世纪 90 年代以后，信息化、全球经济一体化、可持续发展等理论与思想融入了城市空间结构的研究之中。美国规划大师莱特（H. Wright）与斯泰因（C.Stein）等人提出了自然生态空间融合的区域城市（Regional City）；科特勒（Cutler）提出了“动态多核心城镇群体模式”；魏克纳吉（M.Wackernagel）与莱斯（W.Ress）以“生态足迹”（Ecological Footprint）来反证人类必须有节制地使用“空间”资源。Micheal A. Stern 和 Willian Marsh（1997）对美国巴尔的摩市的逆城镇化现象进行研究，认为中心城市的交通向城市的外围延伸，新的居住区和商业也沿着这些交通线逐渐发展，形成新的居住区、商业区等，从而进一步导致城镇化空间向外扩展。在城镇化环境响应方面，最近几年有些学者对城市热岛效应、全球变暖、地震、人居环境恶化等进行了研究。其中 Makoto Taniguchi 研究了城镇化（热岛效应）和全球变暖对亚洲四个城市的表面温度的影响。

2.1.2.2　环境响应的研究方法

20 世纪 80 年代末，经济合作与发展组织（OECD）与联合国环境规划署（UNEP）共同提出生态评价的 PSR 概念模型，即区域内生态环境压力（Pressure）—状态（State）—响应（Response）的研究方法。另外，美国著名经济学家格罗斯曼（Grossman）等，选取表征环境与经济的主要指标，判别城镇化对环境是否有影响及影响的重要程度。1995 年，格罗斯曼和克鲁格（Krueger）用计量经济学方法，以 42 个发达国家的实证分析揭示了随着城市经济水平的提高，城市生态环境质量呈现倒“U”形的演变规律，即环境库兹涅茨曲线（EKC）假设。Ingolfhn 借助生态学的方法，对德国 Floras 的城市与乡村地区的动物种群进行研究，总结出城镇化对动物种群的均质性有非常大的影响。

其后，国外很多学者应用环境经济的规范分析方法进行了大量的类似研究。

2.2　国内城镇化空间格局演化及环境响应研究

2.2.1　城镇化空间结构模式研究

国内对城镇化空间结构模式的研究始于 20 世纪 80 年代初，滞后于西方发达国家。主要集中在挖掘城镇化的内涵、区域城镇化空间结构模式的总结、形成动力机制分析、趋势预测以及城镇群体空间演化机理的探讨等方面。

顾朝林（1991）的《中国城镇体系——历史现状展望》系统全面地研究了中国城镇体系的产生、发育、发展。姚士谋（1992）的《中国的城市群》探讨了我国城市群形成的现象、规律、空间分布和发展趋势，推动了我国城市群的研究，为区域城镇空间结构研究提供了启示。同时，姚士谋、于春等认为大城市都市圈建设给郊区城镇化发展注入了新的活力，带来了新的城镇化动因，并对大城市边缘区进行了案例研究，得出产业结构的转换驱动、开发区经济增长及城建是城镇化的首要驱动力，新市区建设是城镇化空间集聚核心。胡俊

（1993）在博士论文《中国城市空间结构模式的发展研究》中分析了我国不同历史时期城市结构要素的内容和布局形态特征，探讨了各个历史时期城市空间结构的基本模式，并展望了我国城市空间结构的演变趋势。张京祥（2000）的《区域城镇群体空间组合》把城镇群体发展放在整个区域空间考察和分析，认为城镇群体空间演化的基本机理是空间自组织和他组织两者相互作用的过程。陆大道（2007）在《2006 中国区域发展报告：城市化进程及空间扩张》中分析了中国城镇化发展的自然环境基础、城镇化发展的驱动因素（工业化、信息化、全球化）、城市空间过度扩张的主要形式和原因等。史培军分析了北京地区城镇化受地形、交通等内在适应性因素和经济因素、政府行为、文化传统、突发事件等外在驱动因素共同作用的结果，其中城市规划、产业政策等政府行为对城镇化空间格局的形成起到较大作用。

2.2.1.1　城镇化概念界定

周一星、顾朝林、欧名豪等学者认为城镇化内涵应该包括经济城镇化、产业结构城镇化、人口城镇化、空间城镇化、生活方式城镇化以及文明程度城镇化等。地理学特别强调城镇化是一个地域空间过程，包括城市数量的增加和城市地域范围的空间扩展。陈彦光、周一星用 Logistic 方程对中国城镇化水平进行了评价，采用 ARMA（1，q）模型、空间自相关等分析方法将中国的城镇化过程分解为三种变动：趋势性、周期性和随机性，并把城镇化水平与经济发展水平的关系进行阶段划分和地理空间解释。

2.2.1.2　城镇化空间结构研究

城镇化空间结构是一个跨学科的研究对象，因各学科的研究角度不同，难以形成一个共同的概念框架：①系统论认为城镇化空间格局是城市要素的空间分布和相互作用的内在机制，使各个子系统整合成为城市系统（其中城市系统的构成机制指城市的各种功能活动对于城市不同区位的市场竞价曲线）。[34] ②经济学理解城镇化空间结构：各种经济活动在区域内的空间分布状态及空间组合形式，并且通过把区域空间分散的地理空间相关资源和要素连接起来，通过节约经济、集聚经济和规模经济带动区域经济发展。[25，36] ③景观生态学认为城镇化景观格局为城市自然景观和人文景观组成的单元类型、多样性及其空间关系，是城市气候、地理、生物、经济、社会和文化综合特征的景观复合体。[37] ④城市地理学定义城市体系的空间结构（城镇化外部空间结构）即研究一个国家或区域中城市体系的点（城市与城市）、线（城市与联系通道，主要是交通线）和面（城市与区域）三要素在空间中的复杂组合关系，是城市体系中最富有变化、最综合的部分。[38] 江曼琦认为城镇化空间结构是城市经济、社会存在和发展的空间形式，表现城市各种物质要素在空间范围内的分布特征和组合形式，一般通过密度、布局、城市形态三个方面表现。另外，空间结构具有的属性：①空间的联系性——相互作用。城市与区域任何时候都是一个复杂的开放系统。城市从区域中获取发展所需要的原料、燃料，又要一边向区域提供产品和各种服务，一边通过河流、风向区域排泄废物。区域向城市提供多少食物、原料、燃料和劳动力（承载力），区域又能够吸收多少城市排泄的“三废”（容量），成为了城市发展的基础。两者作用表现在：城市对区域的影响类似磁铁的场效应，随着距离的增加，影响力逐渐减弱，并最终被附近其他城市的影响所取代。作用特点有：以物质和人的移动为特征；各种各样的交易过程，其特点通过记簿、记程来完成，表现为货币流；信息的流动和创新的扩散等，主要方式为人流、货流及财政金融联系和信息的流动。[39] ②空间的方向性——流的方向性和空间发展方向。③空间的经济性——空间“绩效”和空间经济。

1）城镇化内部空间

国内城市内部空间结构研究从 20 世纪 80 年代初至今，经历介绍阶段（至 1980 年末）、起步阶段（1980 年末到 1995 年）、加速阶段（1996 年以来），研究内容从教材概念介绍到城市商业的空间结构和社会结构、城市形态和土地利用空间拓展等，近年对城市社会的娱乐空间、生活空间、文化空间、健康空间的研究成为热点。[40] 针对平原、丘陵、河谷等不同腹地的城市，空间结构形态有圆形、椭圆形、正多边形、矩形、星形、直线形、H 形、十字形、Y 形、五指形等不同形状。[41] 主要代表人物和观点见表 2-2-1。

城市内部结构主要代表人物及相关研究一览表　　表 2-2-1

类型	序列	代表人物	主要观点	评价
	1	徐昀、朱喜钢	以 1929 年和 1947 年南京城市人口数据为基础，利用城市生态因子和聚类分析，将南京城市社会区划分为三个和四个类型区，表明中国传统城市“士农工商”各社会阶层混居和单一的城市功能模式被打破，工业区与居住区分离，但城市居住、商业活动仍保持十分密切的联系 [42]	
	2	何流、黄春晓	利用南京第五次人口普查的数据，分析了女性就业，包括制造业、服务业和行政管理业的女性就业在城区和郊区的空间分布和分异状况，并总结了南京女性就业空间分布在宏观空间层面上的中心化与在微观空间层面上的边缘化 [43]	
城市社会空间	3	宣国富、徐建刚	以上海市中心城区为实证，在因子分析的基础上将 ESDA 方法应用于城市社会空间研究。社会经济地位因子和居住条件因子的相关性明显强于其他因子，相近社会经济地位和居住条件的社会群体在空间上的集聚对形成城市社会空间的作用更为明显 [44]	利用不同的统计分析和空间分析方法，结合实地调查，借助 GIS 等技术，研究城市发展的社会因素之间的关系以及社会要素在空间中的形态和模式
	4	王兴中、刘永刚	借鉴国外“兴趣引力区”与“存在主义”场所等概念，首次揭示中国大城市（西安）的“项链状”现代商娱场所引力圈的结构，并探讨其商娱场所（微）区位因素与布局区位模式 [45]	
	5	孟斌、尹卫红、张景秋、张文忠	利用近万份的实地调查问卷，采用空间插值、空间相关性分析等空间分析方法。北京市区宜居城市满意度总体水平尚可，存在明显的空间自相关特性。满意度总体由城市中心向郊区递减，在交通节点附近存在满意度的“洼地”区域 [46]	

续表

类型	序列	代表人物	主要观点	评价
城市经济空间结构	6	张晓平、刘卫东	结合对开发区的实地调研，提出我国开发区与城市空间结构演进的基本类型可分为双核结构、连片带状结构、多极触角结构等。其中跨国公司主导的外部作用力、城市与乡村的扩散力和开发区的集聚力共同作用于开发区与城市空间结构演进[47]	在空间相互作用理论基础上，借助RS和GIS技术，采用空间分析，对不同时期和发展阶段城市经济空间及其影响范围进行研究，得出交通、开发区、产业结构等经济因素对城市空间结构不同程度的影响
	7	杨振山、蔡建明	利用探索式空间数据分析方法，对北京市1949年以来的城市经济发展进行了探讨，发现五十多年来空间经济发展模式几乎都是以市区为核心聚集式发展。另外还发现，北京地区经济的空间相互作用在计划经济时代大体在60km以内，市场经济时代提高到75km，空间模式经过中心集中发展—沿京津廊道空间组织—北部为主的城市中心发展—城市中心集中扩展模式—城市中心填充发展—城市空心化结构态势，空间经济组织面临重组[48]	
	8	杨永春、伍俊辉	通过对兰州城市资本密度空间变化的研究，发现中国城市计划经济体制下的用地空间由中心到外围呈现商务→住宅→工业→农业的模式，而转轨期依然基本保留了此特征。转轨期的建筑高度的提高存在加速趋势，住宅、商业、办公等建筑高度明显高于计划经济时期，其空间分布模型也更接近市场经济体制模型。从资本视角审视，中国城市将更加紧凑化，且随时间的推移，城市资本密度空间变化曲线大致存在较为明显的“雁行波动上升式”规律[49]	
	9	周春山	工业化后期城市空间结构与形态：郊区化—绿带控制—新城建设—轴线发展—城镇集聚；后工业化时期的城市空间结构与形态：逆城市化—内城衰退与市区重建—城市蔓延与边缘城市—大都市连绵带[50]	
城市空间结构研究方法	10	史培军、黄庆旭	以北京为研究案例，基于遥感影像和GIS技术，定量分析比较了1991～2004年北京地区面状、线状和点状三种城市空间的扩展过程。微观尺度的地形、区位和交通限制决定了城市扩展的可能性，最利于城市扩展的因子是距高速公路的距离[51]	采用RS和GIS技术，与动态模型（CA）结合，研究城市空间扩展过程中的林地、城乡、工矿、居住用地类型变化，将城市空间划分为集聚、分散、再集聚等阶段
	11	黎夏、杨青生、刘小平	运用多智能体（Agent）和元胞自动机（CA）结合来模拟城市用地扩张的方法，将影响和决定用地类型转变的主体作为Agent引进元胞自动机模型中，Agent在CA确定的城市发展概率的基础上，通过自身及其周围环境的状况，综合各种因素的影响作出决策，决定元胞下一时刻的城市发展概率。[52] 以城市郊区——樟木头镇为例，对1988～1993年城市用地扩张进行了模拟研究，取得了良好的模拟效果。将景观扩张指数应用于东莞市1988～2006年间的城市景观扩张过程中，研究结果表明，景观扩张指数（LEI）能够很好地识别城市扩张的三种类型——填充式、边缘式以及飞地式	

续表

类型	序列	代表人物	主要观点	评价
城市空间结构研究方法	12	李全林	运用 GIS 的空间分析方法，对盐城城市工业、居住、公共服务用地的空间分异特征进行分析，1984 ~ 2006 年盐城城市内部空间结构演变过程可划分为集聚、分散、再集聚三个阶段 [53]	采用 RS 和 GIS 技术，与动态模型（CA）结合，研究城市空间扩展过程中的林地、城乡、工矿、居住用地类型变化，将城市空间划分为集聚、分散、再集聚等阶段
	13	庄大方、邓祥征	基于遥感和地理信息系统技术，利用 Landsat TM 图像的解译成果，分析了北京市 1985 ~ 2000 年土地利用变化的空间分布特征。研究表明，在这 15 年的时间里，北京市林地和城乡、工矿、居住用地的转移趋势明显 [54]	

2）城镇化外部空间

城市外部空间结构模式，主要从城市人口规模和经济规模以及城市之间相互作用方面来分析，城市之间的集聚（极化作用）– 外溢（扩散作用）的复合作用，特别是经济活动（工厂、企业、开发区、房地产）主体和人口在空间的集聚与分散过程，空间上呈现分散和集中兼备，分散中有集中的不断扩大，一直贯穿城市空间运动的始终，并且现代城市之间的交通和通信技术加剧了这种复合作用的效果。从城市群和城镇体系来看，城市外部空间形态呈现出单核心结构、双核心结构、多核心结构。

城市外部空间结构研究代表人物及观点　　表 2–2–2

类型	序列	代表人物	主要观点	评价
城市群和城市体系结构	1	陆大道	《2006 中国区域发展报告：城市化进程及空间扩张》中分析了中国城市化发展的自然环境基础、城市化发展的驱动因素（工业化、信息化、全球化）、城市空间过度扩张的主要形式和原因等 [16]	国内学者针对中国平原、山区、盆地等不同区域环境下的城市分别进行分析，研究空间结构类型，不同空间结构形成的因素条件和机制，探寻空间结构模式的经济绩效最优模式。主要目的都是提高城市的经济运行效率，通过城市组织和分配区域资源，带动区域经济发展，对于城市的不同空间结构模式对环境的影响研究较少
	2	陈刚强、李郇、许学强	通过运用 GIS 环境下的 Moran's I 等技术方法探讨得出 1990 ~ 2005 年中国城市人口的空间集聚性不强，局部空间集聚特征明显，表现为“T”形和沿主要铁路交通线的发展态势，三大地带城市人口空间集聚的特征反差明显，东部城市区域基本表现为一体化发展趋势，中西部城市区域则趋向于极化发展或表现出较差的整体协调能力，体现出市场力量、经济发展状况、基础设施建设及国家空间开发政策等的积极作用 [55]	
	3	顾朝林	运用重力模型方法对中国城市间的空间联系强度进行定量计算，据此刻画中国城市体系的空间联系状态和结节区结构。将 2003 年中国城市体系的空间层次划分为 2 个大区（Ⅰ级城市体系）、7 个亚区（Ⅱ级城市体系）和 64 个地方（Ⅲ级城市体系）的总格局。[56]	

续表

类型	序列	代表人物	主要观点	评价
城市群和城市体系结构	4	方创琳、宋吉涛	应用中心地理论，引入中心性指数和分形网络维数等方法，中心性指数越大，与中心地结构相似性程度越高，空间稳定性越强。依据中心性指数大小，可将 2004 年中国城市群划分为单核分割型、单核偏离型、单核集中型、双核平衡型和双核偏离型共五大类型。[57] 根据城市群发育程度指数模型计算结果，将中国城市群划分为三个等级，其中一级城市群包括长江三角洲城市群、珠江三角洲城市群和京津冀都市圈 3 个城市群，二级城市群包括山东半岛城市群、成都城市群、武汉城市群等 11 个城市群，三级城市群包括滇中城市群、天山北坡城市群等 14 个城市群[58]	国内学者针对中国平原、山区、盆地等不同区域环境下的城市分别进行分析，研究空间结构类型，不同空间结构形成的因素条件和机制，探寻空间结构模式的经济绩效最优模式。主要目的都是提高城市的经济运行效率，通过城市组织和分配区域资源，带动区域经济发展，对于城市的不同空间结构模式对环境的影响研究较少
	5	王开泳、陈田	基于 GIS 和数据分析，中部地区人口城市化速度快但水平低，各区县人口规模相差很大，城镇体系结构不合理，城市化的区域差异明显，都市经济区和人口—产业集聚带初步形成，各省的离心化倾向明显，表现出一定的核心—边缘结构等。人口空间分布的集聚态势明显，城市化区域差异将进一步扩大[59]	
	6	张京祥	对区域层面和圈域层面的城镇群体空间分别进行了系统分析，特别是对于信息联系、交通联系、资金联系对城镇群体空间演化的影响进行了研究。将城镇外部形态演化分为 5 个阶段，即点状形成阶段—轴向扩展阶段—伸展轴稳定阶段—内向填充阶段—再次轴向伸展阶段；城镇外部形态演化分为：蔓延式生长—连片生长—伸展轴生长—飞地式扩展[60]	
	7	马晓冬、马荣华、蒲英霞	基于苏州地区 1984 ~ 2005 年的 6 个时相的卫星遥感数据，通过城市化强度指数，运用全局和局域空间自相关测度等方法，分析得出：20 世纪 80 年代以来，苏州地区随着城市化的进程，城市化格局的空间集聚性逐渐减弱，其中城市化发展的高值簇呈现出较明显空间演化和跃迁的特征，具体表现在受全局层面的多因素驱动，“热点”轮换和局域层面的中心辐射与梯度推进并存[61]	

3）城镇化空间形成机制

根据不同空间结构模式得出：同心圆模式，假设均质平原上，在向心力、专门化、分离、离心、向心性离心力五种作用力下，城市地域产生地带分异；而扇形模式、多核心模式是受交通路线、距离和自然条件等因素影响，政府、个人和企业的居住、工业和商业活动区位为追求规模经济、集聚经济等经济效益，在地租作用下选择场所，是同心圆模式的修正和空间形态演化。现实中因区域的自然因子和人文因子差异较大，城市一方面为满足自身生产和居民的生活需要形成城市的非基本功能，同时又为满足周围其他城市的生产和生活的一种或者多种需要，形成基本功能和城市功能的多样化和专业化，通过城市间的资金流、信息流和物质流等联系，导致城市间相互联系和相互影响，最终形成城市生产综合体和城市群。

针对城镇化不同的空间结构类型，很多学者对城镇化、城市群、都市圈空间结构的形成机制进行了大量研究，结果表明：城镇化空间格局的形成受到自然条件、产业经济（工业园区布局、产业结构、工业化等）、集聚效应（城市群、产业集聚）、科学技术进步（交通技术及交通网络、信息技术）、制度、全球化（信息化）、创新等单要素及多要素综合的作用。其中，在城镇化空间格局分异过程中，集聚作用、离散作用和空间近邻作用相互影响，区位竞争、区位分化和城市功能关联充满整个城市发展、空间演化过程中。在城市聚落发展初期，生产力和经济基础薄弱，人类生产和生活等活动对自然生态环境依赖性较大，因此，城市发展在自组织作用下形成的城镇化空间结构简单，规模较小。伴随着聚落点增加、企业规模扩大、交通基础设施完善，城市间的联系变得越来越紧密，城市发展受到政府、企业和外资等的作用，空间结构复杂，规模增大（图 2-2-1）。同时，城市与城市之间，在区域上由铁路、水系、高速公路等线性基础设施和自然要素联系起来，因用地规模和人口规模的不同，在空间上形成特定的城市体系结构。

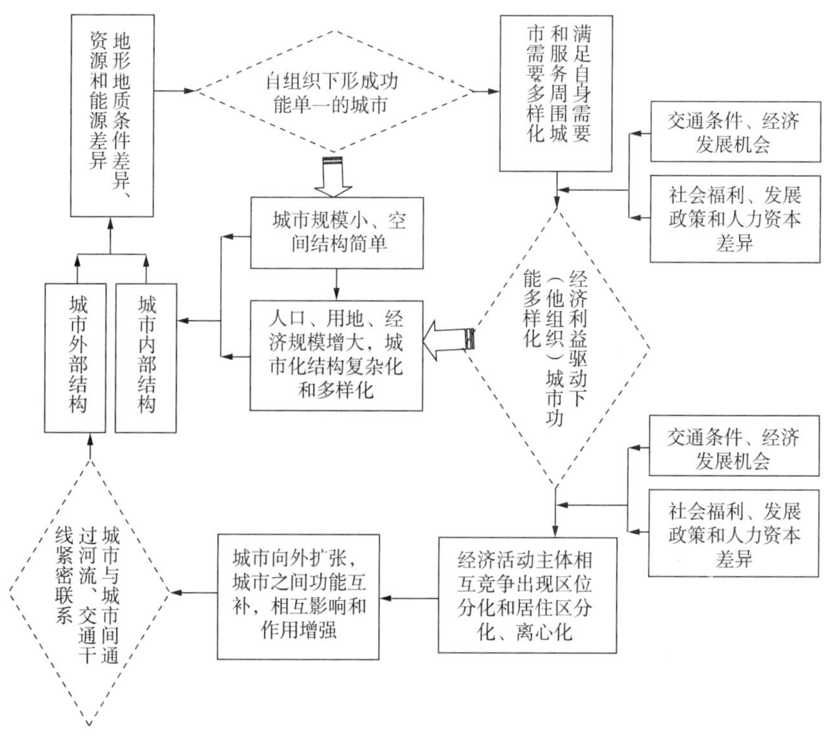

图 2-2-1　城市化空间格局形成机制分析图

城市在根据腹地水资源、坡度和地形地势自组织作用进行发展空间选择、拓展的同时，受到政府、企业和个人的行为偏好及科学技术的作用，即城市发展空间受他组织作用修正。表现为政府、企业和个人在各种利益驱动下，受技术进步、交通通信、产业发展、政策体制、自然环境等发展因素影响，在地租杠杆的调节下，生产生活场所不断变化，在空间上形成不同的土地利用类型和结构形态。因此，从图 2-2-1 中可以看出城镇化空间格局形成、变动过程与城市分化和聚集效应的形成、演化与作用过程同属于一个过程。

2.2.2 城镇化的环境响应研究

从生态学角度而言，城市生态系统是人为改变了结构、改造了物质循环、部分改变了能量转化、长期受人类活动影响、以人为中心的陆生生态系统[62]，它是一种特殊的生物群落——由周围环境与城市居民组成的一种特殊人工生态系统。它是以人的行为为主导，以水、土、气和动植物组成的自然环境为依托，以能流、物质流为主线，以社会体制为经络的人工生态系统，是社会—经济—自然复合的生态系统[63]，具备物质生产、物质循环、能量流动和信息传递的功能。一座持续发展的城市，不仅有赖于资源持续供给的能力、自然生态系统的自我调节能力和社会经济系统的自我组织、自我调节能力，而且有赖于城市生产、生活的生态功能的协调及其社会、部门之间的宏观调控和协调能力。因此，城市是人类创造的自然、经济、社会复合生态系统，各子系统既相互制约，又互为补充[64]。另外，城镇化也是人口城镇化、经济城镇化、社会城镇化的综合体现，城市的发展，特别是建设活动对城市区域的生态环境产生重大影响，一方面改善着城市内部的人居环境，另方面对城市外围的生态环境进行掠夺和污染（城市废物的排放）。对于城市经济和区域生态环境之间的协调度（耦合度）、发展规律、协调机制等，国内外学者借助系统动力学、灰色关联、人工神经网络、响应度模型、IPAT 模型和倒“U”形 EKC 曲线等，分析协调度指数、生态环境综合指数、绿色 GDP 等指标，测度城市经济发展的生态环境压力、水平和抗逆能力，将城市经济和生态环境发展序列划分为经济滞后型和环境滞后型，认为低级产业结构、落后技术和对污染物的低处理率对环境的压力过大，并且生态环境容量和承载力大小一定程度上制约和推动城市经济发展，这些研究成果为生态环境对城镇化的效应研究奠定了技术和理论基础。

城镇化过程中的建设活动，工业园区和物流等生产活动，通过土地利用类型转换、地球生物化学、生物群落变化，使得城市腹地的环境发生变化，体现为人居环境变化、气候和气温变化及其物种减少甚至灭绝。目前，国内很多学者对城市经济系统与环境之间的关系进行研究，特别是从生态足迹、城镇化和水资源、城市热岛效应、城市三废处理等角度进行研究。

方创琳采用代数学和几何学两种方法对环境库兹涅茨曲线和城镇化对数曲线进行逻辑拟合，揭示出了区域生态环境随城镇化发展存在的耦合规律，并在基金项目“水资源约束下西北干旱区城镇化过程及生态效应研究”中采用系统集成方法，引入 RS 和 GIS 技术，揭示了水资源变化对城镇化过程的胁迫机制与规律，分析由此引起的生态效应：河西走廊城市在过去 50 年发展过程中，城镇化水平每提高 1% 需要城市用水量增加 0.91 亿 m^3，城镇化水平每提高 5% 的间隔，城市所需用水量增加越大。[19] 罗宏等就多种经济、环境发展情景，利用 IPAT 模型对苏州市 2010 年环境压力—响应进行了分析，结果表明：在 GDP 年增长率分别为 15.4% 和 12.0% 的情景下，单位 GDP 的环境负荷年下降率分别为 18.0% 和 15.0%。[65] 刘耀彬、陈斐等利用 SD 的原理和方法，以江苏为例，建立了区域城镇化与生态环境耦合的 SD 模型，揭示了区域城镇化与生态环境交互耦合具有复杂性、非线性和时变性的特点。构建城镇化综合指数与生态综合指数的指标体系，采用响应度模型对江西省城镇化与生态环境响应进行研究，得出城镇化增长阶段与生态质量改善阶段并不具有一一对应的关系，其结构变异不仅和城镇化本身的推进模式有关，更重要的是和生态建设及保护的方式有关。[66] 欧阳婷萍（2004）在博士论文《珠江三角洲城市化发展的环境影响评价研究》中从城市环境功能（城区绿地、城区块状水体、河流水体等）、交通设施建设、社会经济发展、居民素质变化等方面来考察珠江三角洲经济区城镇化格局变迁及其环境影响，并利用综合污染指数、城市环境熵模型对珠江三角洲经济区城镇化过程的环境影响作出定量化综合评价。[67]

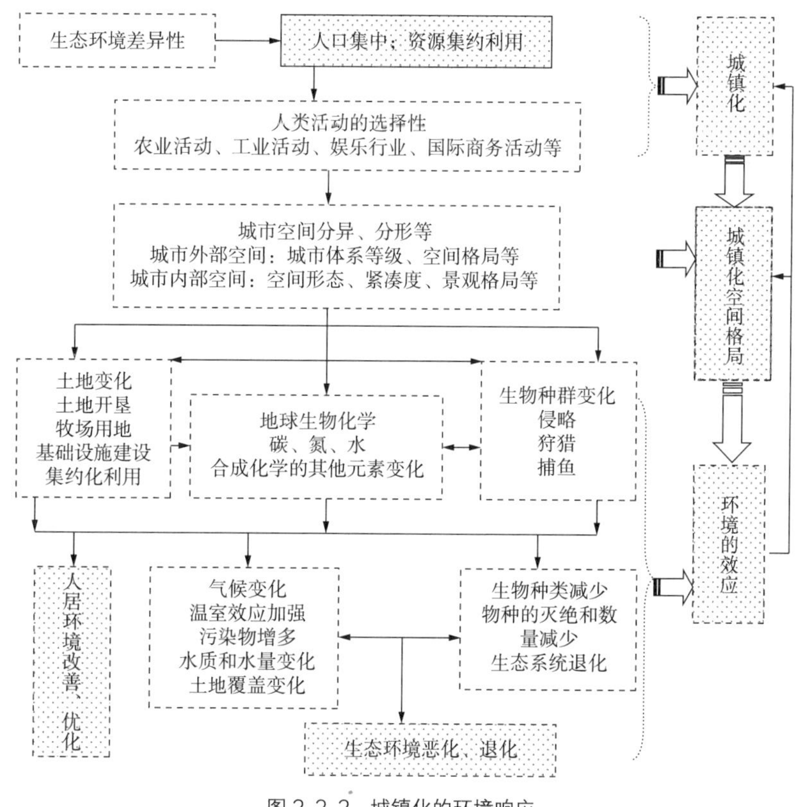

图 2-2-2　城镇化的环境响应

城市建设活动除了对水、大气环境质量造成影响外，主要是改变了土地利用类型和植被覆盖率，影响了大气环境下垫面，从而影响了城市腹地气候及生态环境的变化，因此，很多学者从土地利用的角度研究城市建设对植被覆盖率的影响。刘喜广针对垦利县 1993 ~ 2006 年土地利用变化强度和区域环境承载力变化趋势进行拟合，分析了土地利用变化对区域环境承载力的影响。[68] 涂小松、濮励杰借助 RS 技术，对苏锡常地区土地利用变化时空分异及生态环境的响应进行了研究，得出区域多数单元的生态环境状况不断变差，且对土地利用变化时空分异具有明显响应特征，对于土地利用有序性和综合变化速度的响应程度具有明显的区域差异性。[69] 杨庆媛认为土地利用过程改变了生态环境演化的速度和方向，在分析土地利用类型变化对环境的正面和负面影响（图 2-2-3）的基础上，指出土地利用是生态环境变化的重要动力。杨庆媛还分析了环境变化是土地利用结果沿时间的累积，表现在人类干扰景观的演替，各式各样的环境问题是人类文明演进的伴生物，同时指出使用土地的单一目标下，忽视生态系统整体的使用价值和生态系统的共享性是导致环境逆向变化的主要原因 [70]。IPCC 在报告中指出，区域变化不是孤立的，全球变化不是区域变化的简单集合，区域变化既可以认为是全球变化的区域表现，又可认为是全球变化的区域响应。[71]

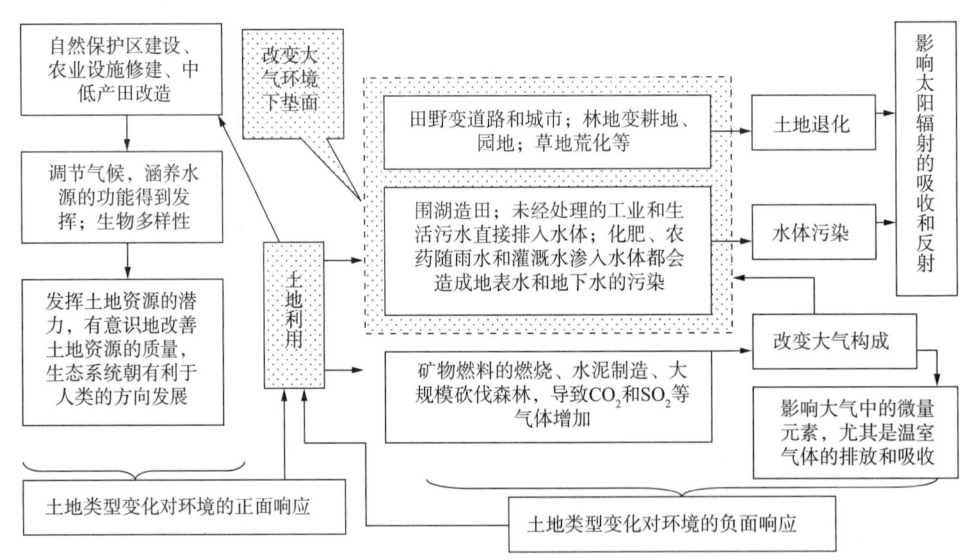

图 2-2-3　环境对人类使用土地导致类型变化的正面和负面响应

2.3　近百年来兰西城市群城镇空间格局演化及环境响应

2.3.1　城镇化阶段及空间结构模式

兰西城市群城镇化空间结构研究主要集中在兰西区域空间结构发展演化历程、特征及影响因素，同时基于“点—轴系统”采用空间经济联系强度和经济隶属度评价了城镇经济的联系程度，并依据空间、经济、制度体系提出了兰西区域整合模式和“一带两圈三轴”的发展构想。

城市发展具有阶段性，不同阶段的城镇化空间结构呈现不同特征。兰西城市群区域城镇化从古到今划分为不同发展阶段。雷春芳和张志斌研究了兰西区域城镇密集区空间结构发展演化历程、特征及其影响因素，总结了现状特征和总体发展构想。[72, 73] 其中发展历程分为散点分布期（先秦时期）、要素填充期（秦至唐）、双中心结构萌发期（宋至新中国成立前）和双中心结构成长期（新中国成立至今）（表 2-3-1）。总结了兰西区域城镇发展特征为：中心城市实力偏弱，带动能力不足；空间分布不均，聚集程度不高；城镇轴向分布显著，整体实力偏弱；区域发展不平衡，南北差异较大等。提出了近期“一轴连两圈”发展模式、中期“多中心组团”发展模式、远期“网络一体化”发展模式的思路。

兰西城市群空间结构演化历程 表 2-3-1

发展阶段	特征	评价
散点分布期（先秦时期）	文化遗址分布具有亲水性，大都位于适宜农耕发展及便于人们生活的河边台地上；西戎普遍分布。居民点已具备了城镇的性质，而真正意义上的城镇出现在西汉	兰西区域在生产力和交通技术落后的背景下，居民点在河边台地布局，由于丝绸之路发展、城市职能的变化导致城乡二元结构变化。由于交通技术的发展（高速公路和高速铁路以及航空综合交通）和工业发展等经济因素，城镇快速发展，职能发生变化，出现双中心结构。这种“双核心”结构对区域生态环境演化耦合过程没有涉及
要素填充期（秦至唐）	城镇的产生、发展及对空间的填充；交通线路对空间的填充；单中心结构的孕育	
双中心结构萌发期（宋至新中国成立前）	中心城市的发展（兰州西北政治中心、“茶马互市”中心地、西北交通网络核心之一）；副中心城市的发展（西宁青唐城设立、茶马司成立、青海省会确立）；城镇发展与城乡出现二元结构关系。 城镇分为三种类型：因政治军事的需要而设立的城镇；移民屯垦而形成的屯垦中心；对外开展经济贸易所形成的物资集散中心。城镇不再囿于政治、军事和交通的功能，逐渐具备了经济、文化与贸易的功能	
双中心结构成长期（新中国成立至今）	区域城市的快速发展（兰州是特大城市，西宁是大城市）;综合运输系统的快速发展(铁路：陇海线、兰青线、兰新线、包兰线、青藏线；航空：兰州中川机场和西宁曹家堡两个机场；公路：G109、G212、G213、G214、G309、G312、G315、G316 等）	

资料来源：根据雷春芳的学位论文《兰西城镇密集区空间结构演化研究》和张志斌、张小平的《西北内陆城镇密集区发展演化与空间整合》整理得出。

据焦世泰等分析，兰西区域具有城市规模等级差异巨大、结构畸形等特点，缺乏核心作用特别明显的大区级意义的综合性城市，与珠三角、长三角的广州、上海相比，中心综合职能作用较低。城镇集聚式分布，网络框架的空间结构初步形成。[74] 董晓峰和刘理臣利用1986年和2000年的遥感数据，应用GIS技术系统进行分析，对兰州都市圈土地资源利用的变化进行综合研究，得出兰州都市圈发育尚处于雏形阶段，空间城镇化水平和速率整体不高，但土地利用变化已经呈现出明显的都市圈圈层发育的普遍规律和受山河地形制约的沿河、沿路放射性变化的突出特殊性。[75]

赵娟和张阳生将河湟谷地城镇体系特点总结为：空间分布上属于沿河流、交通线分布的聚集型，在城镇规模上偏小，结构两极分化，在城镇职能上有单一、结构雷同的特点，并且从自然条件、区位条件、社会历史、民族文化与宗教、国家政策进程的角度解释了形成这些特点的条件。[76]

朱兵和张志斌基于区域非均衡发展理论、"点—轴系统"理论，分析了兰西区域地级行政单元、县域社会经济发展现状和城镇之间联系通道发展现状，采用经济联系强度和经济隶属度评价了各城镇经济联系的程度，提出了"一带两圈三轴"的发展构想。[77] 刘春燕和白永平基于枢纽—网络理论、空间相互作用理论和区域整合理论，在分析兰西区域农业结构、工业结构和服务业结构现状的基础上，提出强化兰州主中心，发展西宁、白银副中心，培植母子型组合城市，顺应河谷走势，构建兰西带状城市圈，基于"X"形轴线，塑造甘新青藏的枢纽区域的发展思路。[78] 张新宏和张志斌从经济整合、空间整合、制度整合理论体系出发，提出兰西整合模式：经济整合模式包括要素—产业互补模式、雁行发展模式、经济一体化模式；空间整合模式有双核整合模式、轴线整合模式、面状整合模式；制度整合模式包括宏观制度创新、微观体制创新。[79]

2.3.2 城市空间结构研究

兰西城市群区域属于黄土高原沟壑区，90%以上的城市都有河流从城市内部或者边缘经过，但是不同城市城镇化内部空间结构各有不同，针对兰西区域城市内部空间结构，杨永春和孟彩红在兰州河谷盆地1∶5000地形图的基础上，在2002年所作的实地调查资料和兰州市城关区的地籍资料以及其他相关文字资料的基础上，总结出兰州城市河谷盆地区的用地结构特征：工业用地、居住用地是河谷盆地城市用地结构变化的主要推动力，建成区所占比例一直处于稳定增加状态；在城市建成区和两山之间，也有大量散点式分布的企事业单位，工业用地在这一区域内所占比例一直呈上升趋势；城市仍然处于沿河谷进行扩散的状态，绿地面积十分缺乏。[80] 刘辉和段汉明在RS和GIS技术的支撑下，利用城市空间紧凑度模型，分析了西宁1987年、1996年、2001年、2006年的四期城市影像图，得出西宁城市空间形态呈现"X"形，在城市空间形态演化过程中表现出扩张速度加快，同时发现，湟水南岸扩张速度快于湟水北岸，并且主导着西宁城市空间形态演化类型。从城市内部来看，近20年湟水北岸城市空间扩张以填充紧凑型模式为主，湟水南岸表现出从填充紧凑型过渡为外延扩张型为主。[41]

杨永春将西部河谷型城市空间结构按照城市中心区、城市外围功能区和周围卫星城之间的关系，归纳为：集中斑块结构类型、连片放射状结构类型、连片带状结构类型、一城多镇结构类型、分散型（片区）城镇结构类型、双城结构类型、带状卫星城的大都市结构类型。[81]

集中斑块结构类型：城市中心区和外围功能区组成单块集中的紧凑形状，卫星城镇相对发育，这类城市空间结构最为紧凑，一般是新城区围绕核心区呈圈层扩展，如西部众多的小型河谷型城镇。

连片放射状结构类型：城市外围的各种功能围绕中心区呈不均等连片集结，若干方向较为发育，若干方向不发育，总体呈现放射状。这种城市的形成主要是由于河流、交通、山体等因素的限制使各个方向表现出差异增长造成的，如西宁。

连片带状结构类型：由于自然条件（河谷）等的影响，城市中心区和外围功能区连片向两侧拉长，卫星城镇和其他方向的外围功能均不发育，如兰州。

分散型（片区）城镇结构类型：集中的城市为分散的若干核心城镇所替代，各类外围功能区也分置于各自的核心城镇和卫星城镇。这类城市的空间格局最为松散，主要为矿产资源型城市，如白银。

一城多镇结构类型：城市中心区和部分外围功能区形成主城区，另一部分外围功能区配置在相应的卫星城镇中。主城区是城市经济、文化、政治中心，卫星城镇则是有某种专业职能。

双城结构类型：城市由两个既相互区别，又相互联系，相隔一定距离的中心城区构成。两个中心区有主次之分。主城区一般是城市政治、经济、文化和行政中心，次城区一般为交通和工业中心。

带状卫星城的大都市结构类型：城市中心区和外围功能区高度集中发育，并且城市周边地区逐渐形成较为发育的卫星城镇，如乌鲁木齐。

贯穿西部河谷型城市空间结构衍生及类型分异的一个总体趋势是从紧凑向分散，从封闭的单中心向多形式多中心组团转化，这是河谷型城市空间结构发展演化的主导方向。

2.3.3　兰西城市群区域生态环境研究

兰西城市群区域水资源分布不均匀，并且相对于全国，属于水资源缺乏的地区；研究区域属于黄土高原沟壑区，区域内降雨年变率、季变率大，地形破碎，土壤侵蚀剧烈，加上人口增长过快、农村能源短缺等制约着土地资源的开发利用。很多学者从人口、城市、水土流失、荒漠化、土壤等生态环境的不同角度进行了研究，总结出兰西区域生态环境问题主要有：水资源较丰富，但地区分布不均匀，水土资源组合不平衡，降低了水的利用率；水资源年内分配不均，其中农业用水供需不协调。另外，区域内水资源短缺、开发利用不合理且污染严重，一方面植被覆盖度低，人地矛盾突出，水土流失、土壤次生盐渍化严重，另一方面，地表水污染严重，大气污染，主要是工业污染。

马翠、刘红和段汉明等对兰西城市群区域的大气、水、土地、固体废弃物等生态环境状况进行了研究。从城镇区域和 PREE 系统的关系来看，城镇与环境子系统的协调度发展趋势比较令人满意。1986 ~ 1996 年协调度为 0.078，属于极不协调状态；1996 ~ 2001 年协调度为 0.667，处于比较协调状态；2001 ~ 2005 年协调度为 0.753，协调度上升的趋势明显。陈思和段汉明从系统恢复力的角度，对兰西城市群区域的 PREE 系统恢复力进行了定量评价：综合恢复力上升，但是区域发展差异大，人口、资源、经济和环境各子系统对整体恢复力贡献程度不一，其中经济子系统和环境子系统对于整体恢复力具有较大的作用，二者权重基本占到了 80% 以上，人口子系统和资源子系统恢复力的值基本在 0.10 上下浮动，很少有达到 0.20 的，发展缓慢无力。

马生林提出以“防治污染，改善生态，促进发展，造福人民”为宗旨，探讨“上游奉献，下游补偿”的管理机制，以小流域为单元，水、林、田、路统一规划，草、灌、乔相结合，蓄住天上水，保住地表水，用好地下水，进行多渠道开源，提高水资源利用率。王有乐和周智芳等采用概率稀释模型，充分考虑了在概率控制条件下水量、水质等的系列分布，计算了黄河兰州段主要污染物的水环境风险容量，并与现有排污状况进行比较分析。[82]

程胜龙和王乃昂采用城郊对比法研究了近 60 年兰州城市发展对城市气候环境的影响，发现随着城市发展，兰州的大气、光热、湿度、降水、风场等气候环境趋于恶化，工业化及城市发展造成的气候环境的变化已危及人们的生活、生产，对整个城市环境的破坏非常严重。[83] 李娜和夏永久对兰州市人居环境可持续综合发展水平进行评价分析，发现兰州市自 1990 年以来经历了“快速发展—波动发展—徘徊发展”三个发展阶段，说明人居环境可持续发展水平的提高不是直线式的，而是呈减缓式发展。[84] 兰西区域城市空间格局和生态环境研究主要集中在对城镇化空间结构的研究，而对生态环境的研究较少，特别是环境对城市空间发展的影响，而环境随着城镇化空间格局如何变化对协调好城市经济建设和生态环境的关系有着重要影响。

2.3.4 近千年来城镇聚落与环境关系演化过程

2.3.4.1 人地关系研究进展

“人”和“地”之间关系的发展和演化，根据时间可划分五个阶段：混沌阶段、原始共生阶段、人类对环境的顺应阶段、大规模改造阶段和人地协调共生阶段；根据区际关系可分为封闭式、掠夺式、转嫁式、互补式这四种类型。[85] 人地关系的问题一直是中西方探讨的一个重要命题。具体的人类对人地关系的理解和认识包括：西方的地理环境决定论（洪堡、李特尔为代表）、适应论（英国的罗士培为代表）、可能论（法国的白兰士为代表，在《人生地理学原理》中提出）[86]，中国西周的“天人合一”思想，吴传钧、左大康、邓静中、陈传康等学者为代表的人地关系地域系统的理论[87]（包括区域人地关系演化、结构、功能、特征、人地交互作用机制、人地关系优化和可持续发展）。其研究经历了以下四个阶段：

第一阶段：研究从“自然对人类的影响”到“人类对自然的影响”。

第二阶段：研究从“着重比较人为剥蚀和自然剥蚀之间的差异”到“将人类活动结合进

环境系统中，并把研究中心放在人与自然环境的联系上”。

第三阶段：研究集中在：①详细描述人类改变地表面貌的途径；②总结人类活动对地表过程所造成的改变；③提出人类在地理环境中所扮角色应遵循的种种行为。[88]

现阶段：研究集中于“人”和“地”相互作用的影响，即环境对人类的影响（文化人类学）以及人类对环境的影响（自然地理学），提出人类地貌学、智慧圈和人类世概念。具体内容包括人类影响环境的评价[89]、资源—环境感知与适应、自然灾害研究、城市自然地理学、文化自然地理学、区域变化的区域响应、区域可持续发展等。[90, 91]

经过不同学者对不同阶段的研究，认为人地关系地域系统是一个自然系统、经济系统和社会系统构成的有机体，各个子系统之间通过要素的流动与组合，使各子系统之间相互联系、互为制约，并共同与外界环境产生相互作用。[92] 因此，要素是人地关系地域系统内部和系统与外界环境之间联系的纽带和桥梁。那么，研究要素之间作用过程自然就成为了研究人地关系地域系统内部和系统之间关系的重要途径。

城市在人流、物流和信息流等方面进行生产和发展的同时，不断进行“新陈代谢”，向外城市区域和腹地排放工业生产、人们生活的废弃物。因此，城市是“人”和“地”之间关系相互作用最频繁、最紧密的地方，也是人地关系问题研究的焦点。特别是在城市快速发展、全球环境问题突出的背景下，如何通过空间优化，提高空间“绩效”，优化城市发展与生态环境的关系，成为重要问题。

2.3.4.2　兰西城市群人（聚落）与地（环境）关系演化过程

兰西城市群区域人地关系演化：人与地之间自然有序—人对地依附—人对地顺应和干预—地对人的制约，目前该区域处于地（生态环境）对人（城镇建设）的制约阶段。地理学借助考古学的方法，通过历史文化遗迹考察来推测、验证人地之间的关系。相关文献记载表明，黄湟流域（兰西城市群区域）全新世以来自然环境变化主要表现为河流下切，水土流失以及沙丘的形成和扩展等，这里是人类最早居住的区域，有类型较多的古代人类活动的遗存。其文化主要包括马家窑文化、齐家文化、辛店文化和卡约文化，在不同文化时期，人类活动对生态环境的影响，加上自然生态环境自身演化规律，使得城市聚落、生态环境、人与生态环境的关系表现出不同的类型（表 2-3-2）。

1）自然—有序型

这一时期主要在夏朝早期，为马家窑文化（公元前 3300 ~前 2100 年），属于彩陶文化，造型多变，构图精美。在大量文化遗址中发现大量石质、陶质、骨质生产工具和生活用品，反映出这一时期农业生产已有一定地位，发掘的圆形半穴居住屋说明当时人类已经定居生活。这一时期人类对生存环境没有明显改造，处于自然生存阶段，人类活动对环境影响很小。

2）依附型

这一时期主要在夏朝至西汉，为齐家文化。通过考古，除了发现大量石质、陶质、骨质生产工具和生活用品外，还出现了铜器，有了地面上的方形房屋，说明原始聚落更加稳固。

但是，这一时期人类尚未形成改造自然环境的社会组织能力，人类个体活动范围较小，只能依附于自然状态和变化，自然界对人类活动有举足轻重的影响。

近千年来兰西城市群区域人类活动（"人"）与生态环境（"地"）关系演化过程　　表 2-3-2

人地关系类型	时间	聚落（人类活动）	自然环境演化	人与自然环境关系
自然—有序型（整体格局尚未形成）	全新世（距今 11000 ~ 8000 年） 中全新世（距今 8000 ~ 5000 年）	人类活动范围狭小，聚落很少	自然环境变化的总趋势是冰后期气候转暖所带来的，冰川退缩，草原面积扩大，水文条件得到改善	人对生存环境没有明显改造，是一个自然生存阶段，自然环境按照自身规律发展，人类活动对环境影响很小
依附型	中全新世（距今 8000 ~ 3500 年）的后半期和晚全新世前半期（距今 3500 ~ 2200 年），西汉以前新石器时代	人类活动地域扩大，生产力水平有较大提高，以农业为主，兼有畜牧业的经济形式不断完善；社会关系多样化，少数民族部落活跃在各地，后期出现了许多城邦小国	气候略为干燥寒冷，在整个中全新世暖湿气候环境下正常波动 民乐县降水量为 300 ~ 400mm，目前为 300mm（民乐东灰山文化）	尚未形成改造自然环境的社会组织能力，单个活动范围较小，只能依附于自然状态和变化，自然界对人类活动的影响举足轻重
顺应—干预型（自然和人文环境变化都大）	晚全新世（距今 3500 年以来）后半期至近代	人类活动方式和内容发生较大变化，创造出该区域少见的历史文明。 汉武帝在河西设四郡（28 万人），移民戍边，建设许多城防聚落、农业绿洲	气候转暖变干成为明显趋势，且波动性大，使得水系、植被变化较大 人类不合理开发造成环境恶化，加剧了已有的由于气候干旱带来的环境后果	人类活动对自然环境既有顺应的一面，又有主动干预，关系极为复杂
制约开发型	近代（距今 100 年）	人类活动受到一定程度制约	气候继续向干旱方向演化，水文状况越来越恶化，受沙漠化威胁，绿洲内平衡被打破	在社会政策保障下，人类可以对自然环境行使主动干预

资料来源：尹泽生，王守春．西北干旱地区全新世环境变迁与人类文明兴衰．北京：地质出版社，1992.

3）顺应—干预型

这一时期属于西汉，主要是青铜器时代。主要文化为辛店文化和卡约文化，进入青铜器历史时期后，黄湟流域的自然环境没有重大变化，人类社会正常演替。湟水上游海晏县金银滩上，西汉元始四年（公元 4 年），开始设西海郡，建筑城防，即今日废弃的三角城故城，此后，黄河、湟水干支流谷地中，先后发展起多处城镇和中心聚落，汉宣帝（公元前 73 ~前 49 年）

以后，本区成为汉、羌混居区，各地遗有的许多古墓葬显示出这一时期社会生活安定。人地关系表现出人类活动对自然环境既有顺应的一面，又有主动干预，关系至为复杂。

4）制约开发型

近百年来，因全球气候转暖，水资源环境发生变化，沙漠化、干旱化使得生态环境恶化，而城镇化进程在逐年加快，人类对自然开发利用改造的规模、范围、深度与速度不断增加，技术手段不断改进，城市建设导致城市发展直接用地、间接用地、诱发用地增大，人类生产和生活活动受到自然生态环境的制约。在生态环境全球化、区域化和流域化的背景下，如何提高人居环境质量，协调城镇化与生态环境之间的关系，成为生态脆弱区的焦点。

通过近百年来兰西城市群区域城镇化与生态环境之间关系的演化可以看出，在生产力水平较低、聚落规模较小、空间分布零散时期，自然环境演变规律主导生态环境演化，而人类对生态环境主要是依赖、顺应。在全球化、区域城镇化以及产业结构快速转移的背景下，近 20 年兰西城市群区域城市建设发展与周围生态环境关系如何是今后 5 ~ 10 年区域和城市发展政策制定的依据。

小结

城镇化与生态环境之间的效应和机理研究，是人地关系地域系统研究的热点问题，也是面向可持续发展的人文过程与自然过程综合研究的重要方向之一。[93, 94] 本章分两部分总结了国内外研究现状。第一部分梳理国内外不同研究区域的城镇化空间格局的模式及城市建设活动、过程对城市腹地生态环境的影响；第二部分针对兰西城市群区域城镇化空间格局及环境对城市建设活动的响应研究现状进行了总结。现有的研究不仅为本区域城镇化空间格局和环境响应研究提供了理论支撑，而且在研究方法和思路上有所借鉴。

国外学者根据不同假设条件提出城镇化内部空间结构模式有同心圆结构模式、扇形结构模式、多核心结构模式，城市外部空间结构不同城市之间满足交通法则、市场法则等关系。现代城市发展不仅仅是单个都市圈内城市之间相互作用和影响，也是多个都市圈之间相互作用在地域空间上形成都市区。在生态环境上，强调区域是城市的生态环境，城市和区域构成一个完整的有机系统。在环境对城市建设活动的响应方面，主要集中在生态环境压力和状态研究、评价指标选取和构建、生态环境对城镇化的综合响应研究等几个方面。

兰西城市群区域城市与城市之间的关系在不同时期表现出不同结构，具体由过去的散点分布→填充发展→双中心增长的空间结构，演化到现在的“一轴连两圈”，向“多中心组团”及“网络一体化”发展。城市内部空间结构有集中斑块、连片放射、连片带状、一城多镇、分散型（片区）、双城结构、带状卫星城大都市结构等类型。在当今交通技术日益变化，城市经济结构转型，民族文化和城市文化多元化等多种因素作用下，兰西城市群城镇化空间结构是怎样的，特别是城市与城市之间的空间关联程度如何，在现有研究中还很少进行系统研究。

针对兰西城市群水土流失、土壤次生盐渍化、水污染和大气污染严重的区域生态环境状况，很多学者借助协调度模型，研究了城市经济发展与生态环境系统中单要素的协调发展与耦合程度，很少从水、土、大气方面进行综合、特别是城市工业园区和居住用地等基础设施建设，对用地类型转化和流向、土地覆盖率变化等的研究较少。城市建设活动中，除了城市经济和工业（产业）发展对腹地生态环境的影响外，自然环境基底对环境演化的作用是什么？特别是形成城镇化空间格局骨架的交通网络体系在城市腹地生态环境演化中扮演什么角色？本研究除系统分析水、土、气生态环境要素对城市建设发展的响应外，还阐述了自然基础、城市经济、交通网络体系等对生态环境演化的不同影响。

第3章　兰西城市群城镇化空间格局及演化

城市在空间上是区域经济增长的“极核”，通过“涓滴效应”和“扩散效应”带动区域经济增长，同时又通过城市之间的关联和联系组织区域内的资源配置和经济活动，并引导区域空间发展的方向。城镇化从空间上看是城市演化过程在地域空间的外在表现，体现为城市空间规模扩大、城市景观形成、区域内城市数量增多等；从时间序列上看是一种动态过程，主要表现为城市的功能结构和现代化生活水平提高的过程，城市空间规模扩展、城镇景观形成、城镇数量增多的过程。

3.1　城镇化及空间格局研究方法

城镇化空间格局往往可体现出城镇化水平的空间差异和城市体系的发育程度，城镇化空间发展受到区域间经济自相关及空间集聚程度的影响。所以，城镇化空间格局研究主要是城市空间分布和城市之间相互关系的研究，空间分布模型主要包括：分布密度和均值，分布中心和离散度；空间分布检验，以确定分布类型；空间聚类分析，反映分布的多中心特征并确定这些中心；趋势面分析，反映现象的空间分布趋势；空间聚合与分解，反映空间对比趋势。另外，空间关系研究模型主要包括距离、方向、连通和拓扑四种空间关系，其中拓扑关系是研究较多的，连通用于描述基于视线的空间物体之间的通视性，方向反映物体的方位。兰西城市群区域在空间上表现出“双核心”结构，这种结构内部，人口城镇化集聚性，经济城镇化和人口城镇化的空间关联度，城市内部空间结构形态、拓展方向、空间集约性（紧凑度）如何，特别是土地利用强度和城镇化重心随着时间如何移动，这些问题的澄清对今后城镇区域发展战略有着重要指导意义，但是，反映这些问题需要哪些方法和模型及技术手段来实现呢？本书将就城市内部空间和外部空间分别进行阐述。

城市外部空间研究借助 GIS 技术，通过城镇体系分形维数、空间基尼系数等测度城市分布的空间平衡状态和差异性；用全局空间自相关指数和空间联系局域指标测度城市分布的空间关联程度；用重力模型测定城镇化重心移动路线和方向等。

城市内部空间结构定量研究主要集中在：借助 RS 和 GIS 技术，采用边界维数、分形维数、紧凑度指数等指标反映城市空间形态、类型等，进而揭示空间形态的演化。本书以西宁为例，研究城市随着经济发展、产业布局和用地类型的变化，城镇化土地利用强度的演化。

3.1.1 城镇化及水平测度

国内外城镇化的概念没有统一定义。Pacione 认为城镇化包括三个方面的含义：① Urbanization，城市人口占总人口比重的增加；② Urban Growth，城市和镇的人口的增加；③ Urbanism，城市生活的社会和行为特征在整个社会的扩展。顾朝林在《中国城市化格局·过程·机理》中将城镇化定义为城镇数量的增加和城镇规模的扩大，导致人口在一定时期内聚集，在聚集过程中又不断将城市的物质文明和精神文明向外扩散，并在区域产业结构不断演化的前提下衍生出崭新的空间形态和地理景观。李镇福定义城镇化就是一定地域在社会产业结构、人口、文化和人们的生产生活等各方面向具有城市特点的表现形态变迁的系统的、动态的过程。[95] 欧向军和甄峰等认为城镇化是随着区域社会经济的发展，地域景观、人口构成、生活方式、经济结构等诸方面向具有城市特点的方向而变迁的系统过程。[96] 周一星在《城市研究的第一科学问题是基本概念的正确性》中认为城镇化和城市化在很多情况下可以通用。

城镇化水平的测度包括单一指标法和综合指标法。单一指标法主要是计算城镇人口比重、非农业人口比重和城市用地比重等，单一指标法只能反映城镇化水平的某一方面，不能全面反映各地城镇化水平的丰富内涵。综合指标法指人口结构城镇化、社会产业结构城镇化、居民生活方式的城镇化、空间的城镇化、载体上的城镇化、经济上的城镇化、信息方面的城镇化。李振福（2003）将城市化综合力分为城市化经济力、城镇化潜在力、城镇化装备力，然后采用专家打分的方式确定权重系数进行多要素测评。[95] 欧向军和甄峰（2008）引入热力学概念，克服多指标变量间信息的重叠和人为确定权重的主观性，运用熵值法对其城镇化发展（人口城镇化、经济城镇化、生活方式城镇化和地域景观城镇化）进行了综合评价。[96] 官静和许恒国（2008）从城市化内涵出发，基于人口、经济发展、居民生活和地域环境构建了反映城市化发展水平的评价指标体系。[97]

城镇化是一个复杂的系统工程，包含了人口、经济、社会、生态环境等诸多因素，本研究根据系统性、科学性、可比性、可获得性、动态性原则，从人口城镇化、经济城镇化、空间城镇化、社会城镇化 4 个方面，选取了 30 个指标测定兰西城市群区域范围内兰州市、西宁市、白银市、临夏市 4 个城市的综合城镇化水平。

3.1.1.1 单指标城镇化水平测度

单指标城镇化水平测度主要集中在城镇人口（或者非农业人口）占总人口比重（人口城镇化）、第二产业生产总值占总产值比重（经济城镇化）、城镇建设用地占总用地比重（空间城镇化）方面，而对社会生活方式城镇化的研究较少。对于城市内部空间城镇化，一般借助区域土地利用程度变化综合指数来测度。

反映多种土地利用类型质量结构的总体变化，揭示区域土地利用程度的深度和广度，计算公式为：

$$\Delta I_{b-a}=I_b-I_a=\left\{\left[\sum_{i=1}^{n}A_i\times C_{ib}-\sum_{i=1}^{n}A_i\times C_{ia}\right]\right\}\times 100 \tag{3-1-1}$$

式中：I_a 和 I_b 分别为 a 时间和 b 时间土地利用综合指数；A_i 为第 i 级土地利用程度分级指数；C_{ia} 和 C_{ib} 分别为 a 时间和 b 时间第 i 级土地利用程度面积百分比；n 为土地利用分级指数；ΔI_{b-a} 为土地利用程度变化值，如果 $\Delta I_{b-a}>0$，该区域土地利用处于发展时期，如果 $\Delta I_{b-a}\leqslant 0$，则该区域土地利用处于调整期和衰退期。[98-100]

土地利用程度分级赋值表　　表 3-1-1

分级指数	土地利用类型	类型
1	未利用或难利用地	未利用土地级
2	林地、草地、水域	林、草、水用地级
3	耕地、园地、人工草地	农业用地级
4	城镇、居民点用地、交通用地	城镇聚落用地

3.1.1.2　多指标城镇化水平综合测度

为了克服多指标变量间信息重叠和人为确定权重的主观性，本研究运用熵值法对兰西城市群区域城镇化发展水平进行综合评价。熵源于热力学的物理概念，后由香农（C. E. Shannon）引入信息论，现已广泛运用于社会经济等研究领域。在信息论中，信息是系统有序程度的度量，熵是系统无序程度的度量，两者绝对值相等，符号相反。某项指标的指标值变异程度越小，熵越大，该指标提供的信息量越小，其权重也越小；反之，某项指标的值变异程度越大，熵越小，该指标提供的信息量越小，其权重也越小。[95]

（1）构造原始指标数据矩阵：假设 m 个待评价方案，n 项评价指标，形成原始指标矩阵 $X=\{x_{ij}\}m\times n$（$0\leqslant i\leqslant m$，$0\leqslant j\leqslant n$）则 x_{ij} 为第 i 个待评价方案第 j 个指标的指标值。

（2）数据标准化处理（无量纲化）。因其指标正负取向均有差异，为便于计算和比较，需要对初始数据无量纲化，其方法通常有“效益型”和“成本型”两大类。对于正向指标，X_j 越大越好，记为 $X_{j\max}$；对于逆向指标，X_j 越小越好，记为 $X_{j\min}$。定义 X_{ij}^* 为 X_{ij} 对于 X_j 的接近度。对于正向指标，$X_{ij}^*=X_{ij}/X_{j\max}$；对于逆向指标，$X_{ij}^*=X_{j\min}/X_{ij}$。定义标准化矩阵为 $Y=\{y_{ij}\}m\times n$，$y_{ij}=X_{ij}^*/\sum x_{ij}^*$，$0\leqslant y_{ij}\leqslant 1$。

（3）计算评价指标的熵值：$e_j=-k\sum y_{ij}\ln y_{ij}$，令 $k=1/\ln m$，则 $e_j=(-1/\ln m)\sum y_{ij}\ln y_{ij}$。

（4）计算评价指标的差异性系数：$g_j=1-e_j$。

（5）定义评价指标的权重：$w_j=g_j/\sum g_j$。

（6）计算样本的评价值：用第 j 项指标权重 w_j 与（2）标准化矩阵中第 i 个样本第 j 项评

价指标接近度 x_{ij}^* 的乘积作为 x_{ij} 的评价值 f_{ij}，即 $f_{ij}=w_j\times x_{ij}$，第 i 个样本的评价值 $f_i=\sum f_{ij}$。

城镇化是一个复杂的系统工程，包含了人口、经济、社会、居住环境等诸多因素。它已成为国家或地区制定区域发展政策的基础。[96]

3.1.2 城镇化空间分布均衡与差异性测度

运用分形方法，从城市空间分布的分形、向心性，人口和经济空间分布的关联性及城镇化水平重心移动轨迹三个方面，定量描述城镇化空间结构特征及演化，研究其分形特征的集聚维数和关联维数。

3.1.2.1 城市体系空间结构的分形计算

城市体系空间结构分形模型主要有空间向心性的分形模型、空间结构均衡性的分形模型、空间结构相似性的分形模型。城市体系空间结构特征的分形维数主要有集聚维数、网格维数和空间关联维数：①集聚维数，借助回转半径测算，故可称之为半径维数；②网格系数，利用区域的网格化方法测算；③空间关联维数，利用城镇之间的欧氏距离而得。[101] 本节采用哲夫分形维数。

城市体系分形特征是城市与等级规模分布序列中的自相似性，即分布序列中局部与整体间的自相似性。对于一个特定的区域（兰西城市群区域），若共 n 个城市（31 个市县）组成，先将城市规模从大到小排序，以人口尺度 r 作为划分城市的标准，则区域城市数目 $N(r)$ 与 r 的关系满足：

$$N(r)\propto r^{-D} \tag{3-1-2}$$

这个分形模型，是哲夫法则的变形，反映的是城市体系规模分布的特征，对两边取自然对数，将其转化为：

$$\ln N(r)=A-D\ln r \tag{3-1-3}$$

其中：$N(r)$ 为城市累积数目（或累计百分比）；A 为参数；D 为分维数。在现实中，一般来说，D 值大小直接反映了城市体系规模等级结构特点。当 $D<1$，表明该区域的城市体系规模等级结构松散，人口呈不均匀分布，城市体系发育不成熟；当 $D=1$，表示该区域首位城市人口数与最小城市人口数比值恰好等于区域内城市数目；当 $D>1$，表示城市规模分布集中，中间位序城市数目较多，人口分布较均衡，整个城市体系发育成熟。

3.1.2.2 城市空间集中性测度

1）不平衡指数

该指数是衡量一个国家或地区城镇化差异程度的指标，在本文中表示市县非农业人口（第二和第三产业总产值）占研究区非农业人口总数（总产值）的比重与其他指标占研究区总数比重之间的关系，用 I 来表示，其计算公式为：

$$I=\sqrt{\frac{\sum_{i=1}^{n}[\frac{\sqrt{2}}{2}(Y_i-X_i)]^2}{n}}\quad(i=1,2,3,\cdots,n)\tag{3-1-4}$$

其中：n 为要比较的地区数，X_i 和 Y_i 为相互比较的两组指标。如果 X_i 和 Y_i 差异较小，那么 I 的值就较小，反映出两组指标相对较为平衡；反之，如果两者的值相差较大，那么 I 的值就较大，反映出两组指标不平衡性较为突出。文中 X_i 代表非农业人口总数的比重；Y_i 代表人均 GDP 的比重。

2）人口（经济）集中指数和基尼指数

总体上分析人口（经济）空间分布集中或者分散的程度及其变动趋势，人口（经济）集中指数（Index of Population Concentration）是广泛使用的指标之一。

人口（经济）集中指数评价指标计算公式：$\Delta p=\frac{1}{2}\sum_{i=1}^{n}\left|\frac{p_i}{p}-\frac{s_i}{s}\right|$　（3–1–5）

式中：P_i 和 S_i 分别是 区域的人口（经济）数量和面积；P 和 S 分别为全部区域的总人口（经济）和总面积；n 为区域个数，文中 n=31。人口（经济）集中指数 ΔP 的数值为 0 ~ 1，ΔP 越大，说明人口（经济）的区域分布越集中，趋于 1 时，说明区域人口（经济）分布几乎集中分布于某一“点”；反之，ΔP 越小，说明人口（经济）的区域分布越分散，趋向于 0 时，说明人口（经济）几乎均匀分布于各地区。人口（经济）基尼指数：$G=(\sum_{i=1}^{n}X_iY_{i+1})-(\sum_{i=1}^{n}X_{i+1}Y_i)$。$X_i$ 为各地域人口（经济）累计百分比；Y_i 为各地区面积累计百分比；n 为区域个数，文中 n=31。

3.1.2.3　城镇化空间关联指数计算

对于地理要素之间相互作用的密切程度的测度，主要是通过对相关系数的计算与检验来完成。一般分为两种要素之间关系程度的测度和多要素之间关系的测定。对于两个要素之间相互关系，采用如下公式表示：

$$r_{xy}=\frac{\sum_{i=1}^{n}(x_i-\bar{x})(y_i-\bar{y})}{\sqrt{\sum_{i=1}^{n}(x_i-\bar{x})^2}\sqrt{\sum_{i=1}^{n}(y_i-\bar{y})^2}}\quad(i=1,2,\cdots,\tag{3-1-6}$$

式中：r_{xy} 为两个要素之间的相关系数，$\bar{x}$、$\bar{y}$ 分别表示两个要素样本的平均值。$r_{xy}>0$ 时候，表示正相关，即两要素同向相关；$r_{xy}<0$ 表示负相关，即两要素异向相关。r_{xy} 的绝对值越接近 1，表示两要素的关系越密切；r_{xy} 越接近 0，表示两者的关系越不密切。相关系数虽然能够表示两要素之间的时间序列关系，但不能反映出空间相互关联的程度，为此，研究采用空间关联指数来测量空间上的关联及空间集聚现象，引入 Getis-Ord General G 和 Getis-Ord Gi* 分别测度其全局的和局域的空间聚簇特征，前者是探测整个研究区的空间关联结构模式；后

者用于识别不同的空间位置上的高值簇与低值簇，即热点区与冷点区的空间分布。Getis-Ord General G 定义为：

$$G(d)=\sum\sum W_{ij}(d)x_i y_j / \sum\sum x_i y_j \tag{3-1-7}$$

式中：d 为各乡镇行政单元的中心点的距离；W_{ij}（d）为以距离规则定义的空间权重，x_i 和 y_i 是 i 乡镇和 j 乡镇的城镇化强度指数。

在空间不集聚的假设下，G（d）的期望值为：

$$E(d)=W/n(n-1) \qquad W=\sum\sum w_{ij}(d) \tag{3-1-8}$$

在正态分布的条件下，G（d）的统计检验值为：

$$Z=[G(d)-E(d)]/\sqrt{Var(G(d))} \qquad E(d)=W/n(n-1) \tag{3-1-9}$$

当 G（d）值高于 E（d）值，且 Z 值显著时，检测区出现高值簇；当 G（d）值低于 E（d）值，且 Z 值显著时，检测区出现低值簇；当 G（d）趋近于 E（d）时，检测区的变量呈现出随机分布特征。

Getis-Ord Gi* 该模式主要是：

$$G_i^*(d)=\sum^n W_{ij}(d)x_j / \sum_j^n x_j \tag{3-1-10}$$

对 G_i^*（d）进行标准化处理：

$$Z(G_i^*)=[G_i^*-E(G)]/\sqrt{Var(G_i^*)} \tag{3-1-11}$$

式中：E（G）和 Var（G_i^*）分别是 G_i^* 的数学期望和方差，W_{ij} 是空间权重，权重的计算方法如同 Getis-Ord General G。如果 Z（G_i^*）为正，且显著，表明位置 i 周围的值相对较高（高于均值），属高值空间集聚（热点区）；反之，如果 Z（G_i^*）为负，且显著，则表明位置 i 周围的值相对较低（低于均值），属低值空间集聚（冷点区）。

3.1.2.4　人口和经济重心演化

“重心”是借用物理学的重心概念，所谓人口和经济重心，即假设人口和经济所在的区域为同质平面，每个人都是平面上的一个质点，具有相同的质量，则重心是区域中每人距离平方和最小的点，即一定空间平面上力矩达到平衡的点。人口和经济重心的移动方向表示人口和经济分布的伸展方向，并通过人口和经济重心移动的轨迹及其移动速度，直接形象地反映人口和经济发展变化的过程，揭示人口和经济分布空间变化的特征和原因。

重心的位置一般以经纬度来表示：

$$\overline{X}=\frac{\sum p_i x_i}{\sum p_i}; \quad \overline{Y}=\frac{\sum p_i y_i}{\sum p_i} \tag{3-1-12}$$

式中：$\bar{x}$、$\bar{y}$为计算区域的人口（经济）重心经纬度坐标；p_i 为 i 点的人口数（经济总量）；x_i、y_i 分别为 i 点的经度和纬度坐标。

3.1.3　城市空间紧凑程度

城市群城镇化空间结构形态通过城市体系分形、城市空间集中性、关联性以及重心轨迹移动来测度。城市建成区城镇化空间形态演化类型包括“集聚”填充类型、“外延”发展类型。如何定量衡量呢？随着 RS 和 GIS 技术的发展以及编程的深化，城市空间测量的量化指标在紧凑度、分维数、延伸率、扩展指数等指标取得成果比较显著。[102-105] 但不论紧凑度、紧凑度指数，还是整体回归栅格法计算分维数等，均须通过斑块面积和周长，变形求出城市空间形态的分维数，来描述城市空间的发展演变。空间紧凑度模型方法既简单又适合描述同一城市不同时间的空间形态，项目研究利用紧凑度模型，以西宁城市空间紧凑度为例来分析城镇化空间演化。

紧凑度是衡量空间斑块完整性和集聚程度的指标，是斑块形状的特征参数，是反映城市形态的一个十分重要的概念，由 R.R.Boyce 等提出，即某一斑块的紧凑度是斑块面积与周长的比率。该模型以圆形区域作为标准度量单位，并将其视为最紧凑的特征形状，紧凑度定义为 1，其他任何形状地物的紧凑度均小于 1。该模型计算过程简单，便于进行同一城市不同历史时期形状的对比和不同城市间的形状对比。计算公式为：

$$K = 2\sqrt{\pi A} / P \tag{3-1-13}$$

其中：A 指斑块的面积；P 指斑块的周长；K 指斑块的紧凑度，K 的取值范围为：$0 < K \leqslant 1$。K 值越小，斑块的紧凑度越低，表明其离散程度越大，受到外界干扰越大，内部资源的稳定性差；K 值越大，斑块的紧凑度越高，表明其离散程度越小，受外界干扰小，更容易保持内部资源的稳定性。

通过以上 12 个不同类型的单指标和综合指标、静态和动态指标，不仅可以全面地测量区域城镇化水平以及空间格局，而且可以探讨城镇化重心的移动轨迹，同时，单一指标（土地利用强度、紧凑度）可将城市内部空间土地利用的空间绩效和强度演化较好地反映出来。

3.2　城市群城镇化空间格局及演化

城镇化空间结构包括人口城镇化空间结构、经济城镇化空间结构、产业园空间分布（产业园区与城镇之间的关系）、综合城镇化水平空间结构、城镇网络空间结构等。根据测度城镇化水平及空间的不同方法、测度城镇化空间集中程度及形态的模型，从人口城镇化、经济城镇化和综合城镇化水平方面描述兰西城市群城镇化空间格局，最后针对兰西城市群区域 31 个市县，以西宁为例分析了城镇化内部空间的紧凑程度及土地利用强度的变化。

3.2.1 城镇化进程和发展阶段

城镇化进程具有明显的阶段性，1979 年美国地理学家诺瑟姆（RayM.Northam）发现，城镇化进程所经历的轨迹可概括成一条稍被拉平的“S”形曲线。一般根据城镇化率“阈值”将城镇化过程划分为三个阶段：①初期阶段：城镇化率低于 30%；②中期阶段：城镇化率 30% ~ 70%；③后期阶段：城镇化率 70% 以上。[38，106] 2004 年陈彦光在《城市化 Logistic 过程的阶段划分及其空间解释——对 Northam 曲线的修正与发展》一文中将城镇化划分为四个基本阶段，即：①初期阶段：城镇化率低于 19.04%；②加速阶段：城镇化率 19.04% ~ 50%；③减速阶段：城镇化率 50% ~ 80.96%；④后期阶段：城镇化率在 80.96% 以上。四个阶段与 Northam 原来的三个阶段大致对应。

雷春芳和张志斌（2007）将兰西城镇密集区域空间结构发展演化历程分为四个阶段：散点分布期（先秦时期）、要素填充期（秦至唐）、双中心结构萌发期（宋至新中国成立前）和双中心结构成长期（新中国成立至今）。但从城镇化水平演化来看，兰西城市群的发展处于什么阶段呢？区域城镇化过程又是如何演化的呢？

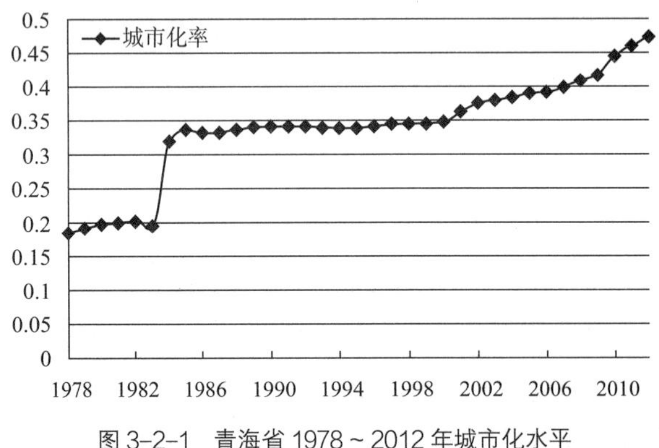

图 3-2-1 青海省 1978 ~ 2012 年城市化水平

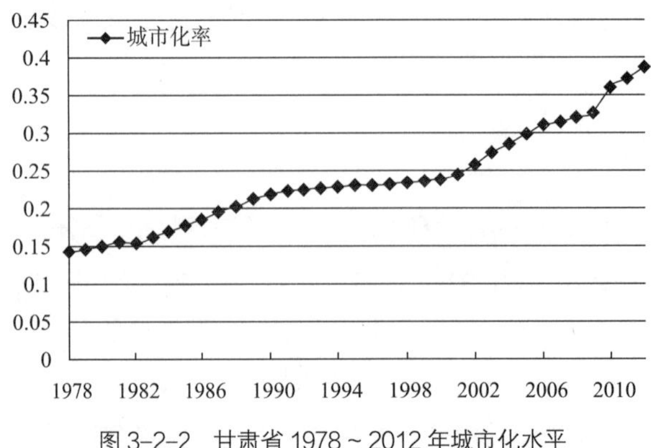

图 3-2-2 甘肃省 1978 ~ 2012 年城市化水平

兰西城市群城镇化发展受到甘肃省和青海省经济发展、政策、历史基础和制度等区域发展因素和背景等多方面的影响，所以其区域城镇化发展进程与青海省和甘肃省城镇化发展进程具有一致性和同步性。据数据获取的方便性、真实性，研究以青海省和甘肃省城镇化发展的进程来反映。

3.2.1.1　城市群城镇化阶段划分

根据《青海省统计年鉴》（2013）和《甘肃省统计年鉴》（2013）计算并绘制出城镇化水平演化过程曲线图。青海省 1978 年城镇化率为 18.59%，2000 年达到 34.76%；甘肃省 1978 年城镇化率为 14.41%，2000 年达到 24.01%。2012 年末，两省城镇化率都在 35% 以上，并且低于 50%，其中青海省为 47.44%，而甘肃省为 38.75%，因此，两省城镇化发展阶段按照上面任何一种划分方法都处于加速发展阶段。

青海省比甘肃省城镇化水平要高，但是波动性大。青海省于 1984 年进入城镇化加速阶段，甘肃省一直处于平缓加速阶段。其中，青海省 1978 ~ 1983 年城镇化率一直低于 30%，在 1983 年瞬间超过 30%，之后稳步上升，于 2007 年超过 40%。甘肃省 1978 ~ 2004 年城镇化率一直在 20% 以下，到 2005 年，城镇化率超过 30%。

3.2.1.2　群内各城市城镇化阶段差异较大

群内整体城镇化水平为 32.4%，处于加速阶段，而区域内部 31 个市县的城镇化水平各个阶段上的均有。其中，初期阶段城市最多，31 个市县中有 12 个，占到 67.74%；加速阶段的城市有 5 个（大通县、湟源县、平安县、永靖县和景泰县），占到 16.13%；减速阶段的城市有 2 个（临夏市和白银市），占到 6.45%；后期阶段的城市有 2 个（兰州市和西宁市），占到 6.45%。

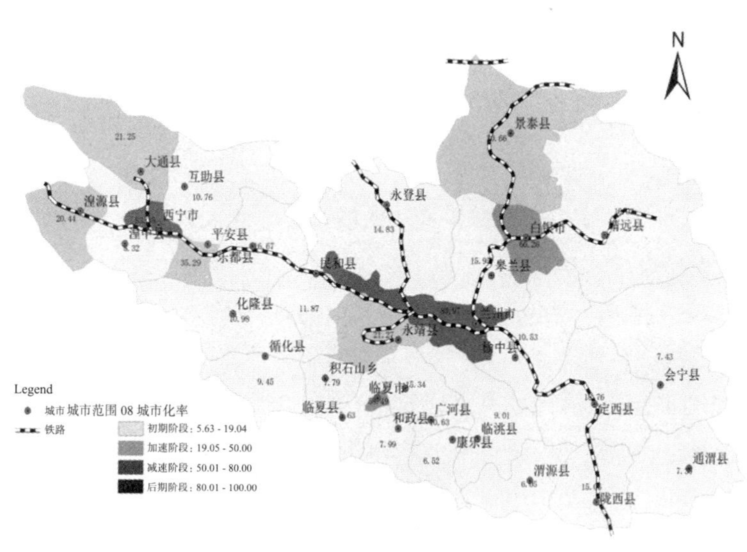

图 3-2-3　城市化阶段在空间上的分布

3.2.2 人口城镇化空间结构

3.2.2.1 空间分布不均，极化性强

（1）城市规模等级结构不合理，城市之间分维数小于 1。将兰西城市群区域 2012 年末非农业人口数据分别取自然对数后作散点图，用线性回归进行模拟，结果见图 3-2-4。由图 3-2-4 可见，$\ln N(x)=4.792-1.153\ln x$，$R^2=0.968$。其中，$R^2$ 是复相关系数，说明相关性较高；城市规模等级体系的分维数 $D=1.153>1$，说明兰西城市群区域范围内城市体系规模等级结构紧凑，非农业人口在空间上呈现出较为均匀的分布，城市体系发育日渐成熟。

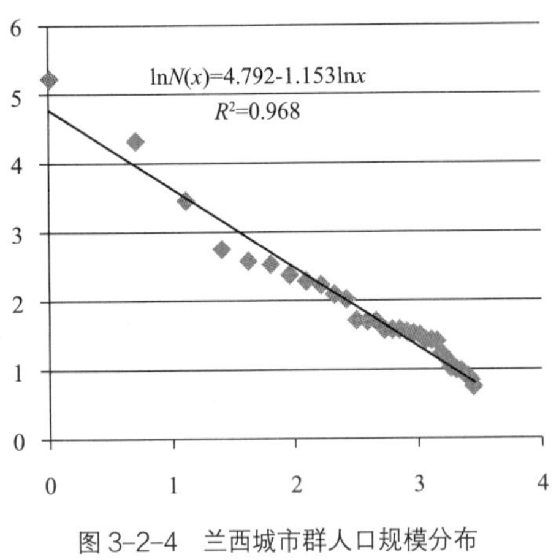

图 3-2-4 兰西城市群人口规模分布

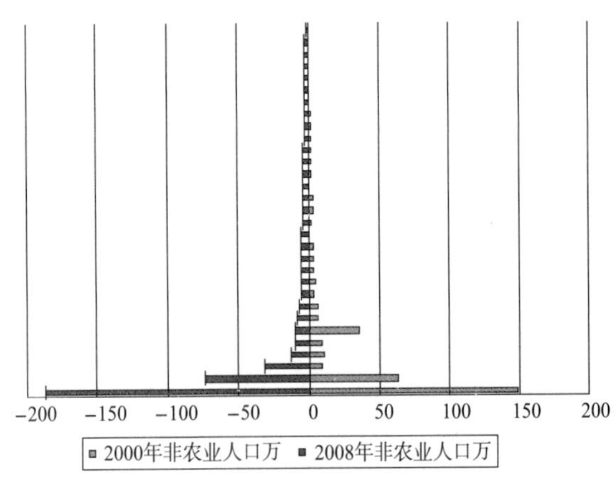

图 3-2-5 区域人口规模等级“丁”字结构

（2）人口规模等级呈倒“丁”字形结构，首位度较高，且中心城市极化性增强（刘辉、段汉明，2009）。2012 年末区域内城市首位度为 2.45，而 2000 年末区域内城市首位度为 2.36，区域内城市首位度有扩大趋势。城市规模等级体系在空间上表现为倒“丁”字形，规模等级较大的城市，尤其是特大城市、大城市和中等城市各有 1 个（图 3-2-5）。在“丁”字形结构中位于底部的是 28 个小城市，“丁尖”、“丁身”分别是兰州市、西宁市、白银市，在 2000 ~ 2012 年间，处于“丁尖”和“丁身”的城市非农业人口规模占兰西城市群区域非农业人口比重有扩大趋势。2000 年末三个城市的非农业人口规模占区域的 65.3%，到 2008 年末，这一比重达 70.5%。由此可以看出，兰州市、西宁市、白银市在区域发展中起到决定全局的作用。该区域城市规模等级体系呈现倒“丁”字形，形成原因包括自然条件、产业经济基础、基础设施及国家宏观发展政策等，主要有：①兰西城市群区域植被较少，水土流失严重，形成以湟水、黄河干流贯穿，以盆地与峡谷相间排列的串珠状河谷盆地地形，其间地形破碎，黄土沟壑和墚峁丘陵广布。区域范围内各个城镇坐落在条件相对优越的河谷盆地里面，而盆地地形起伏度及盆地开阔程度制约着城市建设用地规模的扩展，即适宜大规模城市建设的用地不像平原地区那样富足。②兰西区域内人口密度与中国东部沿海平原相比特别稀疏，加上区域

范围内产业结构以农业、畜牧业为主，工业内部产业结构层次较低、服务业落后，中小城市不仅很难吸收农村转移来的流动人口，而且很难消化大城市转移的产业，造成城市增长力不够。③兰西区域内 31 个市县之间交通沿着河谷走向分布，联系方向性很强，但是城市之间联系度低，物流、人流、资金流等经济要素的流动性不如平原城市之间频繁、紧密，妨碍与城市空间网络的自组织和他组织，造成城市间的组织力低，规模经济和集聚效益小。

（3）兰西城市群人口城镇化水平在空间上具有一定的方向性，呈“X”形结构。

兰西城市群区域受湟水河、大夏河等自然条件的影响，受薄弱经济基础的制约，兰州经济区的大多数城镇分布在自然条件较好的河谷、川道及交通便利的地区：①兰州市、西宁市、白银市、临夏市城镇化水平最高，从中心向外围明显降低，差异程度较大。2008 年末，白银市建成区城镇化水平为 66.2%，兰州市建成区为 83.96%，西宁市建成区为 83.35%，形成了兰西城市群区域空间上城镇化水平的最高点。周围的会宁县、通渭县、积石山乡、临夏县城镇化水平还不到 10%，城镇化水平最高的兰州市建成区是城镇化水平最低地区临夏县（5.6%）的 14 倍多。②城镇化水平从轴线向外围由近及远降低，其中西宁、兰州、白银是轴线上的极点。兰西城市群区域城镇化水平以西陇海铁路线、景泰—白银—兰州铁路线和永登—永靖—临夏铁路线沿线的城镇化水平较高，而垂直铁路线方向城镇化水平是逐渐降低的。兰西城市群区域城镇化方向与河流流向、交通基础设施走向相关性较大。③城镇化水平高低与区域地形地势复杂程度相关，特别是区域范围内河流水系等级。河流水系级别越高，流量越大，该区域城镇化水平越高，其中黄河干流流经的兰州市以及湟水干流流经的西宁市城镇化水平较高，而其余支流流经的县级城市城镇化水平相对较低。另外，地形起伏度高低与城镇化水平相关性较强，表现为地形地势起伏度大的区域城镇化水平较低，而地形地势起伏度相对平缓的区域城镇化水平较高，兰西城市群南部秦岭西段北麓起伏度较大，城镇化水平相对较低。

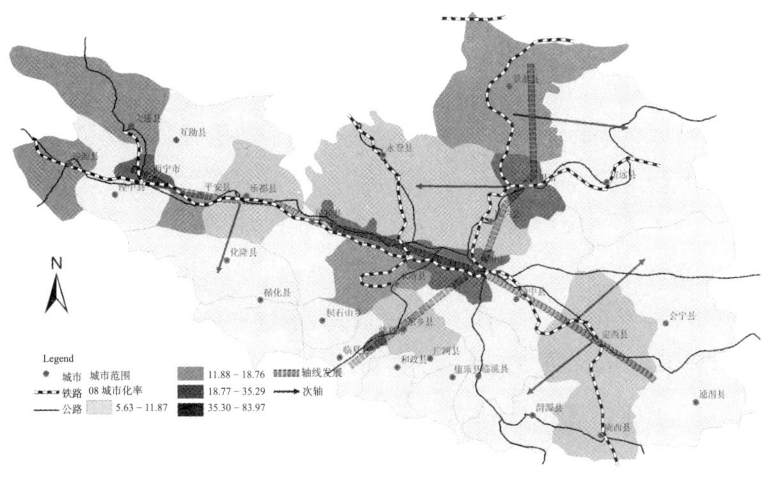

图 3-2-6　2008 年人口城市化空间结构图

（4）兰西城市群总人口集中性弱化，非农业人口集中性增大。

1987～2008年，兰西城市群总人口基尼指数和集中指数与非农业人口基尼指数和集中指数变化趋势相反（表3-2-1），总人口集中性在弱化，非农业人口集中性在增大。①1987～2008年，兰西城市群总人口集中指数小，并且集中性在弱化。人口集中指数小于0.5，1987年人口集中指数为0.4042，到2008年降至0.3666，伴随着城镇化进程，区域人口集中指数在逐年降低，说明兰西城市群人口由集中转向离散分布。其原因是随着区域经济发展水平提升，城市建设用地受到地形、地势、地貌的限制，部分产业选址向周边城市转移，带动区域内城镇人口增加。②区域内非农业人口集中性高于总人口，不均衡性小于总人口。1987～2008年总人口基尼指数大于非农业人口基尼指数，1987年分别为0.0194和0.0028，到2008年分别为0.0179和0.00483。非农业人口的集中指数高于总人口集中指数，1987年非农业人口和总人口集中指数分别为0.7699、0.4042，到2008年末分别为0.7426和0.3666。非农业人口集中指数高于总人口的原因为区域内城镇化水平较低，城市首位度高，非农业人口主要集中在区域内的核心城市。③1987～2008年，区域非农业人口集中指数、基尼指数有增大趋势。由表3-2-1可以看出，1987年非农业人口基尼指数是0.0028，2008年末增加到0.00483，表明兰西区域31个市县之间城镇化水平的差距在加大。

1987～2008年兰西区域人口分布指数变化一览表 **表3-2-1**

类型		1987年	1998年	2001年	2003年	2005年	2007年	2008年
总人口	集中指数	0.4042	0.3989	0.3964	0.3924	0.3745	0.3671	0.36664
	基尼指数	0.0194	0.0167	0.0174	0.0184	0.0166	0.0177	0.0179
非农人口	集中指数	0.7699	0.5146	0.7626	0.7662	0.7635	0.7391	0.7426
	基尼指数	0.0028	0.0034	0.0037	0.0034	0.0044	0.00481	0.00483

3.2.2.2 空间关联性差，热点分布在该区域北部

3.1.2.1通过城镇体系分形维数、人口集中指数和基尼指数计算了区域范围内城市体系空间格局，结果表明兰西区域城镇化空间分布不均，极化性较强。但是，区域城镇化通过城市之间的各种作用和关联来组织区域内产业的发展、资源的空间配置。研究在本章第一节中的城镇化空间关联指数（式3-1-7～式3-1-11）的基础上，通过ArcGIS9.3软件，在Spatial Statistics Tools模块下，采用Inverse Distance Squared方法计算兰西城市群区域城镇化水平空间关系，得出2000年和2008年兰西城市群区域城镇化全局性关联指数。2000年和2008年兰西城市群区域城镇化Getis-Ord General G指标$G(d)$分别为−0.126和−0.146；$E(d)$是−0.033；Z值分别是−1.08和−1.33。

（1）人口空间关联性弱。2000年和2008年兰西城市群区域城镇化全局$G(d)$指数偏小，

说明该区域城镇化全局关联性弱,其结论与宋吉涛、方创琳等采用中心性指数计算出的“兰—白—西城市群”的中心性指数偏低、城市群发育落后、结构简单、节点数少的空间格局结论一致。另外，2004 年和 2008 年 $G(d)$ 大于 $E(d)$ 值，且 Z 值较为显著，说明兰西城市群区域内城镇化全局关联性较弱，主要围绕几个高强度的中心展开。从 $G(d)$ 值与 $E(d)$ 值的差值来看，2008 年 $G(d)$ 与 $E(d)$ 的差值比 2004 年减小，表明兰西城市群区域城镇化空间关联性在降低，且 2008 年 Z 值比 2004 年 Z 值减小，即兰西城市群区域城镇化 Z 值越来越不显著，说明 2004 ~ 2008 年区域城镇化发展点（Hot Spot）有所演化和移动。通过兰西城市群区域城镇化空间关联性研究可以看出，该区域城市密度虽然在甘肃省和青海省境内相对较大,但是城市之间关联性较弱,空间分布模式随机分布明显,属于离散型（Dispersed）分布，这种分布模式不利于区域内大、中、小城市之间人员、经济、物质、信息等的流动，有碍于区域城镇化效率快速提高。

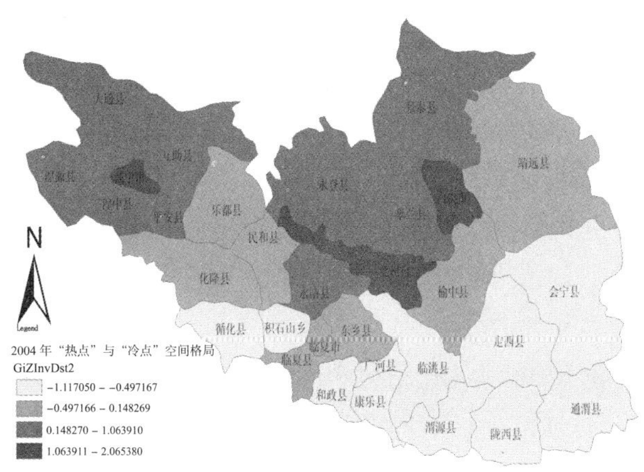

图 3-2-7　2004 年“热点”空间格局（彩图见附图）

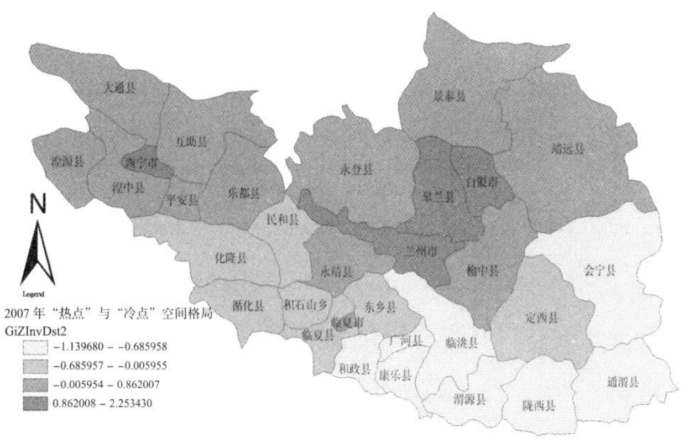

图 3-2-8　2008 年“热点”空间格局（彩图见附图）

（2）“热点区”分布于北部区域。借助 ArcGIS9.3 技术中的空间统计分析（Spatial Statistics Tools）模块，采用 Hot Spot Analysis（Getis-Ord Gi×）分析，分别计算出各行政区域城镇化局域空间关联指数 Getis-Ord $G_i^{\times}$（式 3-1-7），并将其空间属性化，利用 Natural Breaks（Jenks）方法，将 $G_i^{\times}$ 统计量分成 4 类，生成兰西城市群区域城镇化的“热点”和“冷点”空间格局图。由于 2004 年和 2008 年城镇化的“热点”和“冷点”空间格局图（图 3-2-7、图 3-2-8）可以看出：① 2004 ~ 2008 年兰西城市群区域城镇化“热点区”和“冷点区”比较稳定，没有出现“热点”和“冷点”的剧烈变化。“冷点区”分布在南部区域，“热点区”分布在兰西城市群区域的北部区域。另外，西宁市、兰州市和白银市“热点区”没有随城镇化进程而变化，临夏市还没有成为南部的“热点区”。② 2004 ~ 2008 年兰西城市群区域，随着西部大开发以及城镇化进程的发展，“冷点区”减少，“热点区”数量增加，区域城镇化整体水平在提高。2004 年兰西城市群区域“热点区”集中在兰州市、西宁市、白银市，2008 年白银市和兰州市之间的皋兰县也变成了“热点区”，积石山乡、循化县、定西市在 2008 年“冷点区”中发生转移，即定西市随着社会经济发展和城镇化水平的提高，有望成为兰西城市群区域南部城镇化和区域空间结构演化的“增长极”，但临夏市对兰西城市群南部的东乡、广河和康乐的社会经济发展和城镇化建设带动力不足。

兰西城市群区域有黄河干流、支流——湟水河、大夏河、祖厉河等水系流经区域，形成了以河流和交通干线决定的区域空间结构。地区内城镇的间距较大，导致城镇间的空间作用力减弱。加上结构相似，城镇间的经济协作不密切，城镇体系只靠行政关系来维持，经济联系松散，不利于城镇专业化分工与协作。

3.2.2.3　人口城镇化空间结构演化趋势是北高南低和西高东低

兰西城市群区域人口城镇化总体上是“Y”字形空间结构，倒“丁”字形的规模等级，其中在 2004 ~ 2008 年，城镇化不平衡性在增大，城市在区域中的极化作用加强，而城镇化空间关联性较差，城镇化“热点区”主要分布在兰西城市群区域的北部。随着区域内自然和人文要素的变化，特别是城市之间人口流动、产业结构调整、社会发展等多种因素的作用，该区域城市化空间格局今后又会如何演化呢？

利用 ArcGIS9.3 中 Geostatistical Analyst 模块中的 Trend Analyst，对区域城镇化水平进行空间发展趋势分析（图 3-2-9）和 Geostatistical Wizard 中的 Kriging 插值分析，绘制出城镇化水平等值线（图 3-2-10）。由图 3-2-9 可以看出：①兰西城市群区域城镇化水平呈现出西高东低、北高南低的发展趋势。1990 年以来兰西城市群区域西部增长极（西宁）发展速度明显高于东部的增长极（兰州）。表现在：1990 年西宁市建成区面积为 52km^2，到 2008 年底，市区建成区面积增加到 64km^2；兰州市建成区面积没有变化，进行填充集约式发展；从 GDP 增长速度来看，2002 ~ 2008 年，西宁市 GDP 增长速度均快于兰州。另外，兰西城市群北部区域城镇化水平明显比南部整体水平高，工业和服务业等产业基础实力较强，经济发展速度较快。南部临夏区域和定西区域产业基础薄弱，经济实力相对差，受国家宏观政策影响大，区域自身发展力和竞争力差。②空间上，民和县及皋兰县成为兰西城市群区域城镇化空间结构优化、升级的关键点。由图 3-2-10 可以看出，民和县、化隆县是东极兰州高值点和西极西宁高值点的“低谷”，皋兰县是兰州高值点和白银高值点的“低谷”。为促进兰西城市群区域城镇化空间上的连续性发展，今后城镇化发展的关键就是提高“低谷”城市的发展水平。

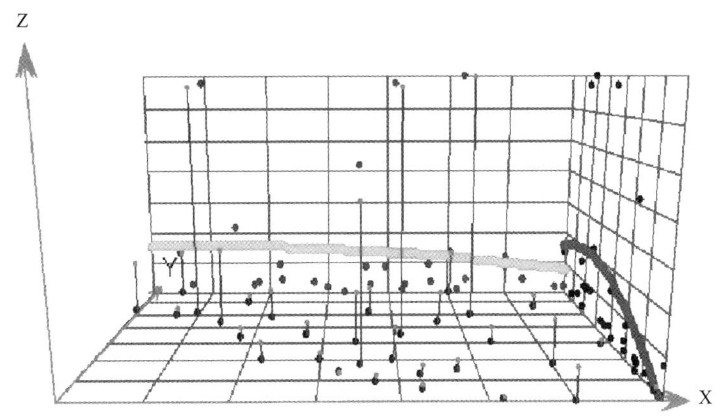

图 3-2-9　兰西区域城镇化水平趋势图

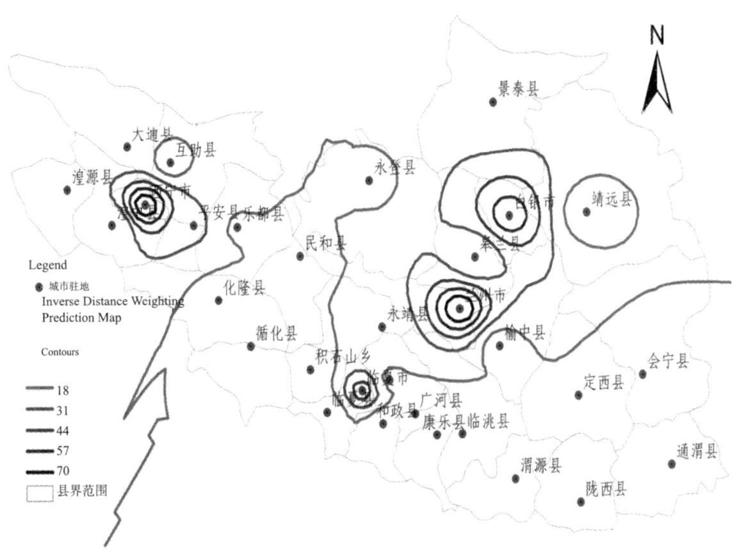

图 3-2-10　兰西城市群区域城镇化水平等值线图

3.2.3　经济城镇化空间结构

3.2.3.1　经济密度和产业结构空间格局相似

2012 年兰西城市群经济密度最大的是西宁市（13843 万元 /km^2），其次是兰州市（10800

万元 /km^2)、临夏市(4273 万元 /km^2)和白银市(1207 万元 /km^2)。其余县级城市密度较大的是平安县、湟中县、大通县、民和县和广河县。经济密度最大的西宁市是经济密度最小的积潼县(64 万元 /km^2)的 214 倍。经济密度出现较大的差异性主要与产业结构、人口规模及其城市区域发展环境相关。兰州市和西宁市分别是甘肃省和青海省的省会和经济中心，白银市是国家重要的有色金属工业基地和甘肃重要的能源化工基地。有色金属年生产加工能力为 40 多万吨，原煤年产量为 1056.6 万吨，稀土分离加工技术在全国处于领先水平，聚碳酸酯研究开发项目填补了国内空白，拥有自主知识产权的 TDI 生产能力达到 5 万吨，白银在技术创新方面在西部处于领先地位：创办了中科院白银高技术产业园，被科技部纳入“国家新材料产业化基地”、“国家火炬计划白银有色金属新材料及制品产业基地”。积石山县西南部为高寒阴湿山区，东北部为高寒干旱山区，自然条件相对恶劣，加上经济基础薄弱，是一个以种植业为主的农业县，经济密度较低。

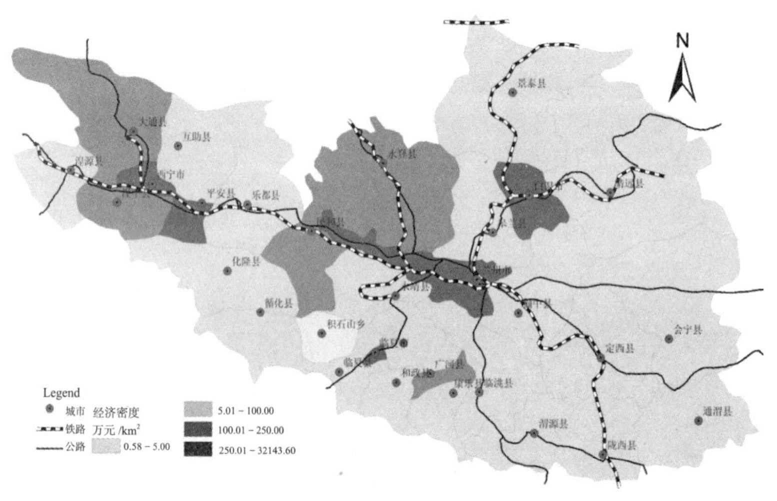

图 3-2-11　2008 年兰西区域经济密度图

从生产活动上看，城市主要以第二和第三产业非农业生产活动为主，城镇化水平与产业结构层次呈正相关，产业结构层次越低，城镇化水平越低，产业层次结构越高，城镇化水平越高。本文以 2008 年末，第二和第三产业生产总值比重来反映区域经济城镇化的空间结构。通过 ArcGIS9.3 平台，按照二、三产业比重低于 50%、50% ~ 70%、70% ~ 80%、80% 以上，划分为四种类型，并绘制出 31 个市县城市的经济城镇化水平空间结构图。由图 3-2-12 可以看出，第二和第三产业生产总值超过 80% 的城市主要集中在兰州和白银的西部以及西宁的西部和南部城市。区域的东部和南部城市的第二和第三产业比重较低，以第一产业为主，经济城镇化水平较低，而铁路和主要公路附近的榆中县、定西县和陇西县的经济城镇化水平高于外围的城市，表现出在沟壑山区中交通通达性和连接度对经济发展的带动和影响作用较强。

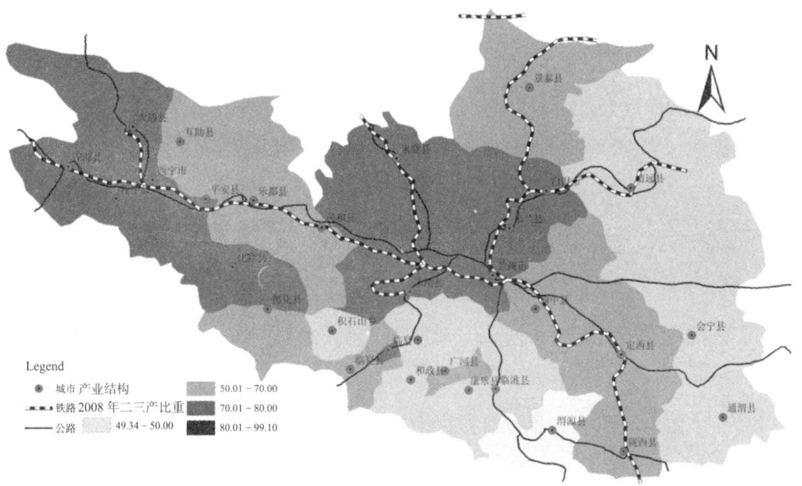

图 3-2-12　2008 年兰西区域二、三产业结构比重图

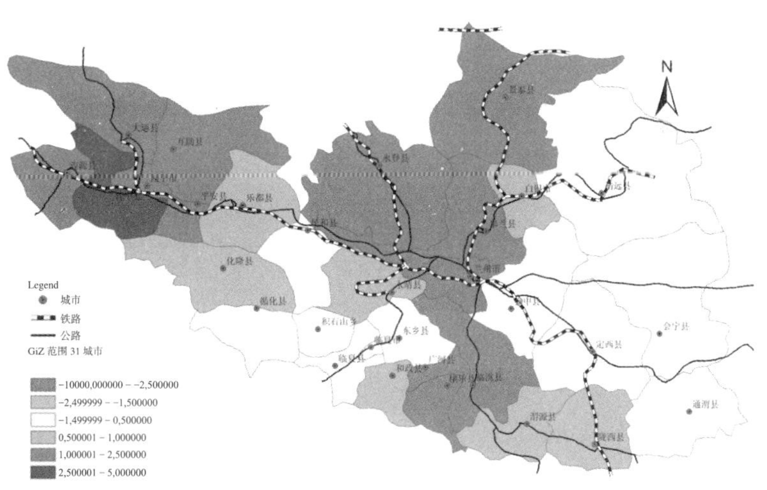

图 3-2-13　2008 年二、三产业比重“热点”分布图（彩图见附图）

3.2.3.2　经济城镇化与人口城镇化的“热点”和“冷点”区一致性

从第二和第三产业占生产总值比重的“热点”和“冷点”分布区域看，热点区在西宁周围以及兰州的西北区域，冷点区分布在临夏市的东南部，即“热点区 ”位于西北部，“冷点区”分布于南部，表现出经济城镇化的空间格局与人口城镇化的空间格局的趋同性和一致性。同时，白银和兰州属于“热点”区，这与麻清源、马金辉采用交通网络空间权重进行的区域经济空间相关分析结果一致。[107]

3.2.4 综合城镇化水平

城镇化是一个复杂的系统工程，包含人口、经济、社会、居住环境等诸多因素，前面仅仅就人口和经济的单要素进行了衡量和测度，分析了兰西城市群区域单要素城镇化空间格局以及演化问题，那么如何衡量综合的城镇化水平呢？综合城镇化水平又是如何演化的？本文采用多指标城镇化水平综合测度的方法，选取西宁市、兰州市、白银市、临夏市四个城市作为样本，以城镇化综合水平为目标层，人口城镇化、经济城镇化、社会生活方式城镇化、人居环境城镇化为调控层，选取 30 个指标进行测度。

根据第三章第一节（3.1.1.2 多指标城镇化水平综合测度）内容，对原始数据进行标准化处理，采用熵值法确定指标权重值见表 3-2-2。

综合城镇化水平测度指标及其权重一览表 **表 3-2-2**

目标层	调控层	指标数及权重
综合城镇化水平	人口城镇化（6 个）0.067	非农业人口（万人：0.0192）；城镇化率（%：0.0145）；第三产业从业人员比例（%：0.0143）；就业率（%：0.0011）；学龄儿童入学率（%：0.0020）；汉族人口比例（%：0.0019）
	经济城镇化（14 个）0.374	GDP（亿元：0.0316）；第三产业增加值（亿元：0.0319）；全社会固定资产投资（亿元：0.0314）；工业总产值（亿元：0.0299）；人均 GDP（元：0.0270）；GDP 增长率（%：0.0288）；第三产业比重（%：0.0096）；第一产业比重（%：0.0150）；农业产值比重（%：0.0148）；全年新增固定资产（亿元：0.0311）；外贸进出口总额（万美元：0.0327）；旅游外汇收入（万美元 0.0334）；地方财政收入（亿元:0.0284）；社会销售品零售总额（亿元：0.0284）
	社会生活城镇化（8 个）0.2434	农村居民家庭人均纯收入（元：0.0290）；农村居民家庭人均生活费支出（元：0.0292）；城镇居民家庭人均可支配收入（元：0.0287）；城镇居民家庭人均消费性支出（元：0.0282）；城乡居民年末存款总额（亿元：0.0305）；每万人拥有医生数（人：0.0208）；百人均拥有电话数（台：0.0481）；人均拥有市政工程道路面积（m^2：0.0189）
	人居环境城镇化（12 个）0.306	城镇人均居住面积（m^2：0.0268）；园林绿化面积（hm^2：0.0316）；建成区绿化覆盖率（%：0.0261）；人均发电量（度：0.0265）；人均供水总量（吨：0.0145）；人均公共绿地面积（m^2：0.0268）；废水排放总量（万吨：0.0251）；废气排放总量（亿 m^3：0.0347）；工业固体废弃物排放总量（万吨：0.0358）；工业废水处理达标率（%：0.0258）；工业固体废物综合利用率（%：0.0133）；生活垃圾无害化处理率（%：0.0190）

注：统计数据由 1991 ~ 2008 年甘肃省统计年鉴和青海省统计年鉴整理获得。

3.2.4.1　综合城镇化水平逐年增加，差异性大

通过 1990 ~ 2008 年 19 年的综合城镇化水平值来看，西宁、兰州、白银和临夏 4 个城市的综合城镇化水平逐年提高，其中西宁的提高幅度最大，兰州提高的幅度最小。西宁的综合城镇化水平由 1990 年的 0.31 提高到 2007 年的 1.12，18 年间增加 0.81。兰州同期由 0.36 增加到 0.88，仅仅增加 0.52。另外，白银增加了 0.58（由 1990 年的 0.33 增加到 0.91），临夏增加了 0.67（由 1990 年的 0.27 增加到 0.94）。

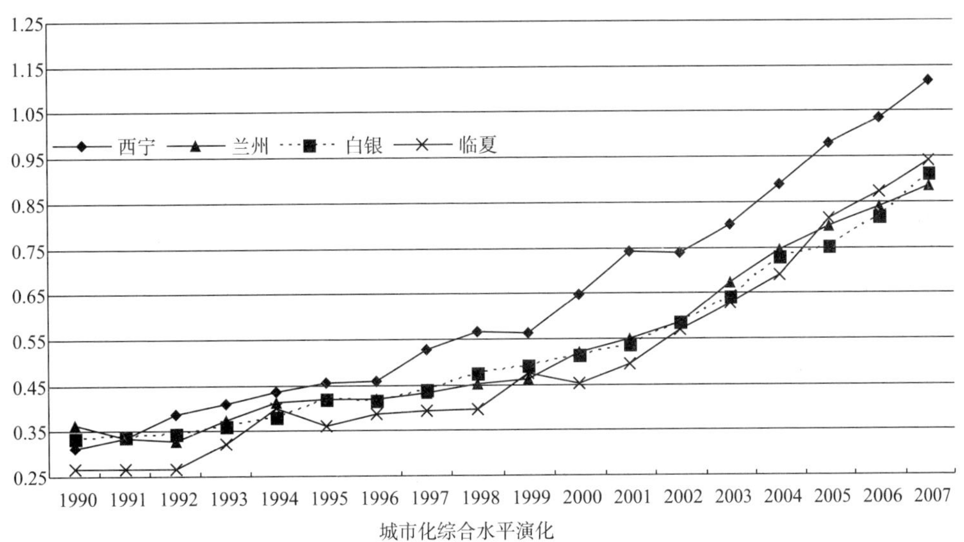

图 3-2-14　四城市综合城镇化演化曲线

3.2.4.2　综合城镇化水平在空间上东西向高于南北向

兰西区域城镇化空间格局呈现东西—南北向，即东西向沿着兰西城市群—陇海铁路线陇西段，南北向沿着景泰—白银—兰州—临夏铁路线，并且从中心轴线向外围降低。东西向的综合城镇化水平高于景泰—白银—兰州—临夏铁路线沿线的城市。特别是兰州、西宁两座城市位于东西向的陇海线上，并且湟水和大通河等南北向的河流在这里汇聚，增加了土壤的肥沃程度，提高了城市生产和生活的供水能力，同时谷底宽度相对于南北向更为开阔，人居环境较好。

3.2.4.3　城镇化的中心地位发生了变化

兰州 1990 年的综合城镇化水平较高，起到引导和核心主导作用，到 2007 年，城镇化的核心主导和引导作用弱化，外围的临夏和白银两城市综合城镇化水平提升较快。

从综合城镇化水平的数值来看，1990 年兰州、白银、西宁和临夏 4 个城市的综合城镇化水平分别为 0.36、0.33、0.31、0.27，到 2007 年演变为 0.88、0.91、1.12、0.94。4 个核心城市综合城镇化水平在 1990 年最低，到 2007 年末最高。综合城镇化水平随着经济区位和发展

环境的变化，其综合实力发生相应变化。

3.2.4.4 综合城镇化内部各调控层差异明显

经济城镇化和社会生活城镇化在综合城镇化内部起到主导作用，而人口城镇化作用较弱，人居环境城镇化受经济城镇化影响较大，波动性明显。1990 ~ 2008 年的 19 年之间，从兰州、西宁、白银和临夏 4 个城市的综合城镇化调控层来看，虽然人口是城镇化的基础，但是人口城镇化对综合城镇化水平贡献最小，经济城镇化起到主导作用，其次是社会生活城镇化和人居环境城镇化，凸显了城市在区域发展中起到的经济中心作用和为人类提供适宜的居住生活环境，而人口规模的大小和城镇化水平高低对综合城镇化影响较小。

（1）社会生活城镇化主导西宁综合城镇化水平。18 年间，社会生活城镇化水平一直高于经济、人口、人居环境城镇化水平。1990 ~ 2002 年间，人居环境城镇化水平高于经济城镇化水平，2003 年之后，经济城镇化水平快速发展，明显超过人居环境城镇化水平，但是低于社会生活城镇化水平。这表明了 2003 年之后，西宁工业化快速发展，特别是西宁经济技术开发区的建设，加快了经济发展速度，但由于粗放的经济发展模式，排放了大量废气、废渣、废水，污染了周边的生态环境，消耗了大量淡水资源，对人居环境产生了胁迫。

（2）经济城镇化在兰州综合城镇化中起到主导作用，人居环境城镇化波动性提升。1990 ~ 2007 年间，兰州经济城镇化和社会生活城镇化水平持续上升，而人居环境城镇化在波动中改善，人口城镇化水平最低。在 1998 年之前，人居环境城镇化水平高于经济、社会生活、人口城镇化，1999 年之后，经济城镇化起到主导作用，高于人居环境、社会生活和人口城镇化。其中，人居环境在 1990 ~ 1999 年间一直在波动中降低，人居环境质量恶化，而 2000 年之后才稳步提高，人居环境得到改善。同期，经济城镇化水平稳步提高，一定程度上表明兰州市经济城镇化对人居环境城镇化影响较大，其经济增长以牺牲环境为代价，经济发展到一定程度后进行环境恢复和改善，是先污染再治理的道路。

（3）经济城镇化在白银综合城镇化中起主导作用，人居环境城镇化水平在波动中提高。1990 ~ 2007 年间，白银的经济城镇化和社会生活城镇化水平持续上升，而人居环境城镇化在波动中改善，人口城镇化水平最低。1995 年之前，人居环境城镇化水平持续降低，1998 年之前，人居环境城镇化水平高于经济、社会生活、人口城镇化，1999 年之后，经济城镇化起到主导作用，高于人居环境、社会生活和人口城镇化。兰州和白银的经济城镇化和人居环境城镇化过程相似，并且经济城镇化与人居环境城镇化时间同步，表明两城市经济发展模式和环境治理政策相似，受甘肃省宏观经济调控和发展政策影响较大。

（4）临夏综合城镇化中各调控层所起作用大小先后顺序为经济城镇化、社会生活城镇化、人居环境城镇化和人口城镇化。1990 ~ 2007 年间，临夏综合城镇化的各调控层发展平稳，并且在综合城镇化中的作用的重要程度不变，显示出人口、经济、环境和社会生活之间的协调性较强。

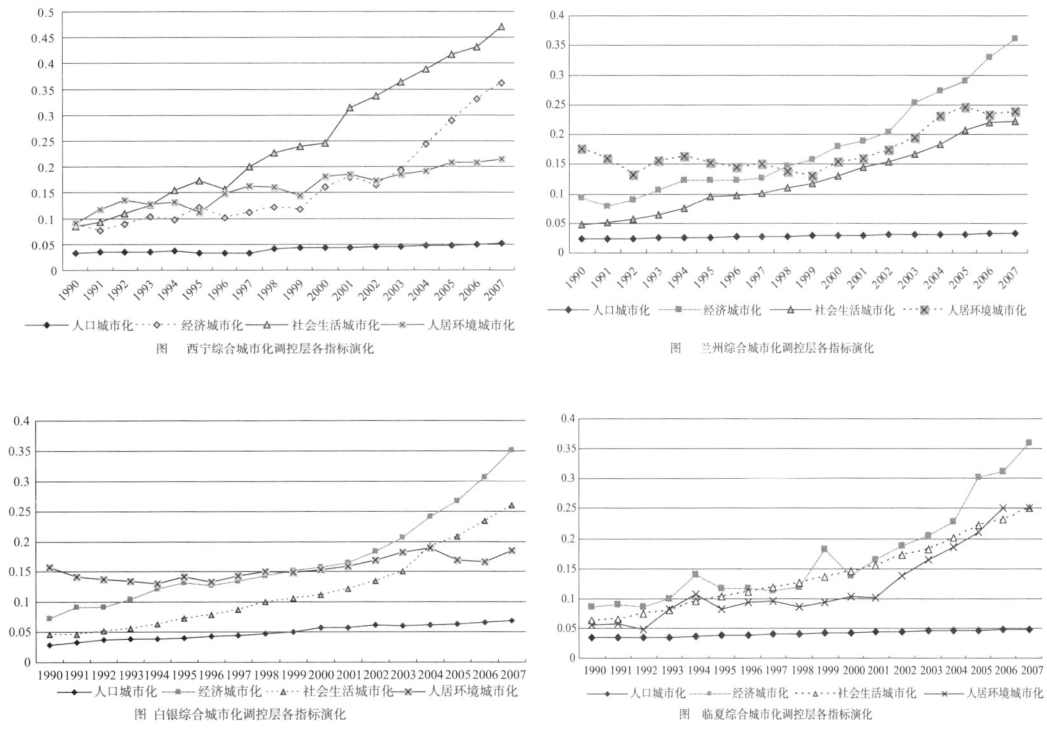

图 3-2-15　城镇化各调控层演化趋势

3.2.5　城镇化空间移动轨迹

本章 3.2.3 在人口城镇化和经济城镇化单指标基础上，采用多指标综合城镇化水平测度了 4 个核心城市城镇化水平的演化特点，反映出了兰州、西宁等 4 个城市在时间序列上的城镇化发展演变的规律。但在空间上，该区域城镇化是怎么演化的呢？考虑到 31 个市县指标的统一性和可获取性，研究以人口城镇化和经济城镇化重心移动来反映城镇化空间演变规律。利用本章 3.2.4 中的人口和经济重心公式（式 3-1-12），借助 ArcGIS9.3 平台计算出 1987 ~ 2007 年兰西城市群区域人口经济重心经纬度数值，并属性化，绘制出人口和经济移动轨迹路线图（图 3-2-16），发现 1987 ~ 2007 年间，兰西区域人口和经济重心位置差异性及移动方向具有相似性。

（1）人口重心、经济重心、非农业人口重心三心不重合，沿着陇海线方向左右移动，其中经济重心位于非农业人口重心和人口重心之间。[108]1987 年，兰西区域人口重心坐标（896189.81，4003652.91），经济重心坐标（872851.64，4013448.25），非农业人口重心坐标（865437.317，4024359.65），其中人口重心和经济重心在永靖县内，非农业人口重心在兰州市区内；2007 年末，兰西区域人口重心坐标（897868.66，4003036.04），经济重心坐标（888087.45，4018804.70），非农业人口重心坐标（876883.74，4018972.61），三心均位于兰州市区内，且经济重心位于人口重心和非农业人口重心之间，其中非农业人口重心在经济重心的西面。

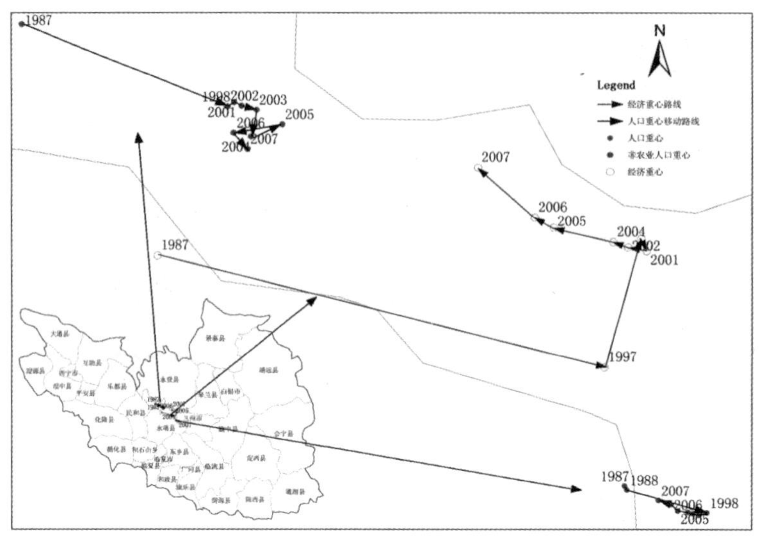

图 3-2-16　1987 ~ 2007 年人口和经济重心移动路线图

（2）人口重心、经济重心、非农业人口重心三心移动的方向基本一致。1987 ~ 2007 年，三心沿着西北—东南方向移动，其中人口重心在 1987 ~ 2000 年间向兰州方向移动，在 2001 ~ 2007 年间向西宁方向移动。经济重心在 1987 ~ 1997 年间向兰州方向移动，在 2001 ~ 2007 年间向西宁方向移动。非农业人口重心在 1987 ~ 2005 年间向兰州方向移动，2005 ~ 2007 年间向南移动。说明人口移动的方向和经济移动的方向基本一致，区域经济的发展变化引起了人口流动的变化。

为进一步研究人口与经济城镇化之间的关系，利用相关系数公式（3–1–6），对区域内 31 个市县的人口、经济、耕地之间相互关系进行计算，计算出 1987 ~ 2007 年间人口与经济、人口与耕地之间的相关系数（表 3–2–3），得出人口与经济和耕地之间成正相关关系，其中人口与经济之间相关系数远远高于人口与耕地之间相关系数。①人口与耕地之间相关性较小，随着时间的演化呈现降低趋势。1987 年人口与耕地之间的相关性系数为 0.292，到 2007 年降至 0.105。人口与耕地之间相关性小，表明在工业社会阶段，人口的分布一定程度上脱离了自然资源条件的束缚，特别是在农业社会中人口对耕地、水资源的依赖。② 1997 ~ 2007 年人口与经济之间相关系数均在 0.8 以上，而人口与耕地之间相关系数均在 0.2 之下，表明兰西区域范围内人口重心的移动是经济重心移动的结果。城市经济实力增强，产业结构高级化和类型多样化才能提供充足的就业岗位，通过“城市拉力”来吸引周围区域人口流入城市。因此，城市经济实力的大小决定了人口规模的大小，相反，人口的多少满足了城市部分产业和服务业正常运营的“门槛”规模。在全球经济一体化、市场化和区域化背景下，国际和区际资源的利用以及人对物质食品和非物质食品需求的多样性，决定了人口分布对耕地的依赖程度在减小。

1987～2007 年兰西区域人口与经济、耕地之间相关系数　　表 3-2-3

类型	1987	1997	2000	2001	2002	2004	2005	2006	2007
人口－经济 r_{xy}	0.376	0.828	0.818	0.823	0.817	0.823	0.829	0.835	0.818
人口－耕地 r_{xy}	0.292		0.167	0.184	0.182	0.170	0.130	0.118	0.105

资料来源：刘辉．段汉明等．兰西城市群区域人口和资源承载力研究．农业现代化研究，2010（5）290-294

（3）人口重心偏移速度最小，经济重心偏移速度高于非农业人口重心偏移速度。根据各重心坐标，计算出 1987～2007 年间，区域经济重心、人口重心、非农业人口重心年均移动速度（表 3-2-4）。通过三心移动速度一览表，发现经济重心偏移速度最快，幅度最大。1987～1997 年的 10 年间，经济重心偏移速度为 2435.94m/ 年，高于非农业人口重心和人口重心偏移速度 1089.95m/ 年、419.13m/ 年，在 1997～2001 年、2003～2005 年、2006～2007 年，经济重心偏移速度最大，2001～2003 年间非农业人口重心偏移速度大。

1987～2007 年兰西区域经济和人口重心偏移速度一览表　　表 3-2-4

非农业人口重心		人口重心		经济重心	
时间段	速度（m/ 年）	时间段	速度（m/ 年）	时间	速度（m/ 年）
1987～1997 年	1089.95	1987～1997 年	419.13	1987～1997 年	2435.94
1997～2001 年	503.10	1997～2001 年	94.40	1997～2001 年	2581.39
2001～2002 年	946.37	2001～2002 年	47.37	2001～2002 年	688.14
2002～2003 年	1607.62	2002～2003 年	316.27	2002～2003 年	1027.61
2003～2004 年	1646.01	2003～2004 年	255.48	2003～2004 年	376.85
2004～2005 年	2007.94	2004～2005 年	484.75	2004～2005 年	2998.63
2005～2006 年	2491.72	2005～2006 年	457.40	2005～2006 年	1053.02
2006～2007 年	1071.26	2006～2007 年	648.25	2006～2007 年	3696.54

资料来源：刘辉，段汉明等．兰西城市群区域人口和资源承载力研究．农业现代化研究，2010（5）：290-294.

3.3　城市空间结构形态及演化

城市空间结构形态是各种自然社会经济要素综合作用于城市的一种空间结果，反过来城市空间形态也会影响城市的可持续发展。物质空间上，城市空间形态演化为诸多城市要素的集聚扩散过程，表现为各种场所（工作、居住等）和设施（交通、游憩等）的变化；演化过程上，城市空间形态演化主要是经济活动（工厂、企业、开发区、房地产）主体和人口在空间的集聚与分散过程，呈“集中中有分散，分散中有集中”的不断扩大的进化过程，它贯穿了城市空间运动的始终。演化类型包括外延式扩展、轴向扩展和多中心扩展三种。但是，城市在建设发展过程中受到城市区域环境、山体、沟壑、河流等地形地势的影响，其空间形态有圆形、椭圆形、正多边形、矩形、星形、直线形、“H”形、十字形、“Y”形、五指形等。针对兰西区域范围的31个市县，城市空间形态具有哪些类型？城镇化空间演化属于紧凑填充还是外延扩张呢？同时，城镇化水平大小如何通过土地类型演化来反映？研究通过城市规划图和遥感影像图，借助AutoCAD2007和ArcGIS9.3等技术软件，以西宁为例来分析城镇化内部空间结构的相关问题。

3.3.1 城镇化空间形态多样性

将城市空间形态演化的定性研究和定量研究相结合，从定性入手，以定量解释说明，来探讨兰西区域城镇化空间结构的形态和趋势。基于资料收集的难度和精确程度，研究借助城市总体规划和Google Earth地图，绘制市区现状平面图，进行对比分析，根据31个市县建成区在空间上的投影来看（图3-3-1），城市空间形态受河流、山体和沟壑的影响明显。根据建设斑块的大小和形状，城市空间形态分为集中性和分散型，其中集中型包括多边形、线形和椭圆形，分散型包括串珠形、飞地型、“X”形、“V”形等不同类型。集中型城镇化建设主要在平坦的塬面或宽敞的谷底中，建设用地较多，坡度较缓；分散型城镇化建设用地受山体起伏度、河流弯曲程度影响较大，制约城市建设用地的选择。

兰西区域城市空间形态类型及其特点汇总 表3-3-1

类型	空间形态	城市名称	城镇化建设形态和发展趋势
集中型	多边形	定西市、白银市、临夏市、临夏县、化隆、景泰	城市建设在平坦的塬面上或宽敞的谷底中；城镇化向四周展开
	线形	皋兰、兰州、积石山、渭源、通渭	沿着同一条河流进行城市建设，谷底宽敞；城镇化沿着河流方向进行
	椭圆形	靖远	黄河和祖厉河围合，受到山体影响；城镇化沿着两条河流围合内侧发展
分散型	串珠形	大通、民和、互助、乐都、湟源、循化、永靖	沿着同一条河流，在河流两侧平坦宽敞的空间进行城市建设；城镇化沿着河流方向蔓延
	飞地型	平安、会宁、永登	受到河流、山体的制约，伴随城市建设规模的扩张，现有建设用地不能满足人口和建设用地需要；城镇化跨越河流和山体，在其他平坦川道和塬面进行，形成飞地
	“X”形	西宁	最初在两条或者两条以上河流交汇处进行城市建设；城镇化空间演化沿着河流谷底向四周延伸
	“V”形	广河、湟中、定西市	受到坡度较大的山体或塬面制约，在河曲或者两条河流交汇处进行城市建设；城镇化沿着河流弯曲方向进行
	其他	榆中、康乐、临洮、和政	城市建设受到山体、河流等自然因素及工业园区等经济因素影响，呈现不规则形状

图 3-3-1　兰西区域城市空间形态

通过对 31 个市县建设用地空间投影的研究，发现尽管兰西城市群区域城市空间形态类型多样，但是整体上表现出：①城镇居民点和主要工矿企业用地沿河谷、川滩、水渠等呈带状、片状分布。由于黄土高原沟壑区地形起伏、嵥峁相间、河谷纵横，城市大多在河流交汇处或河谷底部形成、发育，并且也只能沿河谷方向延伸扩展。加上地形地势变化大，坡度起伏明显，适宜城市建设的一级、二级建设用地较少，因此，该区域城市在选择建设用地的时候，往往沿着坡度起伏平缓的川滩、河谷，形成带状或者组团状。②厄尔曼的多核心理论在川道河谷型城市中表现明显，而韦伯、杜能的圈层理论表现得不是那么明显。一般地，城市中心区圈层形状都比较规整。城市外围圈层往往是不连续的，呈松散状和组团状，且形态各异。第二圈层开始发生变形，为椭圆、轴状等形状。黄土地貌川道河谷中城市主要依据地形展开，并且居住、行政、轻工业、商业批发业、文教业等功能混杂，地域分化程度不高。再向外层是松散组团状布局的片状工业区，伸展方向大致沿主、次河谷进行，形成多核心的带状形态。[109，110]

3.3.2　城镇化空间拓展的方向性

兰西区域的城市，跨越河流、湾、沟壑呈现出线状特征，其中建设用地主要分布在河流、沟壑的两侧，沿着河流与沟壑方向向外拓展。这些跨河城市，特别是西北区域城市内部空间结构如何？形态如何演化？又是哪些因素影响空间形态的演化？本研究以西宁为例，借助遥感影像图，进行建设用地目视判读，发现西宁建设用地在城镇化空间上表现出以下特征：

1）整体上以河流为主轴的“X”形空间结构

城市空间整体上以南北走向的南川河、北川河为纵轴，东西走向的湟水河为横轴，形成“X”形空间结构（图3–3–2）。在湟水与南川和北川交汇处形成了西宁的核心区，即西宁的十字商业中心——以老城区为主体，南川河以东至民和路之间区域，承担西宁市商业零售中心、金融商贸中心功能。其中湟水河、北川河、南川河流向主导着西宁市城市建设用地向外拓展的方向。

2）交通路线布局的指向性

西宁市建设用地深受湟水河谷地、南川河和北川河地形条件的约束，同时在西宁城市发展的不同阶段，其承担的职能、扮演的角色影响着城市建设用地空间的选择：对外交通干道主要流向格外突出，东西向沿着湟水河，南北向顺着南川河以及北川河。次要干道垂直于河流方向。

西宁“X”形的空间结构影响着城市土地利用，如住宅区、商业区、工业区的用地分布，从而决定了人们休息、购物、上学、工作或娱乐等活动空间的尺度和区位，形成物流、人流和主要的交通走向与河谷方向保持一致，而与河谷垂直方向的道路交通负荷却不那么通畅，交通布局呈现不平衡性。

3）建设用地选择的指向性

西宁地形地势坡度起伏明显，建设用地沿着坡度小的川滩、河谷选择，形成带状或者组团状，适宜城市建设的一级、二级建设用地较少。因此，建设用地规模整体上从湟水河与南川河交叉口（老城区）的川道河谷核心组团由中心向外围的距离衰减。另外，城市边缘区土地利用以河流或交通线路为中心线，逐渐向河流或交通线路两边延伸、扩展。

由此看出，河流、地形地貌等自然环境，交通网络体系，经济基础因素在西宁城市建设用地空间形态形成中的作用各异，其中自然环境对城市空间形态起到奠基作用，尤其是河流流向、河流两岸的地形地势的起伏度等因素。另外，经济基础对城市空间形态形成起到关键性作用。最后，交通网络体系对城市空间形态形成起到引导作用。

3.3.3 城镇化空间紧凑度和强度演化

以上仅仅借助遥感影像图定性描述了城市建设用地的空间结构，本节将采用紧凑度指数（式3–1–13）、城市建设用地土地利用强度演变指数（式3–1–1），以西宁为例，借助RS和GIS技术，定量研究城镇化空间形态的演化。其结果如下：

3.3.3.1 空间紧凑程度差异性

1）空间整体紧凑程度演化规律为由小变大到由大变小

近20年来，西宁城市空间整体紧凑度指数偏低（表3–3–2），在0.3左右，演化规律表现出小—大—小的趋势。1987年、1996年、2001年、2006年西宁城市紧凑度分别为0.277、0.294、0.292、0.271，其中1996年西宁城市建设用地空间紧凑度最高（0.294）。表3–3–2所示数据说明，近 20 年来，西宁市城市空间结构形态演化处于分散—集聚—分散的状态，按照城市社会经济发展演化的周期性规律（集聚—分散—集聚—分散）在演变。同时还可以看出西宁城市在 1987 年到 1996 年间城市空间形态演变属于空间填充类型，1996 年至今，西宁空间形态演变属于空间扩张为主的“外延”发展类型，表现为向西、向南与向东沿着河流方向扩张。[41]

西宁城市建设空间向外扩展程度一览表　　**表** 3-3-2

年份＼类别	建设用地面积（km^2）	周长 km	紧凑度
1987 年	38.81	79.64	0.277
1996 年	43.36	79.37.	0.294
2001 年	48.08	84.31	0.292
2006 年	79.11	116.29	0.271

数据来源：据四期遥感影像图测量。

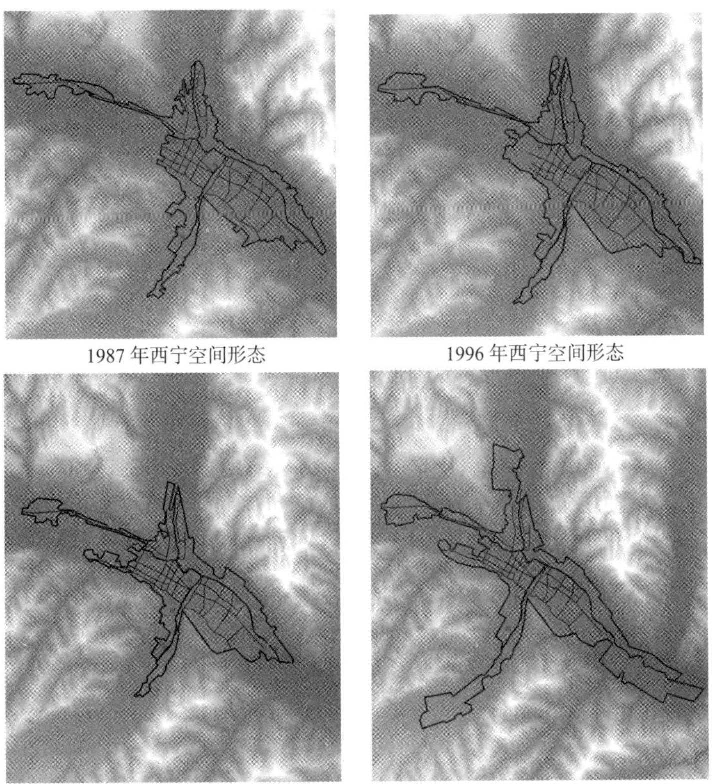

图 3-3-2　西宁城市空间形态演化过程

2）湟水南岸空间扩展快于北岸

以湟水为界线，把西宁划分为湟水南岸城区以及湟水北岸城区，发现西宁市城市发展以湟水南岸为主体，并且发展速度明显快于北岸。1987 年、1996 年、2001 年、2006 年各时间段内都是湟水南岸城市建设面积大于北岸城市建设面积，从年均扩展面积来看，南岸扩展速度高于北岸的扩展速度。1987 ~ 1996 年，南岸年均扩展面积为 0.33km^2/ 年，北岸为 0.16km^2/ 年；2001 ~ 2006 年，南岸年均扩展面积为 3.93km^2/ 年，北岸为 2.27 km^2/ 年。

3）湟水南北岸紧凑度增长变化存在较大差异

南岸城市空间紧凑度经历了由小变大到由大变小的过程（表 3-3-3），北岸城市空间紧凑度数值始终在增大。1987 年、1996 年、2001 年、2006 年湟水南岸城市空间紧凑度分别为 0.396、0.425、0.389、0.314，相应的北岸城市空间紧凑度分别是 0.237、0.239、0.257、0.265，反映出西宁城市空间紧凑度由湟水南岸主导，最近 20 年西宁湟水北岸城市空间形态始终属于紧凑型扩张，南岸城市空间形态表现出填充紧凑型扩张演化为外延扩张型。[41] 这说明湟水南岸随着企业规模的扩张、城市人口膨胀、房地产开发等城市经济活动，城市现有建设用地已经不能满足需要，加上城市中心区地价迅速上升，需要在其他地方寻找适宜的城市建设用地。基于这种情况，西宁建设了城南新区（主要发展青藏高原特色资源精深加工工业、旅游服务业、生态农业园地和高水平居住区）、东川经济技术开发区（以高新技术产业区为主体，重点安排高新技术产业和青藏高原特色产业项目），形成现代化高新技术工业区，从而影响西宁城市空间形态变化。

西宁湟水两岸空间扩展指标一览表 表 3-3-3

类型	面积（km^2）	周长（km）	扩展面积（km^2）	年均扩展面积（km^2/ 年）	扩展倍数	紧凑度
1987 年湟水北岸	14.7	57.4	/	/	/	0.237
1987 年湟水南岸	24.1	43.9	/	/	/	0.396
1987 年西宁整体	38.8	79.6	/	/	/	0.277
1996 年湟水北岸	16.2	59.7	1.5	0.16	1.103	0.239
1996 年湟水南岸	27.2	43.4	3.1	0.33	1.126	0.425
1996 年西宁整体	43.4	79.4	4.5	0.51	1.117	0.294
2001 年湟水北岸	18.1	58.6	1.8	0.36	1.113	0.257
2001 年湟水南岸	30.1	50.0	2.9	0.58	1.107	0.389
2001 年西宁整体	48.1	84.3	4.7	0.94	1.109	0.292
2006 年湟水北岸	29.4	72.6	11.4	2.27	1.631	0.265
2006 年湟水南岸	49.7	79.7	19.7	3.93	1.654	0.314
2006 年西宁整体	79.1	116.3	31.0	6.21	1.645	0.271

数据来源：刘辉，段汉明等 . 西宁城市空间形态演化研究 [J]. 地域研究与开发，2009（10）：56-62.

3.3.3.2　城镇化土地利用强度演化

城镇化内部空间形态具有多样性、方向性，前面通过空间紧凑度定量分析了城镇化的空间形态，那么城市空间绩效以及城市建设用地产出效益如何呢？研究通过城镇化的土地利用程度大小进行衡量。研究以西宁为例，利用1987年、1996年、2001年、2006年TM图像，借助ArcGIS9.3，通过综合土地利用强度及其变化（3.1.1节）来分析城市内部城镇化的程度大小及其演化。

1）1987～2006年聚落建设用地面积及用地强度提高的同时，耕地降低

根据本书3.1.1节的方法，计算出1987～2008年西宁城市综合土地利用强度及强度变化值（表3-3-4），发现聚落建设用地面积和用地强度由1987年的50.40km^{2}和0.6275增加到了2005年的68.79km^{2}和0.8581，同期，耕地面积和用地强度由1987年的88.92km^{2}和0.8303降低到了2006年的67.66km^{2}和0.6330。建设用地面积及其利用强度与耕地呈现相反的变化趋势，表明1987～2006年之间西宁城市通过房地产、交通基础设施建设、工厂、企业等生产活动占领了很多农业用地，在景观上改变了农业用地的缀块大小和形状，造成对周边自然生态环境的干扰破坏，同时，城市周边农户为了追求投入和产出利润最大化，对很多耕地进行粗放经营或者闲置，造成耕地利用强度一直在降低，加大了西宁区域城市生态环境的压力和负荷。

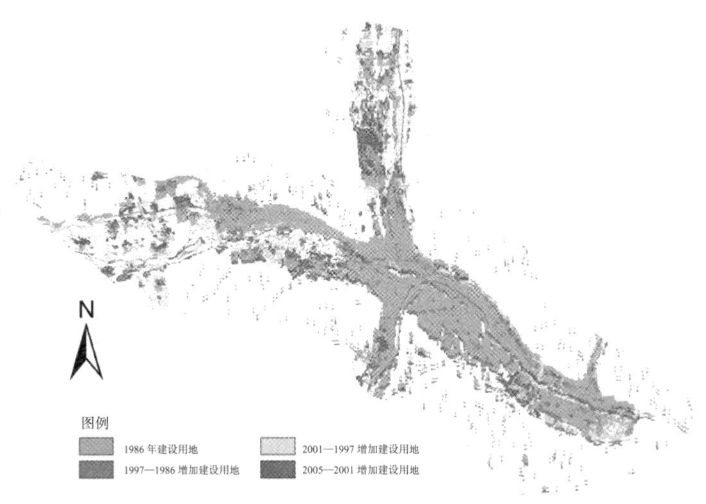

图3-3-3　1986～2005年西宁市建设用地演化图源（彩图见附图）

2）1987～2006年西宁城市综合土地利用强度在波动中提高和演化

西宁综合土地利用强度在波动中提升，从利用强度的变化来看，西宁土地利用经历了发展期和调整期，其中1987～2006年属于土地利用发展期，2001～2006年属于土地利用调整期，表现为综合土地利用强度$\Delta I_{b-a} \leqslant 0$，为−17.0181，而2001年之前土地利用强度持续增加。

1986～2005 年西宁城市土地利用类型及利用强度变化一览表 **表 3-3-4**

类型	1987 年		1996 年		2001 年		2006 年	
	面积（km^2）	用地强度（I）	面积（km^2）	用地强度（I）	面积（km^2）	用地强度（I）	面积（km^2）	用地强度（I）
未利用土地级	159.04	0.4950	161.25	0.5011	107.28	0.3346	159.41	0.4971
林、草、水用地级	22.93	0.1427	22.02	0.1369	71.03	0.4431	24.79	0.1546
耕地用地级	88.92	0.8303	84.02	0.7832	76.98	0.7202	67.66	0.6330
城镇聚落建设用地	50.40	0.6275	54.52	0.6776	65.35	0.8152	68.79	0.8581
综合土地利用强度（I）	2.0955		2.0988		2.3131		2.1429	
综合利用强度变化（$\Delta I_{a-b} \leqslant 0$）	—		0.3327		21.4290		-17.0181	

3）土地利用强度与区域宏观政策及城市经济发展紧密相关

1987～2006 年，西宁土地利用强度整体上经历了从发展期向调整期演变的过程。不同类型的土地利用强度变化表现在：1996 年之前农业耕地的土地利用强度最大，1996～2006 年之间城镇聚落建设用地的利用强度最大，而林地、草地和水地用地强度在 1987～2006 年之间波动性较大。这种变化特点与国家宏观发展政策、城市产业结构及城市经济发展模式相关性较大。

西部大开发战略是 1999 年 6 月 19 日在全国发出实施号召，2000 年正式开始实施的。在西部大开发过程中实施了退耕还林还草，特别是对重点山区的自然生态进行恢复与重建，出现了林地、草地和水体用地的快速增加。另外，西宁市城市经济在 1900 年和 2000 年发生了转变，即以农业生产为主的经济发展模式，向第二和第三产业为主转变。其中，农业产值比重由 1990 年的 69.17%，降低到 2000 年的 59.36%，工业总产值由 1990 年的 34.17 亿元，增加到 2000 年的 110.84 亿元，三次产业结构比例为 8.8∶43.8∶47.4。

3.3.4 城镇化景观格局的演化

城市发展与环境变化之间存在时序上的对应关系。一方面，人类为了生活得更加美好而选择合适区位建造了城市，工业化又促进了城市的大发展；另一方面，城镇化的急剧发展确定无疑地造成了自然环境的巨大变化。特别是城镇化深深地改变了自然景观，不可避免地影响到了大尺度范围内生态系统的结构、功能和动力。例如伴随着城镇化扩张，土地利用类型转换严重地影响到本地或区域范围内的生物多样性、能量流、生物化学圈层、气候条件等。研究采用 GIS/RS 技术，利用 1986 年、1996 年、2001 年、2006 年 TM 图像，借助

Fragstats3.3 软件，计算了西宁城市景观最大斑块指数 LPI、景观形状指数 LSI 等 8 个常用指标，总结出 1988 ~ 2006 年建设用地景观 PLAND 指数与水体、农业用地 PLAND 指数逆向变化，城市景观复杂程度在加大，从空间上表现出以高山林草景观为基底，以建设用地景观为缀块，以川道河谷景观为廊道的景观格局。另外，西宁城镇化过程中对生态环境影响程度以湟水河与南川河交叉口区域（老城区）为中心向外围按照距离规律递减。

3.3.4.1　城市景观空间聚集指数由大到小，景观复杂度加大

就西宁城市发展过程来看，1987 ~ 2006 年西宁经历了先聚集（填充为主）发展，再发散（外延扩张为主）的过程。从景观聚集度指数来看，1987 ~ 2006 年之间经过了一个先增大又减小的过程，其中 1985 ~ 2001 年是增大过程，2001 ~ 2006 年之间是减小过程。其分析结果与采用"紧凑度"指标分析得出的结果一样。特别是最近几年，由于西部大开发进程加快，沿海产业向西部迁移，人口流动、工业园区建设、房地产开发推动了西宁城市向外延的扩张建设。

统计西宁市区建成区面积，1990 ~ 1994 年西宁市区建成区面积一直为 52km^2，1995 年和 1996 年 2 年保持在 53km^2，1997 ~ 1999 年 3 年保持在 60km^2，2000 ~ 2003 为 61km^2，2004 年为 62km^2；2005 ~ 2006 年为 64km^2。建成区 1996 ~ 2006 年平均每年按照 1km^2 速度向外扩张。1994 年之前基本上是填充式发展。西宁市建设用地，1987 ~ 1996 年 9 年时间增加 4.5km^2，年均增加面积 0.5km^2；1996 ~ 2001 年 5 年时间城市建设用地面积增加 4.7km^2，年均增加面积 0.9km^2。特别是 2001 ~ 2006 年，城市建设用地面积增加 31km^2，年均面积增加 6km^2，2006 年城市建设用地面积是 1987 年的 2 倍多。

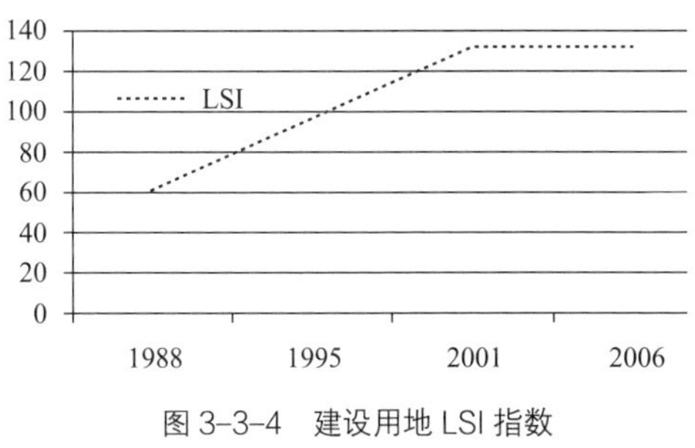

图 3-3-4　建设用地 LSI 指数

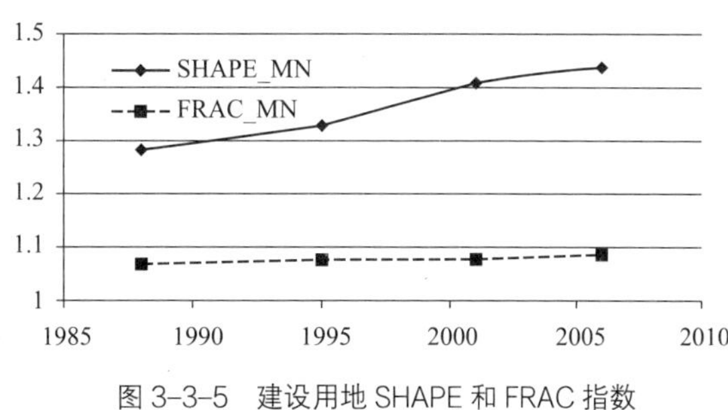

图 3-3-5　建设用地 SHAPE 和 FRAC 指数

伴随着西宁城镇化进程的加快，农业生态环境和水环境缀块受到城镇化建设的干扰和破碎，水体和农业用地最大缀块指数呈现减小趋势，城市扩张速度加快，建设用地景观指数表现出缀块形状指数（SHAPE_MN）和缀块分形指数（FRAC_MN）逐渐增大的趋势（图 3-3-5）。

3.3.4.2　景观空间格局以基底—缀块—廊道的形式向四周发散

根据对西宁 1987 年、1996 年、2001 年、2006 年四期遥感影像图进行分析得出：西宁城市景观空间格局以西宁市建成区为核心，以高山林草地为基底，城市建设用地、村镇建设用

地为缀块，沿着川道河谷为廊道的模式向四周发散（图 3-3-6）。

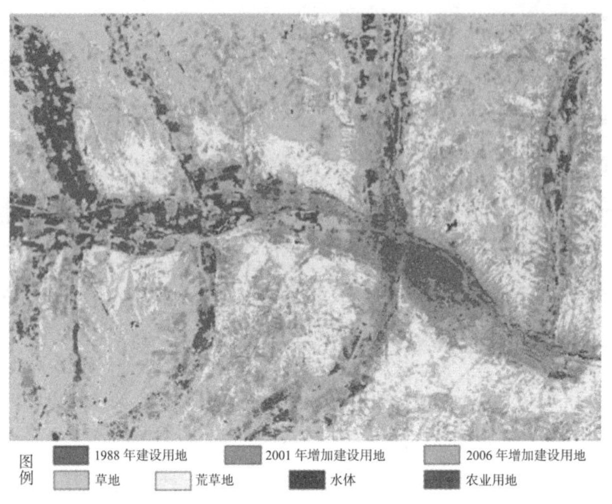

图 3-3-6　1987 ~ 2006 年西宁建设用地景观演变（彩图见附图）

在四期最大缀块指数 LPI 数据分析结果中，每期林草用地 LPI 都高于同期的农业用地、水体用地、建设用地、荒草地的 LPI 数值，其中林草地的四期 LPI 值分别为 23.01、6.89、6.15、25.94，说明林草地在西宁城市范围内占有一定的优势。因此，可以认为高山林草是西宁城市范围的景观基底。从景观形状指数看，林草地形状指数和建设用地形状指数较大，说明人文景观急剧变化的时候影响到自然景观，人类建设活动对城市周边林业、草地影响比较大，形成大量零散分布的小缀块。从缀块聚集度指数来看，建设用地、林草地、水体、荒草地 5 种类型的聚集度指数相差不多，在 0.3 左右，农业用地聚集度指数在 0.4 左右，景观相对连通性好些，但是农业用地主要分布在川道河流两侧的河谷地带，因此，川道河谷可以作为景观的廊道。

3.3.4.3　建设用地先围绕建成区周边扩展，再沿着川道河谷向外围扩展

西宁建设用地景观格局变化在时空上（图 3-3-6）呈现以下特点：①建设用地景观空间扩展在时间上表现为演变速度由慢至快。1987 ~ 2001 年速度较慢，2001 年之后建设用地景观空间扩展速度加快，对周边农业用地景观、林草地景观、水体景观造成巨大干扰，增加了缀块破碎程度。②建设用地景观空间在空间演变上表现出一定的选择性。1987 ~ 2001 年主要集中在西宁建成区周围和内部未建设用地，特别是湟水河南岸老城区建设。2001 年之后沿着北川河、南川河和湟水河的川道河谷向四周展开，主要集中在地势相对平坦开阔的农业景观、林草景观中进行建设。表现出区域的自然生态系统和农业生态系统向城市生态系统不断转化的过程，这一过程在快速城镇化条件下导致城市景观结构剧烈变化，地表生态环境容量下降，并导致城市景观组分在不同水平下发生剧烈变化。③景观格局空间演变遵循距离法则。

西宁城市景观格局以南川河、北川河和湟水河交汇区（西宁老城）为中心，按照距离法则，从中心向外围演变，表现为建设用地景观—荒草景观—林草景观。从川道河谷中心看，沿着垂直川道河谷线向外，按照建设用地景观、农业景观、荒草景观到林草景观的顺序演变（图 3-3-7）。

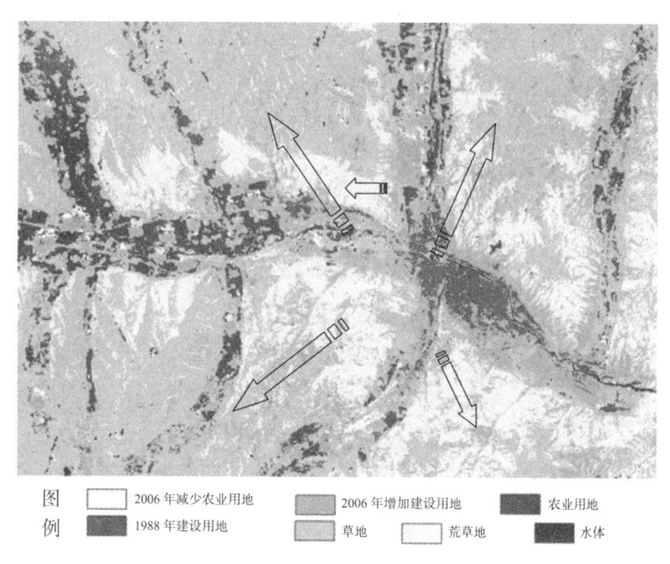

图 3-3-7　1987 ~ 2006 年西宁农业用地景观演变

小结

本章研究兰西城市群城镇化空间结构和城镇化内部空间结构。其中，城镇化空间结构主要采用集中指数、空间基尼指数及空间关联度模型，借助 GIS 技术，研究结果发现兰西城市群区域人口城镇化空间分布差异较大，人口城市化空间关联性差，热点区域分布在北部，并且呈现北高南低和西高东低的演化趋势；经济城市化空间结构表现出城市经济与产业结构高度相关,并且经济城市化与人口城市化的“热点”和“冷点”区一致性;综合城市化水平以西宁、兰州、白银、临夏 4 个城市为例，选取 30 个指标进行了综合研究，发现 4 个城市综合城市化水平逐年增加，差异性较大，空间上呈现出东西向高、南北向低的空间格局，综合城市化内部人口城市化、经济城市化、人居环境城市化和社会生活城市化各调控层在 4 个城市中所起作用不同。

城镇化空间格局是伴随着城市的产生、发展和演化在不同阶段呈现的状态。兰西城市群在，就城市发展阶段来看，属于加速阶段。在此阶段，人口城镇化、经济城镇化和综合城镇化表现出不同空间格局：①兰西城市群区域人口城镇化空间分布差异较大，人口城镇化空间关联性差，热点区域分布在北部，并且呈现出北高南低和西高东低的演化趋势。②经济城镇化空间结构表现出城市经济与产业结构高度相关，并且经济城镇化与人口城镇化的“热点”和“冷点”区一致性。③综合城镇化水平以西宁、兰州、白银、临夏 4 个城市为例，选取 30 个指标进行了综合研究，发现 4 个城市综合城镇化水平逐年增加，差异性较大，空间上呈现出东西向高、南北向低的空间格局，综合城镇化内部人口、经济、人居环境和社会生活各调控层在 4 个城市中所起作用不同，其中经济城镇化起到主导作用，其次是社会生活城镇化和人居环境城镇化，凸显了城市在区域发展中起到的经济中心作用，而人口规模的大小和城镇化水平高低对综合城镇化影响较小。④区域城镇化过程，人口重心、经济重心和非农化重心在空间移动方向上表现出一致性，也说明了人口和经济对城镇化水平的影响在时间和空间上的紧密相关性。

城镇化内部空间结构，城市建设空间形态受地形地势、河流等自然条件制约明显。借助 AutoCAD2007 和 ArcGIS9.3 等技术软件，分别研究了 31 个市县的空间形态，总结出兰西城市群区域城镇化内部空间结构包括多边形、线形、串珠状、“X” 形、“V” 形等不同的空间形态。然后以西宁为例，借助 RS、GIS 技术，分析了城镇化空间紧凑程度随着时间按照分散—集聚—分散的阶段在演化，并且城市空间拓展主要集中在湟水南岸。从土地利用及转化的角度看，西宁 1986 ~ 2005 年聚落建设用地面积及用地强度提高的同时，耕地的用地面积及用地强度在降低。综合来看，西宁土地利用在 1986 ~ 2001 年之间属于土地利用发展期，2001 ~ 2006 年之间属于土地利用调整期。从城镇化景观格局来看，西宁城市景观复杂程度在加大；空间上表现出以高山林草景观为基底，以建设用地景观为缀块，以川道河谷景观为廊道的景观格局。另外，西宁城镇化过程中，对生态环境的影响程度以湟水河与南川河交叉口区域（老城区）为中心，按照距离法则，向外围演变，表现为建设用地景观—荒草景观—林草景观。从川道河谷中心看，沿着垂直川道河谷线按照建设用地景观—农业景观—荒草景观—林草景观向外演变。

第 4 章　城镇化过程的环境效应

伴随兰西城市群区域城镇化进程的加快，区域内出现了水资源短缺与过度开发、能源利用效率低下、空间发展与土地利用失控、交通拥挤、废弃物排放剧增等严重问题，并且某些城市出现城市热岛效应、拥挤效应和环境污染，不仅导致城市居民生存和生活环境恶化，而且给城市腹地的生态系统和环境质量带来严重的影响。主要体现为林地、草地、水域等面积的持续减少，生物多样性的降低，物种的迁徙、灭绝改变区域气候、生态条件，风沙、荒漠，外来物种会借此入侵城市，造成生态系统的服务功能受到影响，导致城市生态环境恶化，从而威胁到区域城镇化的进程。兰州市从城市人口规模、建设用地和经济规模上来看，都居该区域之首。因此，伴随兰州市建设用地空间的扩张，土地利用结构和生态环境质量指数情况如何？城市工业和居民生活用水增加和“三废”排放会造成河流径流、水质和水量怎样的变化？另外，城市道路广场硬化增加、草地水域减少，会造成下垫面改变，“温室效应”增加，城市及腹地范围内大气降水和气温发生变化。本研究从土地（利用 / 覆盖）、水（河流）和小气候（气温和降水）三大生态环境要素方面研究生态环境对城镇化的响应（效应）。

4.1　兰西城市群生态环境概况

兰西城市群区域属于青海省和甘肃省交界的地方，2012 年末 31 个市县总人口为 1099.19 万人，生产总值为 3724.68 亿元，分别占到甘肃省和青海省总人口（3151 万人，甘肃省 25788 万人，青海省 573 万人）的 43.41%，生产总值（7543.74 亿元，甘肃省 5650.2 亿元，青海省 1895.54 亿元）的 34.88%，即兰西城市群区域的人口和生产总值占到两省人口和经济规模的将近一半。人类生产和生活的密度相对较大，城市规模经济和范围经济的“外部经济性”和“外部不经济性”，给周围区域的环境带来了正面和负面的效应。

4.1.1　土地 / 覆盖率演化

兰西城市群区域属于黄土沟壑高原区，包括西宁的海东区和甘肃省的陇中区及甘南区：①海东区分为河谷山地工、农、林业区和高原农、工、林、牧业区；②甘肃省陇中区属于黄土高原沟壑区，处黄土高原最西部，绝大部分为黄土丘陵沟壑地貌，区域内降雨年、季变率大，地形破碎，土壤侵蚀剧烈；③甘南区位于阿尼玛卿山东北和洮河、大夏河上游，是青藏高原的组成部分，海拔 3000 ~ 3500m，地表呈波状起伏，谷宽坡缓。年平均气温 1 ~ 6℃，年降水量 500 ~ 700mm。地形起伏缓和，是主要牧区。

甘肃和青海两省土地利用类型以牧草地为主，建设用地变化过程中，居民点及其工矿用地增加明显。1999 ~ 2004 年甘肃省农用地增加，建设用地减少。其中，农业用地中耕地、牧草地减少较多，而园地和林地增加；建设用地中居民点及工矿用地比重增加，交通运输用地和水利设施用地所占比重减少。表明甘肃省部分建设用地转化为了农业用地，在退耕还林还草的同时，牧草用地由于气候环境变化，在沙漠化、风化作用下慢慢退化。同时，伴随着城市外部高速公路、国道和省道的增加，城市内部运输能力和效率得到提升。其中，1999 ~ 2004 年区域交通用地在统计上出现减少的原因主要是国土资源部土地现状分类体系中农村道路的不同归属造成了交通用地统计数据的减少。1999 ~ 2004 年青海省土地利用变化相反，即农业用地减少，而建设用地增加。其中，农业用地中耕地和其他农用地减少，而园地、林地和牧草用地增加，表明青海省在国家退耕还林还草政策背景下，转化了农业用地结构，提高了农业生产的综合效益。在大、中、小城市建设过程中，居民点及工矿用地增加较多，同时，水利设施用地增加明显，表明青海省水利事业在经济发展过程中得到了提高。

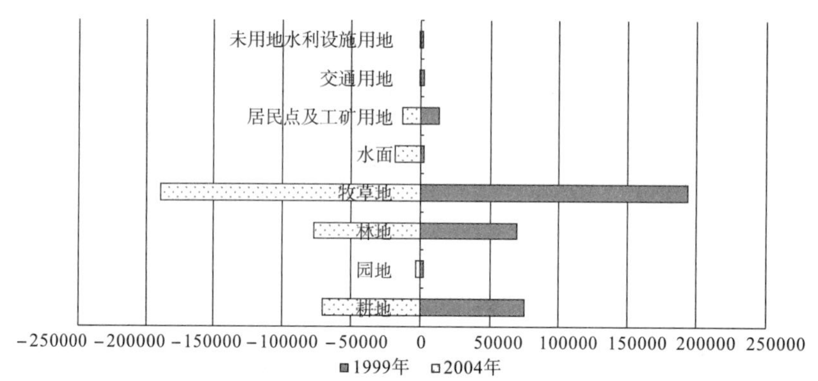

图 4-1-1　1999 ~ 2004 年甘肃省土地利用变化图（2000 年、2005 年中国国土资源统计年鉴）

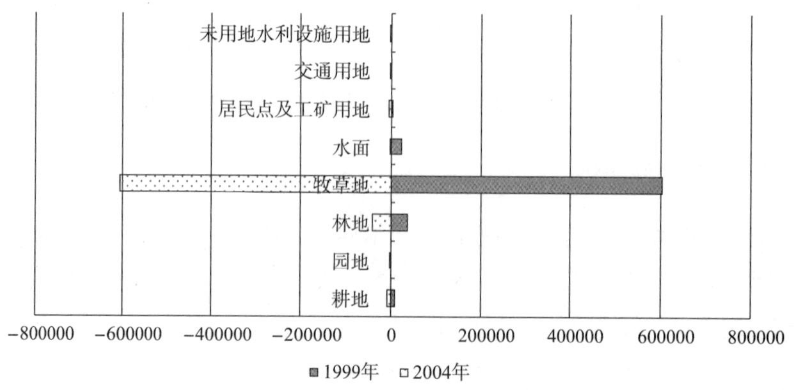

图 4-1-2　1999 ~ 2004 年青海省土地利用变化图（2000 年、2005 年中国国土资源统计年鉴）

4.1.2　水环境演化

4.1.2.1　该区域属于缺水区

兰西区域主要水系为黄河及其支流湟水、大通河。其中大通河流经互助土族自治县、民和回族土族自治县；湟水主要流经西宁市、平安县、乐都县、民和回族土族自治县；黄河流经兰州市、白银市。虽然区域内不乏小河流，但是由于河流可利用水资源比较少，该地区仍然是缺水区域。以海东地区为例：海东地区地处河湟谷地，整个区域自产水资源量为 17.61 亿 m^3，自产水资源可利用量为 10.566 亿 m^3，区内过境水资源总量为 173.77 亿 m^3，客水可开发利用量为 20.82 亿 m^3。迄今为止，区域水资源开发利用程度达到近 1/2。但是黄河水资源利用率比较低，目前仅开发利用 0.4 亿 m^3，占黄河可利用量的 7.3%；而大通河主要流经脑山地区，水资源利用率也不高。湟水流域是海东地区人口稠密、经济相对发达的地区，但由于湟水河水量有限，总水量无法满足两岸工农业生产、生活用水的需求，目前湟水河水资源开发利用程度已达 60% 以上。

整个兰西区域大部分属于水资源匮乏地区，特别是甘肃省，人均水资源明显低于全国水平。根据表 4-1-1 所示 2004 ~ 2012 年甘肃、青海两省的水资源总量以及人均占有水资源与全国水平的对比可明显发现，甘肃省 2004 ~ 2012 年人均水资源占有量低于全国的平均水平，特别是 2008 年末甘肃省人均水资源与全国平均值最大差值为 1356m^3，明显低于全国水平。虽然青海省人均水资源相对丰富，高于全国平均值，但是 2004 年比全国平均值小 1199m^3，水资源的利用较低。

甘肃和青海水资源禀赋状况　　表 4-1-1

类型年份	青海省水资源		甘肃省水资源		中国水资源	
	总量（亿 m^3）	人均（m^3）	总量（亿 m^3）	人均（m^3）	总量（亿 m^3）	人均（m^3）
2004	606.81	656.48	171.93	11258.07	24129.6	1856.3
2005	876.10	16176.90	269.60	1042.40	28053.1	2151.8
2006	569.00	10430.80	184.59	709.95	25330.1	1932.1
2007	661.62	12029.45	228.73	875.86	25255.2	1916.3
2008	658.10	11900.54	187.50	714.97	27434.3	2071.1
2009	895.1	16061.34	244.14	955.52	24180.2	1811.6
2010	741.1	13043.63	254.42	992.16	30906.4	2304.9
2011	733.12	12903.18	242.21	944.59	23256.7	1726.1
2012	895.2	15618.40	267	1035.69	29526.9	2180.6

数据来源：2005 ~ 2013 年《中国统计年鉴》。

4.1.2.2　水资源量远远小于全国水平

兰西城市群区域属于干旱半干旱地区，水资源来源为地表水和地下水两部分，且地表水和地下水总量相差不大。2004～2012年间地表水和地下水总量比重在1.6～2.2之间，同期全国地表水和地下水总量之比在3.1～3.5之间，甘肃省和青海省地表水和地下水比重小于全国平均水平，说明兰西城市群区域的水资源虽然在甘肃省和青海省属于水资源相对丰富地区，但是仍然低于全国平均水平。

4.1.2.3　用水结构层次较低

兰西城市群区域水资源的供给小于需求，用水结构层次较低，农业用水占到70%以上。从青海省和甘肃省水资源拥有量和供给量来看，供给量远远小于拥有量。2012年末，甘肃省和青海省供水量和用水量分别为123.1亿m^3和27.4亿m^3，而2008年末，甘肃省和青海省两省水资源拥有量为267亿m^3和895.2亿m^3。甘肃省用水量接近自己拥有水资源量的一半，而青海省用水量远远小于自身拥水量。

从甘肃省和青海省用水结构层次来看，以农业用水为主，所占比重较高，两省都在70%以上，而全国用水结构中，农业用水占到用水总量的63%左右，不到65%，表明该区域范围内农业需要提高灌溉技术和节水技术。2008年末两省用水结构中生态用水所占比重较低，高于2.3%，低于3%，而全国平均生态用水比重在2.1%以下。2007年以前生态用水在2%以下。

4.1.2.4　水资源空间分布不均

兰西城市群区域及甘肃省、青海省省内水资源分布不均衡。由2005年兰州、西宁地区主要城镇水资源状况可以看出，兰西城市群区域水资源分布不均匀，并且相对于全国，属于水资源缺乏的地区。

2005年兰西区域主要城市水资源状况　　表4-1-2

城市	人均水资源（m^3）	全国人均（m^3）	城市	人均水资源（m^3）	全国人均（m^3）
兰州	1100	2200	海东地区	1136.13	2200
白银市	2237.9	2200	乐都县	1818.4	2200
临夏州	663	2200	西宁市	7570	2200

资料来源：2005年甘肃省、西宁市统计年鉴。

通过表4-1-1、表4-1-2可以看出，西宁市水资源相对丰富，2005年人均水资源占有量比全国高出5370m^3，但比研究区域人均占有水资源量低。出现误差的原因在于表4-1-1中的数据是甘肃、青海两省水资源的总量，兰西城市群地区虽然水资源相对较少，但是青海省其他区域水资源相对丰富。通过表4-1-2可以看出，相对于西宁，兰州、海东地区的水资源仍很匮乏，人均水资源量大至相当于全国平均水平的1/2，西宁人均水资源量的14.53%，而临夏州水资源更是匮乏，人均占有量还不及全国平均数的 1/3，不及西宁市人均水资源量的 1/10。西宁市人均水资源量高于全国平均水平，白银市跟全国平均水平持平，其余城市人均水资源量均低于全国平均水平，特别是临夏州，人均水资源量仅为全国平均水平的 30.14%。因此，水资源短缺是兰州、临夏等地区发展的瓶颈。

4.1.3　大气环境演化

甘肃省和青海省地形地貌相似，为沟壑河谷地貌，但因为工业发展类型、工业经济规模及废气和废物处理技术工艺的差异，兰西城市群空气质量局部得到改善，但差异大。

甘肃省和青海省大气质量差异明显，青海省大气质量优于甘肃省。2008 年末甘肃省废气治理设施配套数和工业废气排放总量分别为 2734 套和 5685 亿 m^3，同期青海省分别为 771 套和 3237 亿 m^3。另外，2010 年末甘肃省的工业二氧化硫排放量、生活二氧化硫排放量、工业烟尘排放量和生活烟尘排放量分别为 45.2 万吨、9.9 万吨、9.8 万吨和 6.5 万吨，均高于青海省的 13.3 万吨、1 万吨、5.2 万吨和 2.5 万吨。因此，西宁和兰州在 2004 ~ 2008 年间空气质量达到及优于二级的天数差距较大，其中西宁分别为 280 天、306 天、289 天、296 天、296 天，而同期兰州大气质量逐渐得到改善和优化，但是空间质量达到及优于二级的天数仍然小于西宁市，分别是 204 天、238 天、205 天、271 天、268 天，其中 2006 年相差 84 天。

4.1.4　生态环境的主要问题

兰西城市群区域特殊的自然环境现状，加上城镇和人口大多分布于河谷地区，大中城市的主导产业以工业或矿业为主，且生产技术及设备落后、城市能源以燃煤为主，大中企业污染物排放达标率低，环境污染程度比较严重。生态环境问题以“三废”为主，包括大气污染、水体污染和固体废弃物等，其中工业中排放的废水、二氧化硫、粉尘污染是造成生态环境问题的主要原因。

从废气污染来看，青海省工业废气污染较重，并且燃料燃烧所占比重高于生产工艺技术，甘肃省表现出工艺技术燃烧比重高于燃料燃烧比重。2009 年《中国统计年鉴》显示，2008 年末，青海省工业废气排放总量为 3237 亿 m^3，其中燃料燃烧排放为 1949 亿 m^3，生产工艺排放为 2549 亿 m^3；同年，甘肃省工业废气排放总量为 5685 亿 m^3，其中燃料燃烧排放为 2549 亿 m^3，生产工艺排放为 2488 亿 m^3。从工业固体废物产生量来看，兰州工业固体废物产生量高于西宁。2011 年《中国统计年鉴》显示，2010 年末，兰州工业固体废物产生量为 507 万吨，而西宁工业固体废物产生量为 391 万吨。从固体废物综合利用率来看，尽管兰州高于西宁，但是最终对环境造成污染的工业固体废弃物总量还是兰州高于西宁。从废水排放造成的污染来看，甘肃省废水排放远远超过青海省，2013 年《中国统计年鉴》显示，2012 年末甘肃省地区化学需氧排放量为 38.9 万吨，青海省为 10 万吨，甘肃省接近青海省的 4 倍。

4.2 生态环境对城镇化的响应

伴随城市群规模等级体系演化，建设用地、林地、草地、园地等土地相互转化、城市空间不断扩展，通过自身新陈代谢，城市不断从腹地中掠取水、原材料等资源和能源，又不断向腹地输送固体废弃物、废水、废渣等有害物质，给腹地生态环境造成很大压力和负担。一旦超过腹地生态环境承载力，就会发生负面响应。兰西城市群区域的生态环境随着这种城市建设活动和城镇化进程，是如何响应的呢？特别是生态环境的大气圈（气温）、水圈（降水和河流）、陆地（土地类型及转换）是如何变化的呢？回答这些问题，有助于探讨城镇化与生态环境之间如何协调发展，有助于城市低碳、健康发展。

4.2.1 土地随城镇化进程的响应

伴随城镇化过程，城市群内部各城市建设用地和非建设用地相互转化的动态流向、流量各异，影响到城镇化腹地生态环境背景质量发生响应变化，怎么衡量和分析这些问题成为土地要素研究的主要问题之一。很多学者通过土地系统诊断模型、土地利用动态变化模型、土地利用变化综合评价模型来研究土地利用和变化相关问题。这些研究方法和模型为兰州市快速城镇化过程中土地利用类型空间结构、土地利用类型流向和流量、生态环境背景变化提供了借鉴方法。

4.2.1.1 研究方法

1）数据来源和处理

研究借助 RS 技术，首先对兰州市不同时期 TM 遥感影像图进行解译、重分类，提取出不同时段的不同用地类型及其数量，然后通过 GIS 技术对不同时期数据进行空间统计分析。其中，土地利用类型的动态变化流向分析，一般采用 ERDAS IMAGINEG9.1，运用 interpreter 模块的矩阵分析功能（matrix）进行叠加运算，或者对两时相的遥感分类图像利用公式计算：

NC（i，j）=NC（i）*10+NC（j）（土地利用类型小于 10 类时适用，j>i）

其中：NC（i，j）——i，j 两年份的土地利用变化图；NC（i）——i 年份遥感分类图像；NC（j）——j 年份的遥感分类图像。

得出两时相的土地利用变化的灰度影响图，可表示土地利用变化类型及其空间分布。灰度值为，代表了土地利用类型（1）到土地利用类型（5）的转变。用地类型未变化的，其灰度值的十位数与个位数相等。

2）模型和方法

土地利用动态变化模型是研究土地利用变化过程、土地利用变化程度及未来发展变化趋势的主要手段。该模型主要包括土地资源数量变化、生态背景质量变化、空间变化、变化区域差异、利用程度变化及其土地需求量预测。这里仅对土地资源数量变化和生态背景质量变化进行分析，其中土地类型数量的变化包括变化量和变化方向两部分。

单一土地利用类型变化度模型：反映研究区一定时间范围内某种土地利用类型的数量变化情况。

$$K=\left(U_b/U_a-1\right)\times\frac{1}{T}\times 100\ \% \tag{4-2-1}$$

式中：K 为研究时段内某一土地利用类型动态度；U_a 和 U_b 分别为研究初期及研究末期某一种土地利用类型的数量；T 为研究时长，T 为年时，K 值就是研究区某种土地利用类型年变化率。

综合土地利用变化度：反映一定时间范围内土地利用综合变化率。

$$LC=\left\{\frac{\sum_{i=1}^{n}\Delta LU_{i-j}}{2\sum_{i=1}^{n}LU_i}\right\}\times\frac{1}{T}\times 100\% \tag{4-2-2}$$

式中：LU_i 为监测起始时间第 i 类土地利用类型面积；ΔLU_{i-j} 为监测时段内第 i 类土地利用类型转化为非 i 类土地利用类型面积和非第 i 类土地利用类型转化为 i 类土地利用类型面积之和；T 为监测时间；LU 为土地利用综合年变化率。

土地类型流向指数：反映单一土地类型变化的流向。各流出类型面积占该分析类型面积的百分比（流向百分比），而流向百分比的求算可依据土地利用类型的转移矩阵。这样，通过计算特定土地利用类型的流向百分比，并将其按比率大小进行排序，分出驱使该地类变化的主导类型与次要类型，进而以主导类型为突破口，分析解释类型变化的原因。

$$Pc_i=\frac{\Delta LU_{i-j}}{LU_i}\times 100\%\ ;\quad Rpc_i=\frac{\Delta LU_{i-j}}{\sum_{i=1}^{n}LU_i}\times 100\% \tag{4-2-3}$$

式中：ΔLu_{i-j} 为研究时段内 i 类生态功能区转为非 i 类（j 类，j=1，2，3，…，n）用地类型的面积；pc_i 表示在某一分析类型范围内的流向比例；Rpc_i 表示在所有用地类型范围内的流向比例。

土地资源生态背景质量指数：反映土地资源生态背景的优劣和演化情况。

刘纪远在土地资源生态背景质量评价的基础上，设计了土地资源生态背景质量指数（QINDEX）。[111] 土地资源生态背景质量评价过程中，其质量分五个等级，从高到低，每个等级赋一个等级量值，一等为 5，二等为 4，以此类推，五等为 1。之后，每一等级再乘以该等级的耕地面积除以被评价单元总的耕地面积的比值，最后，将以上五个等级的乘积相加，即为该评价单元的土地资源生态背景质量指数。

$$\mathrm{QINDEX}_j=\sum_{i=1}^{5}Q_i\times(A_i/S_j) \tag{4-2-4}$$

式中：QINDEX_j 为 j 行政单位土地生态背景质量指数；Q_i 为第 i 级的生态背景质量等级值；A_i 为第 i 级的土地面积；S_j 为第 j 个行政单元的面积。

另外，各用地类型的生态价值体现在诸多方面，如气体调节、气候调节、水分调节、土壤形成、废物处理、生物多样性维持、食物生产、原材料生产和娱乐文化等约 9 项生态系统服务功能。基于此，根据相关研究成果，结合专家打分法，最终确定本项目不同用地类型生态价值贡献率（表 4-2-1）。

不同土地利用类型的生态价值赋值表 表 4-2-1

<table>
<tr><th>一级类型</th><th>二级类型</th><th colspan="2">生态价值
贡献率赋值</th><th>一级类型</th><th>二级类型</th><th colspan="2">生态价值
贡献率赋值</th></tr>
<tr><td rowspan="4">林地</td><td>有林地</td><td rowspan="4">4</td><td>1.551</td><td rowspan="2">耕地</td><td>水田</td><td rowspan="2">2</td><td>1.091</td></tr>
<tr><td>灌木林</td><td>1.061</td><td>旱地</td><td>0.909</td></tr>
<tr><td>疏林地</td><td>0.735</td><td rowspan="3">城乡用地（城乡、工矿、居民用地）</td><td>城镇用地</td><td rowspan="3">2</td><td>0.727</td></tr>
<tr><td>其他林地</td><td>0.653</td><td>农村居民点</td><td>0.727</td></tr>
<tr><td rowspan="3">草地</td><td>高覆盖度草地</td><td rowspan="3">3</td><td>1.607</td><td>其他建设用地</td><td>0.545</td></tr>
<tr><td>中覆盖度草地</td><td>0.964</td><td rowspan="8">未利用地</td><td>沙地</td><td rowspan="8">1</td><td>0.013</td></tr>
<tr><td>低覆盖度草地</td><td>0.429</td><td>戈壁</td><td>0.013</td></tr>
<tr><td rowspan="6">水域</td><td>河渠</td><td rowspan="6">5</td><td>0.786</td><td>盐碱地</td><td>0.063</td></tr>
<tr><td>湖泊</td><td>1.071</td><td>沼泽地</td><td>0.813</td></tr>
<tr><td>水库坑塘</td><td>0.786</td><td>裸土地</td><td>0.063</td></tr>
<tr><td>永久性冰川雪地</td><td>0.929</td><td>裸岩石砾地</td><td>0.013</td></tr>
<tr><td>滩涂</td><td>0.643</td><td>其他</td><td>0.025</td></tr>
<tr><td>滩地</td><td>0.786</td><td></td><td></td></tr>
</table>

4.2.1.2 土地利用空间分布状态

兰州属于典型的河谷城市，位于黄土高原沟壑区，黄河自西向东纵贯城区，南北两山相望，形成了两山夹一川沿河带状组团式的地形特征。兰州的地形地势、交通、河流对兰州城市的发展以及土地利用有着重要的影响。特别是在西北干旱区，水资源制约着本区域土地利用类型和城市的发展，同时也制约着土地利用类型的空间格局。

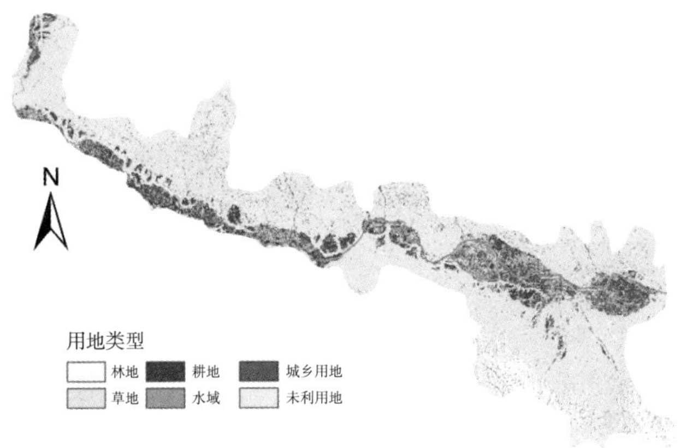

图 4-2-1　2006 年兰州土地利用类型及其空间分布图（彩图见附图）

兰州用地在生态景观上形成了以黄河、西陇海线为廊道，未利用地（沙地、裸土地、裸岩石砾地）为基底，林地、耕地和城乡用地为斑块，草地作为点缀的景观格局（图 4-2-1）。其中城乡用地主要分布在兰州市东侧的城关区、七里河区、安宁区和西固 4 个建成区，在空间上为“线形串珠状”。林地主要分布在田间地头以及南部的山区。

4.2.1.3　土地资源动态变化

通过对 1985 年、1996 年、2001 年、2006 年兰州 TM 遥感影像图进行解译、重分类、统计分析，得出兰州 1985 ~ 2006 年间土地利用类型变化程度和方向不同，其中建成区面积和未利用地面积增加，林地、草地、耕地和水域面积减少，并且 2006 年末水体和林地相对 1985 年减少得最多，其中 2006 年水体面积是 1985 年的 45.65%，林地是 63.49%。另外，随着兰州的城镇化进程，开发商的圈地运动、工业园区建设以及基础设施投入的增加，建成区面积变化幅度最大，2006 年末（82.805km^2）比 1985 年（20.358km^2）增加了 62.448km^2，2006 年建成区面积是 1985 年的 4.1 倍。

1985 ~ 2006 年兰州土地利用类型变化数量一览表　　表 4-2-2

年份 \ 类别		林地	草地	耕地	城乡用地	水域	未利用
1985		210.72	57.44	161.07	20.35	68.69	1132.37
1996		177.99	5.16	96.39	31.54	121.66	1238.64
2001		119.58	91.99	122.57	80.60	46.90	1205.95
2006		133.79	39.13	111.13	82.80	31.36	1273.43
1985 ~ 1996	转换面积（km^2）	−32.73	−52.28	−64.68	11.19	52.97	106.27
	变动部分所占该类型比重（%）	15.53	91.01	40.16	54.98	77.11	9.38
	变化率指数	1.41	8.27	3.65	5.00	7.01	0.85

续表

年份 \ 类别		林地	草地	耕地	城乡用地	水域	未利用
1996～2001	转换面积（km^2）	−58.41	86.83	26.18	49.05	−74.75	−32.68
	变动部分所占该类型比重（%）	32.82	1682.19	27.16	155.48	−61.45	−2.64
	变化率指数	2.98	152.93	2.47	14.13	5.59	0.24
2001～2006	转换面积（km^2）	14.20	−52.85	−11.44	2.20	−15.54	67.48
	变动部分所占该类型比重（%）	10.62	135.06	10.30	2.66	49.56	5.30
	变化率指数	1.08	5.22	0.85	0.25	3.01	0.51
1985～2006	转换面积（km^2）	−76.93	−18.31	−49.94	62.44	−37.33	141.06
	变动部分所占该类型比重（%）	36.5	31.87	31.0	306.7	54.34	12.45
	变化率指数	1.83	1.59	1.55	15.34	2.72	0.62

注：通过 1985 年、1996 年、2001 年、2006 年兰州 TM 影像解译计算得出。

（1）兰州市周围土地利用变化相对稳定，但是随着兰州市城镇化水平的不断提高以及建设用地的扩展，兰州市 1985～2006 年间土地利用的变化加大。

从 1985～1996 年、1996～2001 年、2001～2006 年的土地利用转移矩阵来看，兰州市 3 个时段的土地利用类型稳定区域（转换矩阵对角线之和）的面积分别为 1490.35km^2、1422.05km^2、1528.7km^2，占到研究区总面积的 90.2%、85.1%、91.6%。其中 1996～2001 年和 2001～2006 年土地利用综合年变化率接近，分别是 3.64%、3.74%，而 1985～1996 年，土地利用综合年变化率指数仅仅为 1.38%，明显小于后两个时间段的指数，说明兰州市土地利用变化速度在 20 世纪 90 年代之前较小，20 世纪 90 年代末土地利用变化速度加快，表明兰州市社会经济发展和城市建设对周围土地利用类型影响加大。

（2）变化规模较大的土地类型集中在草地、建成区和水域三种类型。

根据 1985～2006 年兰州土地利用类型分阶段的变化率指数可以看出，草地、建成区和水域用地最高，分别为 152.93、14.34 和 7.01，而林地、耕地和未利用地类型相对平缓，三者分阶段变化率指数为 2.98、3.65 和 0.85。

（3）林地、草地、耕地、水域总量在波动中降低，建成区和未利用地升高。

林地面积在 1985～2001 年间降低，2001 年之后略有增加。1985 年为 210.72km^2，到 1996 年就降低到了 177.99km^2，经过 11 年减少了 32.73km^2，变化率指数为 1.41，而 1996～2001 年间，仅仅 5 年，林地面积就减少了 58.41km^2，平均每年降低 11km^2 多，变化率指数为 2.98。西部大开发战略实施以来，2001 年实施“退耕还林，退耕还草”政策之后，林地面积略有扩大，到 2006 年林地增加了 14.20km^2。草地是六大类土地类型里面变化幅度最大，受国家政策、降水量和气候影响最大的一种类型。在 1996 ~ 2001 年间，草地增加 86.83km^2，变化率指数达到 152.93，而 1985 ~ 2006 年间变化率指数仅仅为 1.59。耕地由于受到乡村居民生产生活意识、国家政策以及自然条件等因素影响，在 1985 ~ 2006 年间，用地规模表现出减小—增大—减小的演变规律，20 年之间总量呈现降低趋势，1985 年为 161.07km^2，到 2006 年降低到 111.13km^2。建成区面积始终在增加，从 1985 年的 20.35km^2，增加到 2006 年的 80.20km^2，其中 1996 ~ 2001 年间变化率是分阶段中最高的，达到 14.13。

（4）土地利用转向（流向）

本研究以兰州 1985 年、1996 年、2001 年和 2006 年 4 个时相的 TM 影像为原始数据，进行土地利用监督分类，再利用 ArcGIS 模块中的属性表，对影响灰度进行统计，最后求出兰州 3 个时段（1985 ~ 1996 年、1996 ~ 2001 年、2001 ~ 2006 年）的土地利用转移矩阵。

1985 ~ 1996 年土地利用转换矩阵（km^2）　　表 4-2-3

1985 ~ 1996	林地	草地	耕地	水域	建设用地	未利用
林地	116.47	0.96	0.85	6.10	0.01	162.63
草地	51.35	3.24	0.42	0.12	0.00	13.34
耕地	1.53	0.02	68.18	8.64	4.17	68.77
水域	0.23	0.00	1.42	42.78	2.44	19.68
建设用地	0.00	0.00	0.37	5.41	7.55	6.45
未利用地	49.88	0.87	19.87	60.68	15.48	1252.13

1996 ~ 2001 年土地利用转换矩阵（km^2）　　表 4-2-4

1996 ~ 2001	林地	草地	耕地	水域	建设用地	未利用
林地	90.24	62.82	0.60	1.32	0.06	96.53
草地	4.87	1.06	0.01	0.00	0.00	1.10
耕地	0.38	0.24	36.20	4.78	10.53	38.75
水域	1.41	2.08	14.37	14.65	18.42	72.45
建设用地	0.01	0.01	5.10	2.70	12.65	9.38
未利用地	66.23	76.27	58.40	21.85	37.19	1267.25

2001 ~ 2006 年土地利用转换矩阵（km^2） 表 4-2-5

2001 ~ 2006	林地	草地	耕地	水域	建设用地	未利用
林地	83.59	20.63	0.49	0.49	0.04	57.07
草地	47.03	22.77	0.27	0.35	0.01	70.77
耕地	0.62	0.11	43.18	7.03	14.81	48.76
水域	1.18	0.08	5.47	3.59	7.04	27.77
建设用地	0.06	0.00	12.01	3.43	33.52	29.88
未利用地	46.00	15.64	43.86	13.61	25.44	1342.05

主要表现为：①林地流向草地和未利用地，以未利用地为主。林地转化为未利用地，随着时间的变化以及国家政策的制定，逐年降低，滥砍滥伐现象得以改善。3 个时段中，林地转化为草地最多的年份是 1996 ~ 2001 年，林地转为草地的面积为 62.82km^2。1985 ~ 1996 年林地转为未利用地面积为 162.63km^2，而 2001 年实施"西部大开发"以后，林地转为草地的面积 57.07km^2。②草地流向林地和未利用地，最近几年，伴随着降水量和蒸发量的变化，荒化和盐碱化加强，草地转化为未利用地面积加大。1985 ~ 1996 年的 11 年间草地转化为未利用的仅仅为 13.34km^2，而 2001 ~ 2006 年的 4 年间转化了 70.77km^2。草地转化为未利用地的速度加快，说明了气候、经济发展、宏观政策等因素的变化。③耕地流向建设用地和未利用地，以未利用地为主。伴随着经济发展、产业结构调整以及农民生产技术和生活理念的变化，耕地转化为未利用地的速度加大。1996 ~ 2001 年转化 38.75km^2，2001 ~ 2006 年转化 48.76km^2。④水域流向建设用地和未利用地，以未利用地为主。3 个时段水域转化为建设用地最多的时段为 1996 ~ 2001 年，5 年间转化 72.45km^2。⑤建设用地向耕地和未利用地转化，以未利用地为主。伴随着城镇化速度加快，农村人口向城镇人口流动以及国家对污染型的小工厂、小企业实施"关转停"等政策，部分村庄用地转化为耕地的同时，部分工厂停产关闭。⑥未利用地流向向林地、草地、水雪云、耕地和建设用地。

4.2.1.4　土地资源生态环境背景变化

1）生态质量指数逐渐降低

利用土地资源生态背景环境质量指数模型计算出 1985 ~ 2006 年 6 类土地类型对生态背景质量的贡献程度及其演化趋势（图 4-2-2）。可以看出，伴随着兰州城镇化进程的加快，土地资源生态环境背景指数在逐渐降低，其中林地和水域对生态环境指数贡献度降低最快，而城乡建设用地在资料生产、文化娱乐及精神生活方面贡献度逐渐增长。

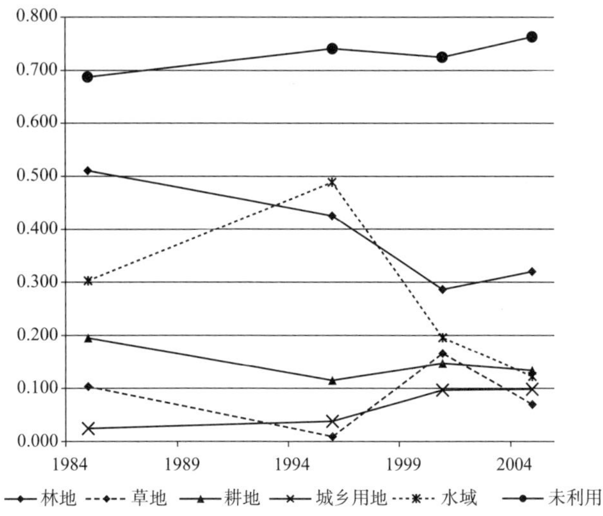

图 4-2-2　1985 ~ 2006 年不同类型用地生态环境质量指数变化图

2）生态环境贡献值大的主要集中在几种类型

如表 4-2-6 所示，1985 ~ 2006 年兰州生态环境质量指数在 1.5 ~ 2 之间，未利用地的生态环境指数在 0.7 左右，占到了将近一半。这因为未用地的生态贡献权重系数虽小，但规模在所有土地中占的比重较高，固在整体生态背景质量指数中贡献较大，与未用地作为基底的生态景观格局一致。林地和水域贡献次之，其中林地在 0.4 左右，水域在 0.2 左右，但是因出现建设用地的侵蚀和气温升高以及年降水量的变化，两者都有明显减小的趋势。从 2006 年与 1985 年的草地和生态环境指数比较来看，变化不大。

1985 ~ 2006 年不同类型用地生态环境质量指数　　表 4-2-6

年份	林地	草地	耕地	城乡用地	水域	未利用	生态环境质量指数
1985	0.511	0.104	0.195	0.025	0.303	0.686	1.824
1996	0.426	0.009	0.115	0.038	0.491	0.741	1.821
2001	0.287	0.165	0.147	0.097	0.194	0.723	1.614
2006	0.320	0.070	0.133	0.099	0.123	0.762	1.507

4.2.2　水环境对城镇化的响应

甘肃省径流区域性分布的总的特点是高山区径流大，丘陵、平原、河谷地区径流小，石山林区径流大，黄土高原地区径流小 [112]，从南向北依次划分为相对丰水区、贫水区和干涸区，其中兰西区域的甘肃区域属于贫水区。

甘肃省径流区域空间分布一览表 　　表 4-2-7

类型	范围	平均径流量
丰水区	西秦岭—祁连山以南	100 ~ 200mm
贫水区	西秦岭—祁连山以北（陇东、陇西黄土高原的大部）	5 ~ 100mm
干涸区	西、北部包括河西走廊、北山山地及荒漠地区	5mm 以下

4.2.2.1　水资源总量与城市之间发展缺口越来越大

2001 ~ 2008 年，根据《甘肃省水资源统计公报》统计（图 4-2-3），龙羊峡—兰州干流区范围内的水资源存量和总用水量差距特别大，并且随着时间和城镇化发展，差距越来越大。2001 年龙羊峡—兰州干流区间范围内总用水量为 13.707 亿 m^3，水资源总量仅仅 11.478 亿 m^3，差额为 2.228 亿 m^3，而到了 2008 年，水资源拥有量为 3.391 亿 m^3，用水量达到了 11.796 亿 m^3，用水量是水资源总量的 3.47 倍。

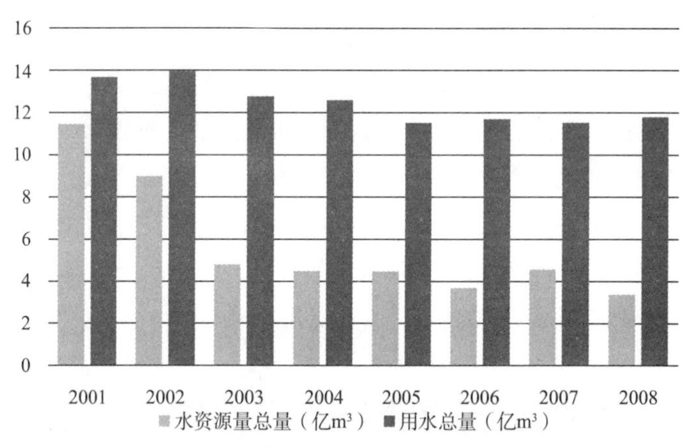

图 4-2-3　2001 ~ 2008 年甘肃省水资源总量和用水总量变化

另外，从黄河径流量变化来看，随着城镇化进程，黄河径流量呈现减小趋势，具体体现在以下两个方面：

（1）随着城市人口规模的增加和建设用地的扩张，黄河兰州段年径流量呈现减小趋势。其中 1964 ~ 2004 年，黄河兰州段最大径流量为 1967 年的 517.95 亿 m^3，最小径流量为 1997 年的 203.2 亿 m^3，并且出现最大径流量的时间间隔缩短，最大径流量减小（图 4-2-4、图 4-2-5）。

从年内最大径流量和最小径流量出现的频率来看，最大径流量集中在 7 ~ 9 月份。最大径流量和最小径流量峰值，1964 ~ 2004 年间每月最小径流量 8 次出现在 1961 ~ 1980 年之间，且同期出现最大径流量 8 次，而 1981 ~ 2004 年间仅仅 4 次，且峰值在减小。1967 年和 1981

年 9 月径流量超过了 109 亿 m^3，而 1990 年之后月径流量的最大值还没有超过 50 亿 m^3。地表径流量大小由降水量决定，与城市建设用地和城市地表硬化也有关系。

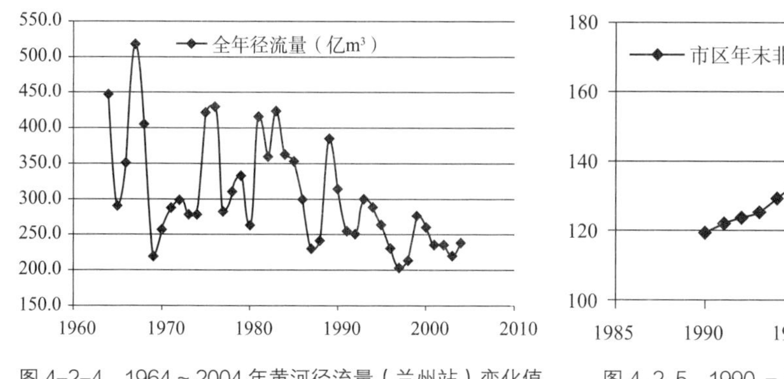

图 4-2-4　1964 ~ 2004 年黄河径流量（兰州站）变化值

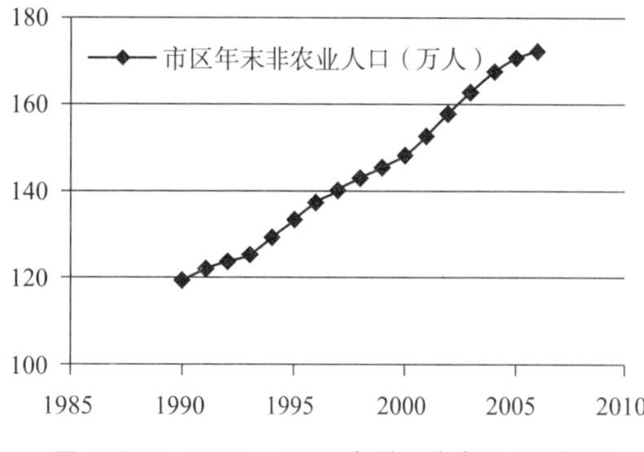

图 4-2-5　1990 － 2006 年兰州非农业人口规模

（2）年内径流量变化幅度随着时间的变化在降低。

1964 ~ 2004 年黄河径流量（兰州段）年内分配随着时间的变化，越来越均匀，7 ~ 9 月份之间流量比重越来越小，年内 1 ~ 12 月之间径流量的标准差减小。1964 年和 1966 年 7 ~ 9 月份径流量占全年径流量比重分别是 50.33% 和 53.98%，而到了 2002 年和 2004 年，占全年径流量比重减小到 27.42% 和 26.92%。年内径流量的标准差在 1989 年之前的绝大多数年份都在 10 以上，而 1990 年之后标准差在 10 以下，其中 2004 年的标准差仅仅为 5.8，而 1967 年的标准差达到了 34.2。因此，从径流量的变化来看，黄河兰州段年内径流量变化幅度缓和，出现洪水涝灾的可能性变小。但是由 2010 年降水及各大河流径流量变化趋势来看，2010 ~ 2020 年间，黄河兰州段径流量年内变化幅度将增大，7 ~ 9 月份之间，防洪意识需要加强。

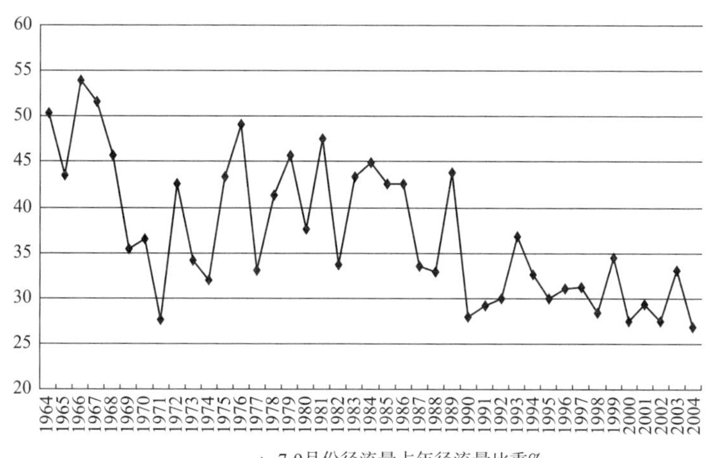

图 4-2-6　1964 ~ 2004 年 7 ~ 9 月份径流量比重

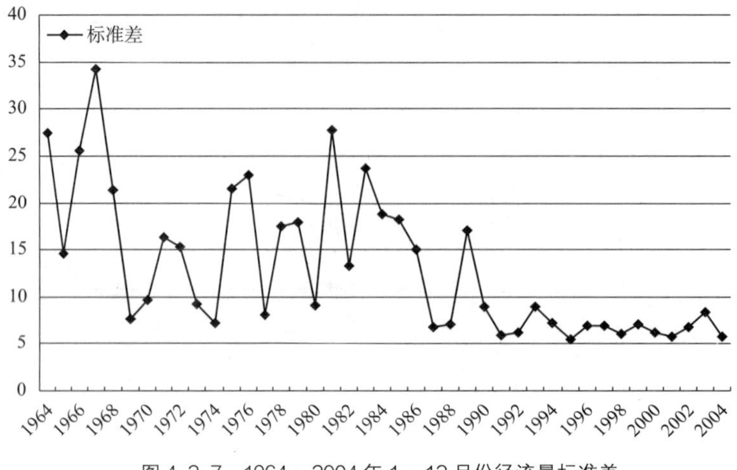

图 4-2-7　1964～2004 年 1～12 月份径流量标准差

（3）兰州市城镇化与供水量之间关系。

兰州市供水总量和城镇化关系如图 4-2-8 所示，其中供水总量由 1990 年的 58304.58 万吨，降至 2009 年的 27461.59 万吨，20 年间平均每年降幅达 3.69%。而城镇化水平由 1990 年的 50.50% 增加到 2009 年的 61.04%，20 年间平均每年涨幅为 0.97%。城镇化水平每增加 1%，供水总量降低 2925.27 万吨。

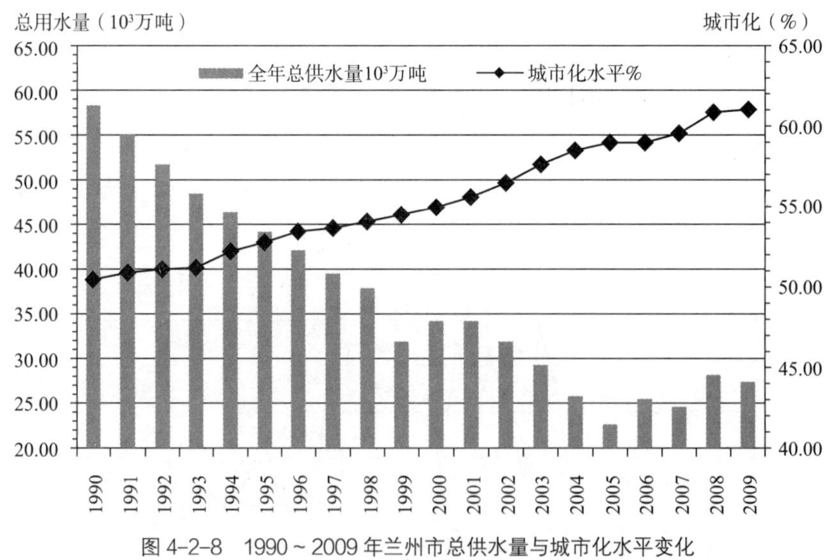

图 4-2-8　1990～2009 年兰州市总供水量与城市化水平变化

通过模拟兰州市城镇化水平与供水总量的变化规律得到兰州市城市供水和城镇化水平之间函数关系模型，如图 4-2-9 所示：

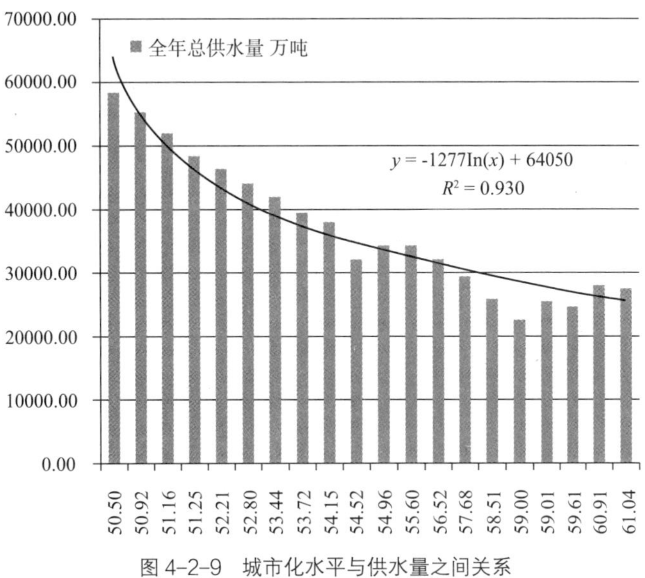

图 4-2-9　城市化水平与供水量之间关系

$$Y=-1277\ln(X)+64050$$

$$R^2=0.930$$

式中：Y 表示兰州市的供水量；X 表示城镇化水平（非农化率 %）。城镇化水平与总供水量呈自然对数关系。

4.2.2.2　耗水结构随城镇化的响应

兰西城市群，伴随着城镇化进程的加快，人们生活水平质量的提高，城市用水和工业用水的增大，在工业用水、城镇居民用水、农村生活用水等方面发生了相应的变化，具体表现为单位产值工业耗水先增大再降低，每万人居民生活用水先减小再增大。

伴随着工业内部结构的升级、工艺流程的改进以及水资源的循环利用，龙羊峡—兰州干流区域在 2001 ~ 2008 年间，工业耗水量呈现先增大再降低的趋势。2002 年工业用水为 4.9771 亿 m^3，到 2008 年，工业耗水仅仅为 3.7132 亿 m^3。2001 ~ 2008 年甘肃省水资源统计公报显示，2001 ~ 2008 年每年工业增加值呈现递增趋势，2001 年较 2000 年增加 93.06 亿元，2008 年较 2007 年增加 240.59 亿元，2008 年增加量为 2001 年增加量的 2.58 倍，表明区域内单位产值内用水量在降低，工业生产效率提高，节能和低碳性提高明显。

2001 ~ 2008 年甘肃省水资源统计公报显示，每万人居民生活用水量先减小再增大，并且伴随着区域新农村建设，农村居民生活质量水平及现代化水平的提高，每万人城镇居民生活用水和农村居民生活用水的差距在缩小。由表 4-2-8 可以看出，2001 年每万人城镇居民生活用水和农村居民生活用水的差距为 55.03 万 m^3，到 2008 年两者差距缩小为 26.18 万 m^3，其中 2008 年城镇居民和农村居民生活用水较 2007 年增加较大，分别为 2007 年的 1.5 倍和 4.6 倍。

2001 ~ 2008 年龙羊峡—兰州干流区用水情况一览表　　表 4-2-8

年份	工业耗水量（亿 m^3）	工业产值（亿元）	单位工业产值耗水（万 m^3/ 亿元）	总人口（万人）	城镇每万人用水（万 m^3）	农村每万人（万 m^3）	居民生活用水每万人（万 m^3）
2001	4.97	317.47	156.77	276.01	76.28	21.25	44.79
2002	5.09	348.78	146.16	261.55	70.00	21.43	42.71
2003	5.08	168.38	302.03	195.24	46.96	15.00	31.00
2004	4.87	212.51	229.28	197.60	47.26	15.71	31.14
2006	4.09	228.5	179.11	195.76	46.95	6.27	26.80
2006	3.99	222.22	179.88	207.12	43.95	6.25	25.87
2007	3.76	257.61	146.24	220.32	37.57	6.80	24.54
2008	3.71	304.65	121.88	209.79	57.78	31.60	44.19

资料来源：根据 2001 ~ 2008 年甘肃省水资源统计公报整理计算获得。

4.2.2.3　水质随城镇化进程的响应

在城镇化、工业化进程中，城市一方面从周围获取维持自身发展的用水，另一方面将大量的生产和生活用水排放到城市所在的区域环境中（城市生产的外部性），排放量超过水环境的降解能力之后，便产生了污染和负面效应。水质分为地表水水质和地下水水质，据数据的可获取性和代表性等，本研究以 2001 ~ 2009 年甘肃省水资源统计公报为依据，分析兰西区域城镇化过程带来的水环境问题，为区域及城市发展规划、产业结构调整和污染控制战略的制定提供科学依据。

据甘肃省水资源统计公报中“龙羊峡—兰州干流区域 2001 ~ 2009 年污水排放统计”：随着科学技术的进步以及污水处理能力的提升，工业排放出的污水呈明显下降趋势；生活污水排放量和排放到黄河干流区的污水总量呈现先增加后降低的趋势。从污水排放总量来看，2001 年向黄河干流区排放污水 2.813 亿吨，到 2002 年增加到近 9 年的最大值 3.193 亿吨，随后逐渐降低到 2009 年的 2.117 亿吨。黄河干流区兰州段水质得到逐渐优化。从时间序列来看，黄河干流水质，随着城镇化的进程呈倒“U”形演化规律，即环境库兹涅茨曲线（EKC）。[113] 从污染物质类型来看，呈现出生物、有机污染为主，无机物、金属类污染次之的复杂特征。空间上呈现出有机类、无机类主要在下游，并以宝兰桥为主，什川桥、湟水桥、新城桥和扶河桥次之的特点。

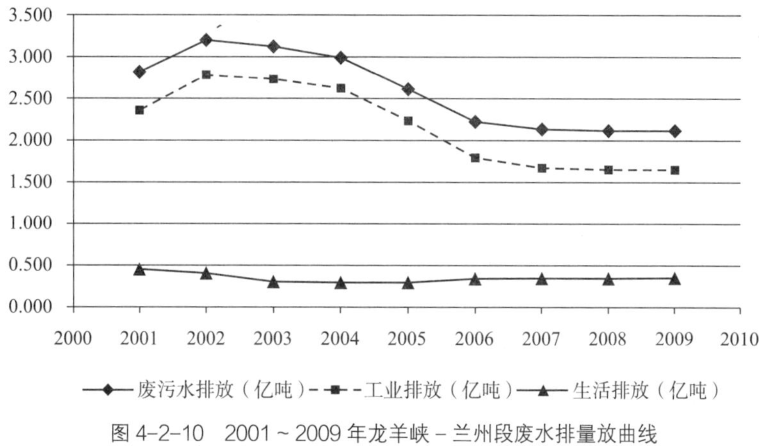

图 4-2-10　2001 ~ 2009 年龙羊峡 – 兰州段废水排量放曲线

人均 GDP、工业产值占 GDP 的比重、产业结构、工艺流程等因素与工业污染物的排放有密切的关系。随着城镇化、工业化和技术高科技化的发展，三次产业结构在不断变化，工业部门所占的份额以及化工与重工业在工业部门内所占的份额先增加，后持平，最终逐步下降。2001 ~ 2009 年该区域工业污水排放随着时间表现出倒“U”形规律。但是随着城市人口规模的扩大以及生活卫生条件和意识的提高，城市居民生活污水排放呈现增加趋势。

水是生命之源，是城市工业生产和居民生活的必需品，在快速城镇化建设及空间扩张背景下，如何协调城市水资源的供需平衡，保障居民用水的优质化，让生活在半干旱区水资源约束区域中的每一个城市管理者和城市居民深思。

4.2.3　局地气候环境对城镇化的响应

快速的城镇化建设、人口规模的增大、工业和生活用水的增加、地表水资源的降低，引发城市的大气下垫面变化，从而使城市及腹地小气候环境发生相应变化。研究根据气象站号 52889（兰州）的检测数据，借助 MATLAB（R2008a）技术对 1961 ~ 2007 年每天的检测数据，计算出年平均气温和降水，年季度平均气温和降水，进行统计分析，并通过添加趋势线方法，进行趋势预测。预测前，首先借助 1961 ~ 2007 年间的数据，对气温趋势线（y=0.055x−101.0）进行校正，校正后趋势线为：y=0.043x−75（图 4-2-11）。总结出该区域的大气环境随着城镇化进程的变化，特点如下：

4.2.3.1　气温变化特征和趋势

1）年平均气温在波动变化中上升

47 年来，兰西区域气温呈明显上升趋势，特别是进入 20 世纪 80 年代以后，这种趋势更加明显，气候倾向率平均每 10a 增加约 0.43℃，其数值明显高于全国（0.11℃ /10a）和全球气温增幅（0.03 ~ 0.06℃ /10a），此结果与杨特群等以 1951 年以来的数据分析的结果一致，兰州区域进入 80 年代之后气温呈上升趋势。[114] 2006 年平均气温 11.747℃是 47 年中的年最高气温，比多年平均气温值9.85℃高1.89℃，另外，47年中最高气温出现在2000年7月24日，为32℃，高于多年平均气温22.15℃；最低气温出现在1964年1月27日，为-15.8℃，另外，在1975年12月13日，最低气温为-15.1℃。依据47年兰州气温变化，拟合出时间与气温之间的关系，由本节预测公式（式4-2-2），预测出兰州地区2020年的年平均气温为11.85～11.95℃。

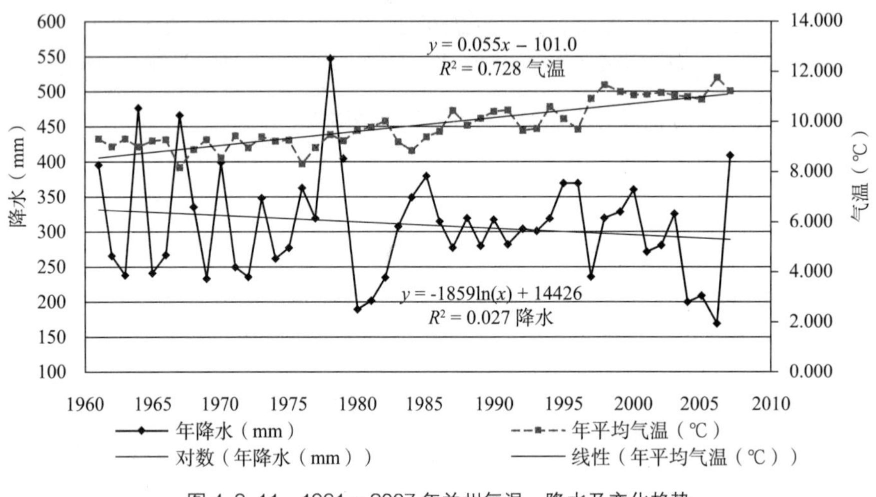

图4-2-11　1961～2007年兰州气温、降水及变化趋势

兰州区域多年平均气温为9℃左右，高于黄河流域兰州段以上的平均气温5℃左右，主要原因：一方面是兰州区域在该区域范围内地形地势较低，受到山谷风影响；另一方面，兰州区域城市建设规模相对较大，占去了很多耕地、林地、草地，相对改变了小气候的下垫面，从而影响了小气候气温的变化。

黄河流域各区间分年代平均气温变化情况一览表　　表4-2-9

类型＼年份	1951～1959	1960～1969	1970～1979	1980～1989	1990～1999	2000～2007
兰州以上	4.8	4.6	4.6	4.9	5.3	5.8
兰托区间	7.3	7.5	7.6	7.9	8.6	9.2
黄河中游	10.0	10.0	10.1	10.2	10.9	11.6
黄河下游	13.5	13.7	13.7	14.0	14.6	14.9

资料来源：杨特群等.1951年以来黄河流域气温和降水变化特点分析.人民黄河，2009，10（31）：76-77.

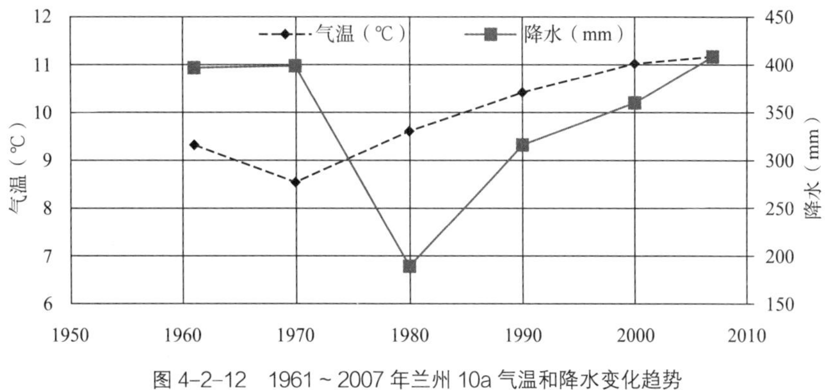

图 4-2-12　1961 ~ 2007 年兰州 10a 气温和降水变化趋势

2）10a 平均气温表现为 60 年代降温，70 年代以后一直升温

若以 10a 的时间段为尺度，其平均值的变化见图 4-2-13，到 60 年代，约为 9.33℃，到 70 年代初，平均气温降到 8.54℃，降低了 0.79℃。整个 60 年代是平均气温下降阶段，47 年中最低气温（1964 年）也出现在这个阶段。到 70 年代，平均气温持续上升，80 年代初比 70 年代初平均气温增高了 1.06℃，持续升温一直延续到 21 世纪。但是从 20 世纪 90 年代开始，气温增加速度变慢。

3）年内季度气温差异较大，变化平缓

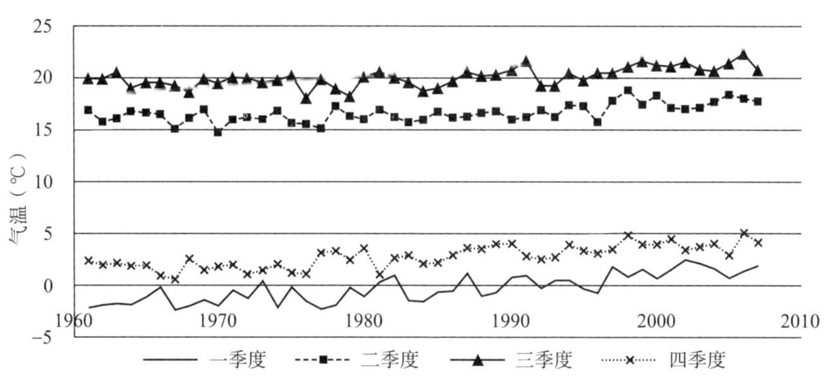

图 4-2-13　兰州 1961 ~ 2007 年季度平均气温变化图

从 4 个季度来看，第二、三季度较高，第一、四季度较低，其中第一季度是每年的最低气温，第三季度是每年的最高气温。1961 ~ 2007 年兰州第二、三季度平均气温均在 15℃以上，第一、四季度平均气温为 -5 ~ 5℃。季度之间平均气温差别较大，2006 年的第三季度最高气温为 22.37℃，最低气温为 1967 年第一季度的 -2.43℃，最大值与最小值相差 24℃多。

1961 ~ 2007 年兰州第一季度温度增加幅度明显。20 世纪 90 年代以前，兰州第一季度气温一般在 0℃以上，90 年代以后，最冷的第一季度，平均气温大多数都在 0℃以上，第一季度的最高气温与最低气温相差 4.9℃以上，而其他季度的最高气温与最低气温之间差值小于 4.5℃，表明兰州区域从 20 世纪 90 年代开始变暖速度加快。

4.2.3.2　降水变化特征和趋势

1）降水波动变化中，呈现减小趋势

兰州地区 1961 ~ 2007 年年降水量约为 300mm 左右，第二、三季度降水占全年降水量的 80% 以上，其中 1979 年占到 96.9%。通过对 47 年来时间序列的年降水量和 10a 平均值的对比分析发现（图 4–2–11、图 4–2–12），除了年际间的正常波动外，兰州区域年降水量呈现出减小之势。通过图 4–2–11 所示时间和降水量的拟合曲线发现，年降水量最小值为 168mm（2006 年），最大降水量为 546.7mm（1978 年），最大值为最小值的 3.25 倍，时间间隔为 28 年。

以 10a 年为计量单位来分析，年均降水量呈现出增加—降低—增加趋势，其中 60 年代平缓增加，70 年代降低，80 年代之后以增加为主。其中，70 年代降水变化幅度最大，降水规律与以年为单位计算统计分析的结果呈现相反趋势，考虑到黄河兰托段和黄河中游降水趋势 [114]，兰州区域降水今后将呈现降低趋势。

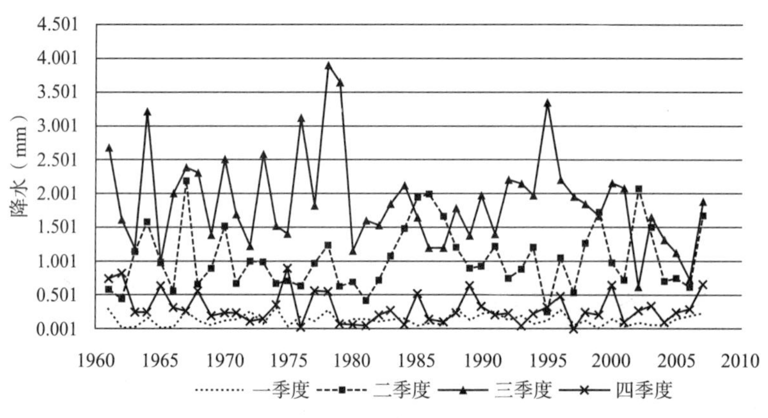

图 4–2–14　兰州 1961 ~ 2007 年季度平均降水变化图

2）降水变化的季度特征

将 1961 ~ 2007 年兰州降水量按照季度汇总，求出季度平均降水量和标准差，得出 4 个季度的标准差分别是 0.084、0.473、0.717 和 0.225。由此看出，降水量最大的季度也是降水波动幅度最大的时间，第一季度和第四季度波动幅度较小，但是从季度的平均降水量来看，第三季度平均降水量呈现明显减少趋势，第一季度变化不大。

通过对 1961 ~ 2007 年气温和降水的年度和季度的平均值进行统计分析，发现随着时间的推移、城镇化进程的加快及下垫面的改变，年均气温呈现升高趋势，特别是 80 年代后升温明显。该区年平均降水在波动中，有减小趋势，说明今后 5 ~ 10 年的时间里，兰州地区的防旱形势仍然严峻。季节的降水和气温相对年均降水和气温变化要复杂得多。

4.2.3.3　局地气候与城镇化交互作用

1）局地气候对城镇化的影响和约束作用

局地气候对城市建设活动的影响和约束作用主要表现为直接和间接影响。间接影响是因局地气候条件的不同而形成不同的种植业和畜牧养殖业，为城市工业和服务业发展提供不同的基础条件。直接影响是指太阳辐射、风向、温度、湿度和降水等不同条件对城市建筑群体、工程、建设用地选择、产业的选择和布局等产生的较大影响（图 4–2–15）。首先，太阳辐射的强度和日照率对城市建筑的日照标准、间距、朝向及其建筑材料色彩的确定产生影响，从而影响局地气候形态的建筑群体空间布局。其中太阳辐射热、太阳辐射强度及其色彩之间关系满足 $q=p\cdot j$ kcal/m^2·h，式中：q ——吸收的太阳辐射热，p ——表面所受到的太阳辐射热强度，j ——不同色彩的热吸收系数。[115] 风向对城市建设的影响主要表现在防风、通风、工程的抗风设计、化工污染性产业的空间布局与选址等方面，特别是为了减轻工业排放的有害气体对居住区的危害，一般工业区按照当地盛行风向位于居住区下风向。[116] 温度对城市建设的影响表现在气温日较差的大小影响到城市设施热量散发快慢，从而对工业的布局、环境保护，以至于工厂烟囱的设计等方面产生影响。同时，由于局地气温与城市建筑密度，绿地和水体等的综合影响，大城市市区容易形成城市“热岛效应”；降水和湿度不仅仅是城市人居环境营造的重要因素，同时对城市排水系统设施工程标准产生较大影响，另外，结合山洪的形成、江河汛期的威胁，给城市建设用地选择及防治工程要求方面也带来很大的影响。

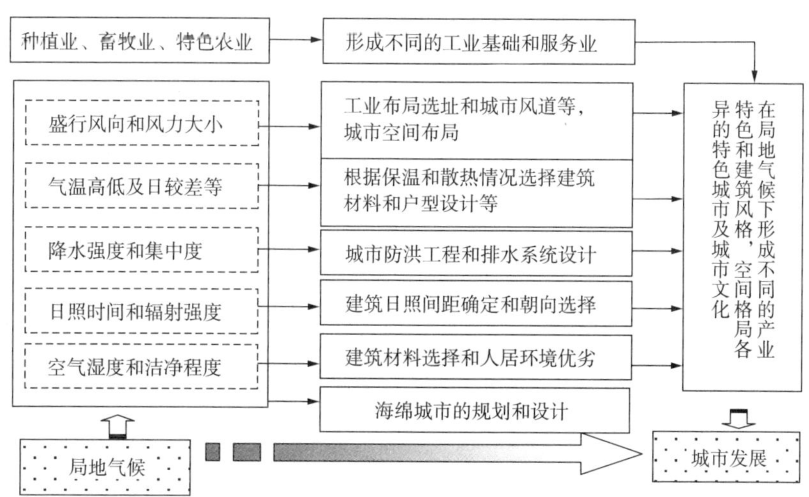

图 4–2–15　局地气候对城市建设发展的影响

2）城镇化对局地气候的胁迫作用

城镇化因人口集聚、产业发展过程中消耗石油、煤炭和天然气等资源排放很多废气和热量，同时，居民为了冬季取暖和夏季的降温而使用空调的过程中向空气中排放废气物质和能量，对局地气候产生胁迫，即城镇化通过城市热岛效应、暗岛效应、雨岛效应和干岛效应对局地小气候产生胁迫作用。城市局地小气候除了受到全球尺度和区域背景大尺度的气候系统影响外，还受到城市人口规模等级、建设用地规模、能源消耗、绿地面积等多种因素交互作用的影响（图4-2-16）。气候变化主要通过对农业、环境、人类健康（疾病控制）及生态系统四个方面的影响对城镇化产生反馈，比如：城市废气及 SO_2 浓度增加，居民上呼吸道感染几率提高；气温升高，降水量降低，引起空气湿度降低，夏季居民为降温，使用空调时间延长，增加了能源的消耗。即：①气候变化影响区域的农业产业结构、农业产量，进而影响到城市粮食供应能力的大小；②引发海平面上升、传染病的肆虐、各种灾害和极端气候事件频发、能耗的增加和水资源短缺等环境灾害，对城市人居环境产生胁迫；③气候变暖影响着人类对疾病的控制，危害着人类健康；④气候变化改变着植被的组成、结构、生物量及空间分布，影响地表径流和蒸发量，冰川融化速度及高山系统和海洋系统等方面，从而改变城市生产内容和生产、生活方式。

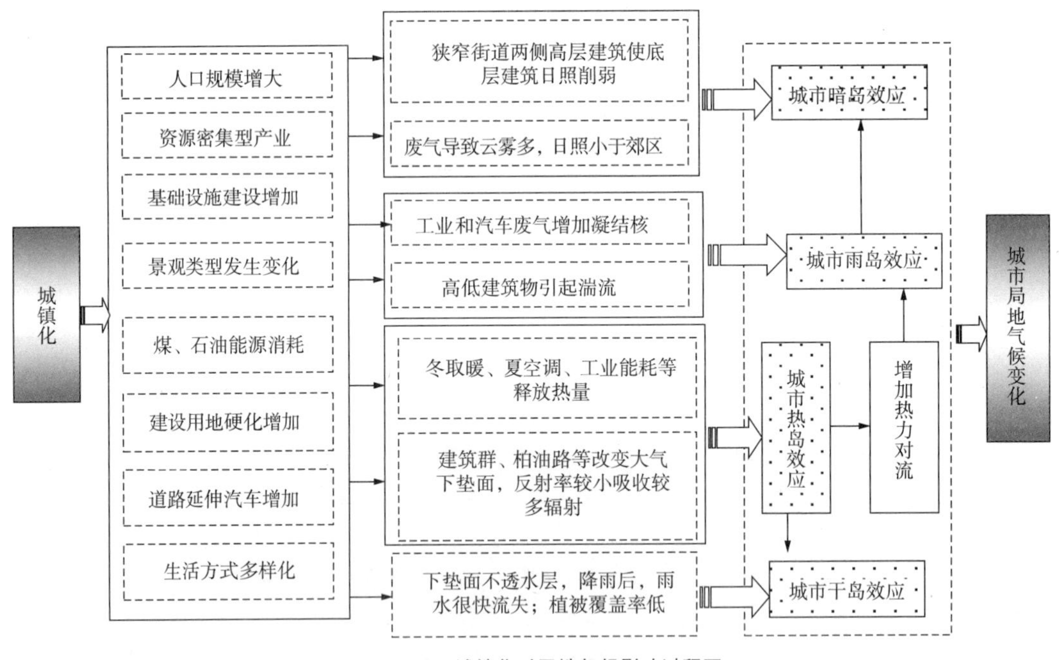

图 4-2-16　城镇化对局地气候影响过程图

4.2.4　生态环境效应空间上的差异

生态环境与城镇化之间相互作用和影响，在生产力相对落后时期，自然环境条件决定了人类生产和生活的空间场所，从而决定了城市化的空间，以城镇化空间自组织过程为主（图4-2-17）。随着科学技术的发展及生产力的提高，特别是公路、铁路、高速公路建设，扩大了人类活动范围，提高了改造自然的能力，城镇化建设用地急剧外扩，工业园区增多，城镇化空间格局多样化，城镇化对生态环境产生胁迫，城镇化以他组织为主。伴随城镇化产生的环境问题日益增多，环境与城市经济之间矛盾恶化，城市经营者和管理者为改善城市人居环境，协调城市经济发展和环境、居住用地和工业用地、绿化用地和基础设施用地之间关系，开始在城市生态环境承载力和环境约束条件下调整城市产业结构和城市建设用地结构。

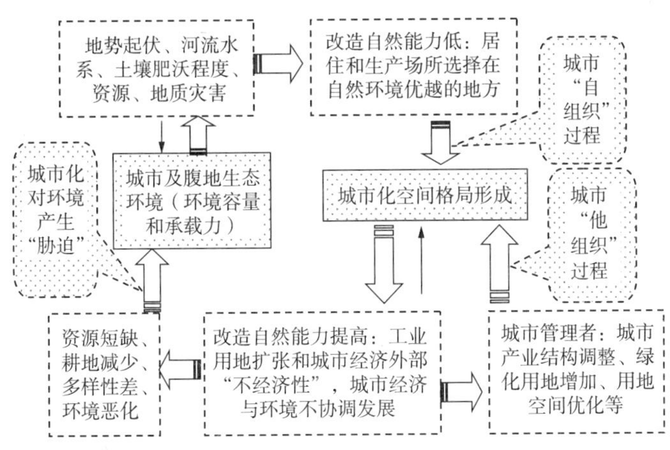

图 4-2-17　城市化空间格局及生态环境相互关系

兰西城市群人口城镇化水平和经济城镇化在空间中呈“X”形结构，且城镇化热点区在西宁周围以及兰州的西北区域。以湟水河和西陇海铁路线为主轴线，连接区域城镇化的东部核心城市兰州和西部核心城市西宁；另外两次轴为景泰—白银—兰州铁路线和永登—永靖—临夏市铁路线沿线。基于“X”形的城市化空间格局，生态环境效应在空间上是如何表现的呢？特别是区域内生态环境质量的空间格局怎样反映区域生态环境在人文和自然共同作用下的变化规律，对指导区域生态建设，改善生态环境，促进区域环境、经济和社会可持续发展具有重要意义。本研究借助 RS 技术和 GIS 技术，利用 1987 年、1996 年、2001 年和 2006 年四期 TM 影像数据研究城镇化对生态环境的影响。

4.2.4.1　生态环境评价体系

生态环境是支撑人类生命系统的整个自然系统。其质量反映该自然系统对人类生存的适宜程度，而适宜程度取决于人类生存所需各种条件的满足程度，包括充裕的粮食、优质的生活用水等生活必需物资，洁净的空气、“青山绿水”以及良好的景观等人类持续健康生存的必要条件，这些都属于生态系统服务的范畴。在生态系统中，除人类外，其他的生命和非生命物质都视为环境要素，环境要素中对生物起作用的部分称为生态因子。[117]研究区域生态环境质量现状、差异性以及变化趋势，对区域内城市人居环境优化和城市产业结构调整有着重要意义。

生态环境的评价过程中，为适应不同的研究内容和研究区域，产生了许多评价体系：

（1）按照土地利用和土地覆盖类型将地面分成几个一级类和十几个二级类，再计算各期各类土地利用面积或占总面积的百分比，生成土地利用面积转移矩阵，分析林地、耕地等各类用地面积的增加或减少，以此作为生态环境质量评价的依据。[118]

（2）基于社会—经济—自然生态系统理论，对区域总体状况评价，其指标体系涵盖自然、社会、经济三个方面内容，赋予不同的权重，测度研究区生态环境指标值。[119]

（3）状态→压力→反应反映生态系统的质量。状态：生态系统的组分、格局及功能指标；压力：人类对生态系统的压力，主要以人类干扰指数作为压力指标；反应：生态系统在压力下作出反应的异常特征，包括水土流失、沙漠化、生态恶化等生态异常现象。评价体系采用对各单一指标值加权平均的方法计算综合评价的结果，最终划分为五个生态环境等级。[120]

（4）国家环境监测总站制定的《生态环境质量评价技术规范》中提出的评价指标体系包括生物丰度指数、植被覆盖指数、水网密度指数、环境质量指数、污染负荷指数等，并将生态环境质量状况（EI）划分为5级，即优、良、一般、较差和差，最后将生态环境状况变化幅度分为4级，即无明显变化、略有变化、明显变化和显著变化。[121，122]

总之，指标是进行生态环境评价的基本尺度和衡量标准，由于各地区的自然、社会和经济的状况不同，即地区之间具有各方面的差异性，加上研究者所处的背景和环境不同，因此，很难有统一的评价指标体系，从某种程度上讲，指标体系的构建成功与否决定了评价效果的真实性和可行性。

研究指标体系既能反映区域的环境特征和变化趋势，又容易获取所需要的研究数据，从众多研究指标（土地利用/土地覆盖、植被覆盖状况、森林资源状况、草地资源状况、水土流失、土地退化等[123]）中选取最直观、最易判读且能够反映区域生态环境状况和成因的植被覆盖为本次研究区域的评价指标。

4.2.4.2　植被指数及其计算

植物指数（Vegetation Index，VI）能够敏感地反映出植被生长状况、生物物理和化学特征及生态系统参数的变化，因而可用植被指数来检测土地覆盖的变化。在比值植被指数、差值植被指数、正交植被指数、归一化植被指数等众多的植被指数中，选取归一化植被指数作为研究区域植被覆盖和生态环境评价的依据。

归一化植被指数（NDVI—Normailized Difference Vegetation Index）定义为近红外波段与可见光波段数值之差和这两个波段数值之和的比值，限定在[-1，1]范围内。即：

$$NDVI=\frac{DN_{NIR}-DN_{R}}{DN_{NIR}-DN_{R}}$$

其中 DN_{NIR} 为近红外波段，DN_{R} 为可见波段。

NDVI主要有以下优点：① NDVI与绿色生物量、植被覆盖度、光合作用等植被参数有关。② NDVI经比值处理，可以部分消除与太阳高度角、卫星观测角、地形、云和大气条件有关的辐射条件变化等的影响。③几种典型的地面覆盖类型在大尺度NDVI图像上区分鲜明。[124]

ERDAS下的Model Maker模块进行归一化植被指数的计算。如图4-2-18所示，图中左上方的方法是：TM4−TM3，右上方的方法是：TM4+TM3。最下面的方法是：EITHER 2 IF（TM4+TM3==0）OR（TM4−TM3）/（TM4+TM3）OTHERWISE，最下面这个方法的重点是去除分母是 0 的情况，如果 TM4+TM3 为 0，代表背景区域和极少数两个波段都是 0 的情况，在这里赋值为 2，为后面的处理做好准备，当分母不为 0，就用（TM4−TM3）/（TM4+TM3）计算归一化植被指数，最后将结果保存为 float 类型的图像。

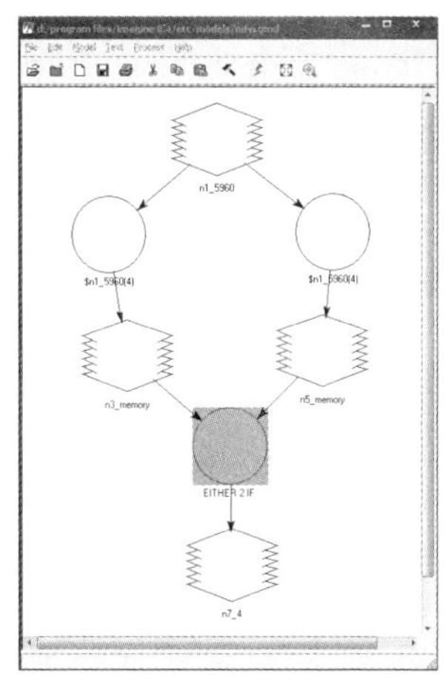

图 4-2-18　计算 NDVI 模型

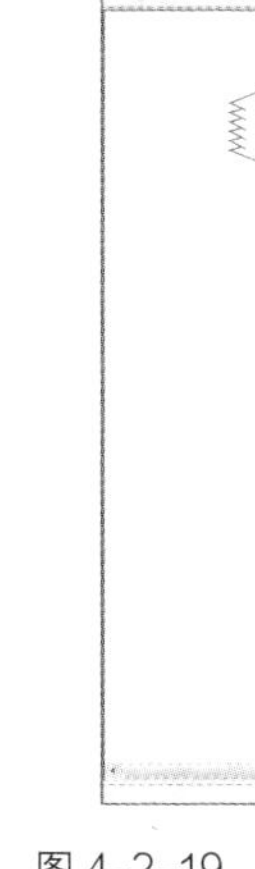

图 4-2-19　生态环境演化计算过程

4.2.4.3　生态环境演化

对地表植被特征参数进行动态检测的方法通常可以概括为两大类：基于分类后比较法和基于像元光谱数据的直接比较法。前一种方法存在的不足在于能区分不同类型间的质变，即从一种类型转变为另一种类型，但无法探测同种类型在不同时间上的量变；后一种方法则可探测出像元的细微变化并可以避免前一类方法中分类误差对变化检测精度的影响。本次研究没有区分林地、草地和耕地，而是将它们统一归为植被类型，所以采用后一种方法——基于像元光谱数据的直接比较法。

如图 4-2-19 所示生态环境比较，输入要比较的两期影像。第一个方法是作差，EITHER 后期 - 前期 IF（前期 >0.2and 后期 >0.2and 前期 <2and 后期 <2）OR 2 OTHERWISE。在 ArcGIS 软件中仔细观察 NDVI 图像和裁剪出的原始图像，确定合理的阈值作为提取植被的依据，在这里，确定 0.2 为区分植被与非植被的阈值。所以要求被比较的前后两期影像都要大于 0.2 并小于 2，目的是提取出植被但不包含背景的区域。第二个方法是为前后比较的不同情况赋值：CONDITIONAL{（前期 - 后期 =2）3，（前期 - 后期 >0 and 前期 - 后期 <2）2，（前期 - 后期 =0）1，（后期 - 前期 <0）0}，即背景区域赋值为 3，前期的 NDVI 值大于后期，差值大于 0 的情况的赋值为 2，前期的 NDVI 值与后期相等的情况赋值为 1，前期 NDVI 值小于后期的情况赋值为 0。最后，为节省存储空间，将计算结果保存为无符号二位。在这里，

选用第二种方法进行生态环境评价。

（1）1987 ~ 1996 年之间生态环境整体改善，东部恶化严重。

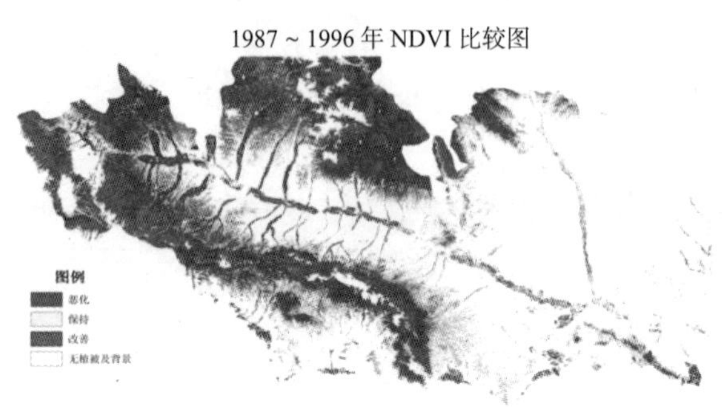

图 4-2-20　1987 ~ 1996 年兰西城市群区域生态环境演化空间分布

据图 4-2-20 所示，1987 ~ 1996 年兰西城市群区域生态环境演化呈现出东部生态环境恶化、西部生态环境优化，从区域整体来看，1996 年相对于 1987 年 NDVI：改善 / 恶化像元个数为 6998327/5532199=1.265017，研究区生态环境有小幅度改善。生态环境恶化区域主要集中在研究区域的东部，即甘肃省包含的黄土高原地区，改善 / 恶化为 241387/922687=0.261613，恶化程度比较大；而改善则主要集中在西部，即青海省包含的青藏高原区，改善 / 恶化为 8187097/5584963=1.465918。

（2）1996 ~ 2001 年之间生态环境改善很多，西宁市及周边生态环境恶化。

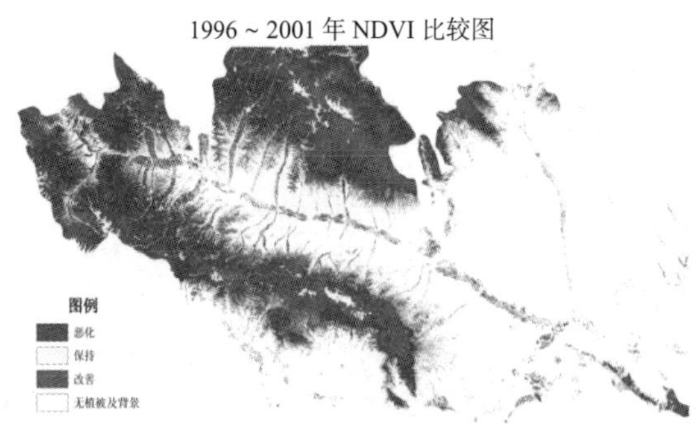

图 4-2-21　1996 ~ 2001 年兰西城市群区域生态环境演化空间分布（彩图见附图）

如图 4-2-21 所示，1996 ~ 2001 年之间生态环境恶化区域主要集中在湟水河西宁市至民和县段，包括平安县、乐都县。这主要与海东区域城市经济产业结构调整有关。另外，在区域的东部甘肃省兰州段，生态环境得到很大改善。从区域整体看，2001 年相对于 1996 年 NDVI：改善 / 恶化像元个数为 9066328/4429732=2.046699，总体上，区域生态环境有较大的改善；区域内部来看，甘肃省包含的黄土高原地区，改善 / 恶化为 8329266/4121827=2.02077，青海省包含的青藏高原区，改善 / 恶化为 736940/307879=2.393603，得出研究区域东部比西部改善程度略大。

（3）2001 ~ 2006 年间区域生态环境恶化，湟水河和黄河干流西宁市—兰州市段环境得到改善。

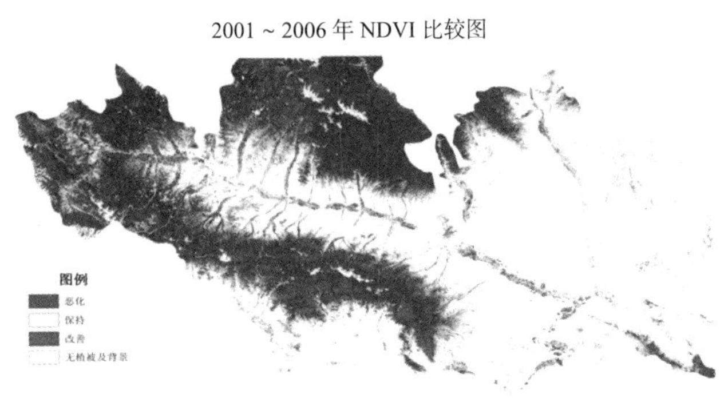

图 4-2-22 2001 ~ 2006 年兰西城市群区域生态环境演化空间分布（彩图见附图）

据图 4-2-22 所示，从区域整体来看，2006 年相对于 2001 年 NDVI：改善 / 恶化像元个数为 5488213/8802167=0.623507，研究区总体上偏向恶化，且恶化和改善区域在研究区东、西分布均衡。2001 ~ 2006 年间，湟水河和黄河干流西宁—兰州段生态环境得到很大改善，而外围区域生态环境恶化严重。这个阶段生态环境恶化的主要原因是气候条件发生了变化，特别是降水量的降低，造成兰西城市群区域山地丘陵沟壑区植被覆盖率降低，特别是草地发生了退化。而地势较低的湟水河谷地，水资源相对丰富，加上城市工业污水处理净化技术提高，所以使得干流附近生态环境相对改善。

从 1987 ~ 1996 年、1996 ~ 2001 年及 2001 ~ 2006 年区域生态环境演化时空格局来看，区域生态环境演化沿着水系和沟壑向外延伸，即沿着湟水河和黄河干流即西陇海线发生变化。区域生态环境的空间演化与兰西城市群区域城镇化“X”形空间结构具有相关性。

4.2.5 土地承载力演化及空间差异

土地承载力指在维持一定生活水平并且不引起土地退化的前提下，一个区域能永久供养的人口数量及人类活动水平，或土地退化之前区域所能容纳的最大人口数量。[125-128] 兰西城市群区域生态环境空间演化沿水系和河谷向外延伸，整体生态环境质量表现出改善→恶化的趋势。在这样的生态环境背景下，研究该区域内不同城市土地承载力，有利于为区域城市发展和土地利用规划提供相应的决策依据，特别是与引导区域内和区域之间人口流动、调节城市产业结构和优化产业空间布局息息相关。

4.2.5.1 研究方法

土地承载力包括相对土地资源承载力和相对经济资源承载力，通过对两者加权求和的方法，计算土地综合承载力。

相对土地资源承载力：$C_{rl}=I_l \times Q_l$

其中：C_{rl} 为相对土地资源承载力；I_l 为土地资源承载力指数，$I_l=Q_{po}/Q_{lo}$，Q_{po} 为参照区人口数量，Q_{lo} 为参照区耕地面积；Q_l 为研究区耕地面积。

相对经济资源承载力：$C_{re}=I_e \times Q_e$

其中：C_{re} 为相对经济资源承载力；I_e 为经济资源承载指数，$I_e=Q_{po}/Q_{eo}$，Q_{po} 为参照区人口数量；Q_{eo} 为参照区国内生产总值；Q_e 为研究区国内生产总值。

综合资源承载力：$C_s=W_1C_{rl}+W_2C_{re}$

其中：C_s 为相对资源综合承载力；W_1、W_2 分别为相对土地资源和相对经济资源承载力权重，并且 $W_1 + W_2 = 1$。

4.2.5.2 资源承载力参照标准的选取

资源承载力是在可预见的时期内，利用当地能源和其他自然资源及智力、技术等，在保证与其社会文化准则相符的物质生活水平下能够持续供养的人口数量。资源承载力计算一般选取相对一定的区域（理想状态区域）进行计算[129-131]，兰西区域属于中国西部地区，经济发展水平相对较低，水土流失和荒漠化严重，耕地贫瘠，不如东部平原地区耕地平坦、肥沃，单位面积耕地的产出没有可比性，从经济发展水平来看，东部地区处于工业化向后工业化过渡阶段，而西部地区仅仅是工业化初期阶段，城镇化水平也是东部沿海和中部明显高于西部地区。[132] 因此，选取全国经济资源承载力和耕地资源承载力作为参照来评价兰西区域资源承载力的演化；权重系数按照人口与经济及其人口与耕地的相关系数来计算，即经济资源承载力权重 0.9，耕地资源承载力权重 0.1。

2007 年末中国经济资源承载力指数和耕地资源承载力指数 表 4-2-10

类型	Q_{p0}（人口）万人	Q_{eo}（经济）亿元	Q_{lo}（耕地）千公顷	Q_{po}/Q_{eo}	Q_{po}/Q_{lo}
东部	47476.0	152346.4	26347.2	0.3116	1.8019
中部	35293.0	52040.9	28986.7	0.6782	1.2176
西部	36298.0	47864.1	44942.7	0.7584	0.8077
东北部	10852.0	23373.2	21458.6	0.4643	0.5057
全国	129919.0	275624.6	121735.2	0.4714	1.0672

数据来源：据 2008 年《中国统计年鉴》整理计算获得。

4.2.5.3　资源承载人口与实际人口差距在缩小

兰西城市群区域随着区域社会经济的发展，其相对资源承载力以及总人口规模都在增大，其中相对资源承载力增长速度大于实际人口增长速度。[108] ①兰西城市群区域人口属于超载状态，从 2000 ~ 2007 年资源承载力来看，始终小于实际人口总量（图 4–2–21）。2000 年实际人口（1205.78 万人）超过资源承载力（466.85 万人）738.93 万，到 2007 年，实际人口（1273.95 万人）超过资源承载人口（961.56 万人）312.39 万人。随着，区域经济的发展，超载人口规模在缩小。②兰西城市群区域经济资源承载力远远大于耕地资源承载力，并且耕地资源承载力由于区域耕地资源规模每年变化不大（稳定在 144.15 万 hm^2 左右），因此耕地资源承载力基本上保持在 150 万人左右，区域综合资源承载力取决于经济资源承载力。2000 ~ 2007 年，经济资源承载力由 308.43 万人增加到 808.75 万人，2007 年是 2000 年的 2.6 倍。

人口的空间分布直接影响到水资源分配和利用、社会经济活动的内容和数量以及生态环境建设和保护。兰西城市群区域人口规模，从相对资源承载力来看，属于超载状态，不利于区域人口、资源和环境的协调发展，特别是粗放型的发展，不仅对本区域脆弱的生态环境影响较大，而且对黄河下游地区用水及其生态环境也会造成影响。为提高区域承载力，必须转化本区域发展模式，提高区域经济发展水平和实力，增大区域承载力。

4.2.5.4　相对资源承载人口类型划分

针对 2007 年末兰西城市群区域内部 31 个市县相对资源承载力进行计算和属性化，并借助 ArcGIS9.3 平台进行空间可视化。

根据相对资源承载力大小与实际人口的比较，分为三种类型：①超载状态：实际资源承载人口（P）大于综合资源承载力 C3，即：P–C3>0；②富余状态：实际资源承载人口（P）小于综合资源承载力 C3，即：P–C3<0；③临界状态：实际资源承载人口（P）等于综合资源承载力 C3，即：P–C3=0。本文考虑到误差的存在，将 31 市县分为三种类型：①超载类型区 P–C3>10；②富余类型区 P–C3<–10；③临界类型区 –10<P–C3<10。其中乐都县和兰州市等 4 个市县属于富余类型区；平安县和循化县等 6 个县属于临界类型区；其余 21 个市县属于超载区。

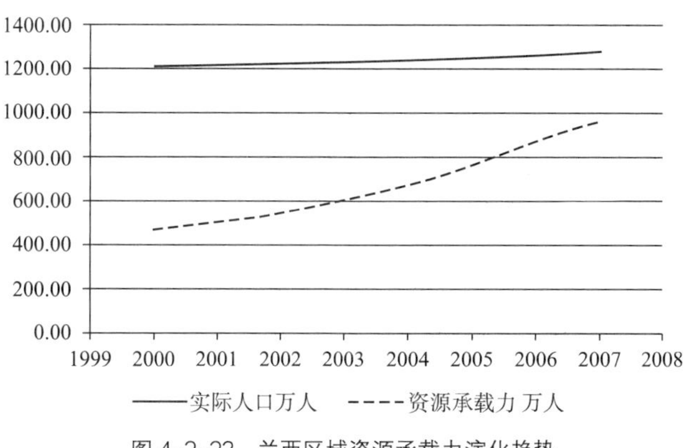

图 4–2–23　兰西区域资源承载力演化趋势

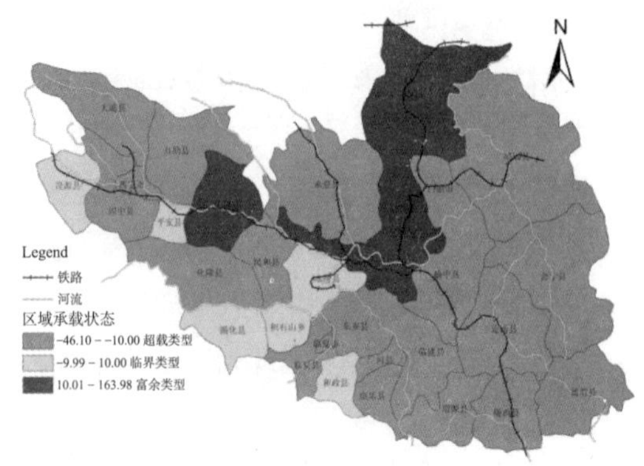

图 4-2-24　兰西区域资源承载力类型空间分布

根据兰西城市群承载力空间分布图（图 4-2-24）可以看出：区域范围内以超载类型区为主，富余类型区主要沿着景泰—兰州铁路线分布，而临界类型区主要分布在黄河的支流——大夏河流域以及湟水流域。相对于全国经济发展而言，兰西区域的资源优势明显，2007 年末区域内的人均耕地是 1131.59hm²/ 万人，高于全国的 937.01hm²/ 万人，而 2007 年末人均生产总值（11756 元 / 人）低于全国平均水平的 18934 元 / 人。因此，当前兰西区域人口超载不在于其自然资源的丰度不够，深层次的原因是其经济资源对人口承载力的贡献有限。经济发展的不足制约了人口承载力的提高。由于兰西城市群区域人口增长速度已经十分缓慢，且部分区域经济资源承载力尚有富余，所以兰西城市群区域资源承载力今后要解决的核心问题是如何通过提升经济发展水平、改善经济发展质量来提高其人口承载力。

小结

城镇化和生态环境之间相互作用和约束。一方面，城镇化通过人口集聚、空间扩张、经济增长和结构优化对生态环境产生各种胁迫和影响；另一方面，生态环境通过土地资源（类型、空间布局等生态环境背景指数）、水资源（水量和水质）、大气环境（气温和降水）和生物环境（动植物种类和丰富度）等要素对城镇化各个环节进行反馈。本章从区域生态环境特点和问题出发，然后借助生态景观格局指数、植被指数、生态环境承载力、地表水等环境因素对兰西区域城镇化空间格局演化的环境响应进行剖析。

兰西城市群区域生态环境特点：①土地利用中的植被覆盖率低，农业用地递减；②水资源在西北半干旱和干旱区范围内来看相对丰富，但是地表水和地下水比重远远小于全国的平均比重（3.1 ~ 3.4），并且区域内部用水结构层次较低，以农业用水为主；③主要的生态环境问题有大气污染、水体污染和固体废弃物等，其中工业排放的废水、二氧化硫、粉尘污染是造成生态环境问题的主要原因。

生态环境演化是生态因子多要素自身变化和人类干扰的综合结果。生态环境是由水、土、气及生物多种因素相互作用和影响的综合体，其演化过程沿着自身的演化规律在变化，同时又受到人类生产生活等活动的影响，特别是城市建设活动的作用。区域范围内生态环境相对脆弱，加上快速的城市建设过程以及工业化发展，1985 ~ 2006 年之间，区域范围内生态因子——土、水、气发生的响应和变化主要表现在以下方面：

“土地”生态因子（兰州）随着城市的发展表现出利用类型变化程度和方向的不同，其中建成区面积和未利用地面积增加，林地、草地、耕地和水域面积减少。林地流向草地和未利用地，草地流向林地和未利用地，耕地流向建设用地和未利用地，以未利用地为主，造成区域（兰州）生态环境质量指数逐渐降低。

“水”生态因子，城镇化在水量、用水结构、水质方面影响较大。水资源总量与城市发展的需求缺口越来越大，城镇化水平每增加 1%，供水总量降低（耗水量增加）2925.27 万吨。耗水结构中单位产值工业耗水先增大再降低，每万人居民生活用水呈增大趋势。据 2001 ~ 2009 年龙羊峡—兰州干流污水排放统计发现：工业排放出的污水呈明显下降趋势；生活污水排放量和排放到黄河干流区的污水总量呈现先增加后降低的趋势。

“大气”生态因子在气温、降水量方面发生了变化。随着时间的推移、城镇化进程的加快及下垫面的改变，年均气温呈现升高趋势，特别是 20 世纪 80 年代后升温明显，另外，该区年平均降水在波动中，有减小趋势。

最后，本章从区域空间的角度，利用 TM 数据，借助 RS 和 GIS 技术，研究生态环境的空间演化，表现为：2001 年之前得到改善，2001 之后趋于恶化，西宁周围生态环境优越于兰州周边，生态环境质量沿垂直水系和河谷方向逐渐降低。兰西城市群区域范围内土地承载力以超载类型区为主，富余类型区主要沿着景泰—兰州铁路线分布，而临界类型区主要分布在黄河的支流——大夏河流域以及湟水流域。

第5章　城镇化空间格局与环境相互作用机制

区域城镇化和生态环境之间相互作用和影响。兰西城市群区域的地形地势、河网结构和等级、土地资源等自然环境条件和交通网络、民族文化、产业结构和经济基础等人文条件形成了特定的城镇化空间结构。同时，城市经济发展以及空间扩张所带来的土地（植被/覆盖率、土地类型和结构）资源结构变化、水资源供应总量降低、城市腹地范围内气温和降水波动、生物种类减少等生态环境问题又影响和约束着城镇化的空间结构、产业结构、城市经济发展方向和规模。

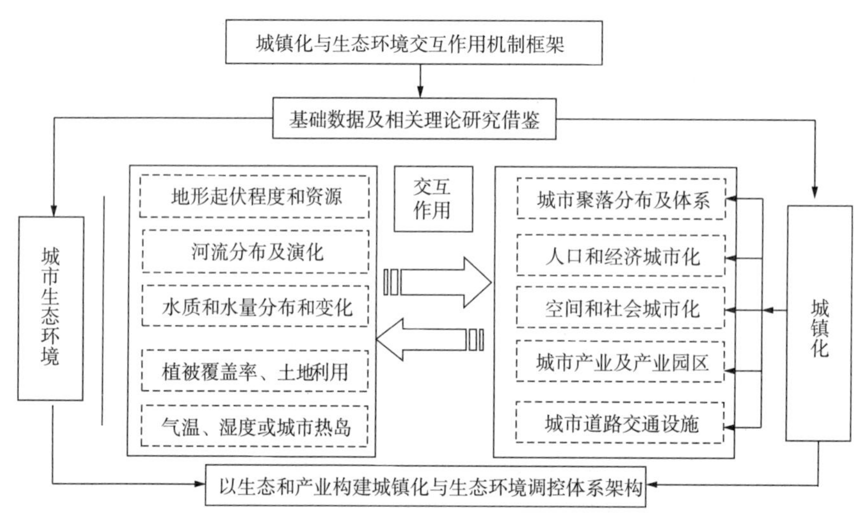

图5-0-1　城镇化与生态环境交互作用机制及调控体系架构

通过第三章和第四章的研究，发现兰西城市群区域城镇化内部空间结构和外部结构是31市县城镇化过程中人口城镇化、土地城市化、产业城市化等在空间上的投影，是城市化发展的地域组合形式，其发生、发展与周围的自然系统存在着必然、紧密的联系，这种联系充分体现在城市用地空间和城市体系的地域特征、空间格局与布局规律上。同时，区域生态环境质量是区域经济社会可持续发展的核心和基础，是人与自然、环境交互作用的集中体现，受自然因素和人文因素的共同影响。研究兰西城市群生态环境质量及其演变，有助于规划区域经济发展。目前，兰西城市群城镇化急剧发展，城市建设、工业生产和生活的代谢物质排放到环境系统中。另外，随着城市不断向乡村蔓延，多个城市（城市群、城市带）对自然环境产生相同作用，这些作用叠加起来，引发全球环境变化。那么，在城市建设、空间拓展过程中，是哪些因素引起、激化环境发生变化，又是哪些因素促进生态环境恢复呢？研究从自然条件（自然环境禀赋）、城市交通网络、城市产业经济及城市区域政策和调控等层面进行论证，具体交互作用框架如图 5-0-1 所示。

5.1　城镇化与生态环境间的交互作用

城镇化与生态环境组成一个综合的人地关系地域系统，从系统论角度看，两者之间相互作用，具有互动性。在全球环境变化的背景下，城镇化与生态环境问题成为研究“人地”关系的热点和焦点，研究生态环境脆弱区的城镇化空间结构形态、格局、土地、水、气候等生态因子随着城市建设活动的演化及两者的交互作用，有利于深入探讨西北半干旱地区城镇化问题，有利于开展人类活动对生态环境的影响和调控研究，对城镇化建设与区域生态环境协调发展有着重要的实际意义和理论价值。

5.1.1　城镇化对生态环境的促进和胁迫作用

5.1.1.1　城镇化对生态环境演化的促进作用

城市经济建设活动在生态环境容量和承载力范围之内，城市的经济、科学技术以及工厂、企业、市政等人文景观建设对生态环境有着资源高效配置、合理利用的作用，同时雄厚的经济基础可以将零散的点状污染源、工业生产和居民污水集中处理，建立污水处理厂等设施，降低污水治理成本。高质量城镇化能带来更多的环保投资，提高人为环境净化的能力；通过政策干预和清洁生产技术的推广使用，控制污染排放总量，减轻对生态环境的压力；产业相对集聚布局，达到基础设施共享，按照“资源—产品—污染处理—资源”的循环经济模式进行生产，提高资源使用效率，减少污染物排放。另外，一定的人口规模是建设固体废弃物填埋处理厂的必要条件，从成本收益角度分析，消费人口过于分散，废弃物的重新利用实施较困难，而农村人口向城市转移，有利于提高农村生态效率，改善农村生态环境质量，为城市生态环境提供强有力的支撑，城乡生态环境之间形成了良性互动。因此，人口通过城镇化适当集中，可以实现污染集中治理，有利于生态环境的保护和恢复；同时，一定的城市经济基础及科学技术是区域生态脆弱区进行生态维护、恢复的前提条件（图 5-1-1）。

5.1.1.2　城镇化对生态环境的胁迫效应

当城市通过生产、生活向腹地环境排放的废弃物数量和速度达到或者超过生态环境分解、消化的速度和容量时候，城镇化人口规模、经济建设活动就会对腹地生态环境产生胁迫。城市人口规模对生态环境的胁迫效应，一方面，通过提高人口密度增大生态环境压力，一般来说，城镇化水平越高，人口密度越大，城镇化对生态环境的压力就越大；另一方面，城镇化通过提高人们的消费水平和改变消费结构，加大人们向环境索取的力度和速度，加快资源的枯竭。

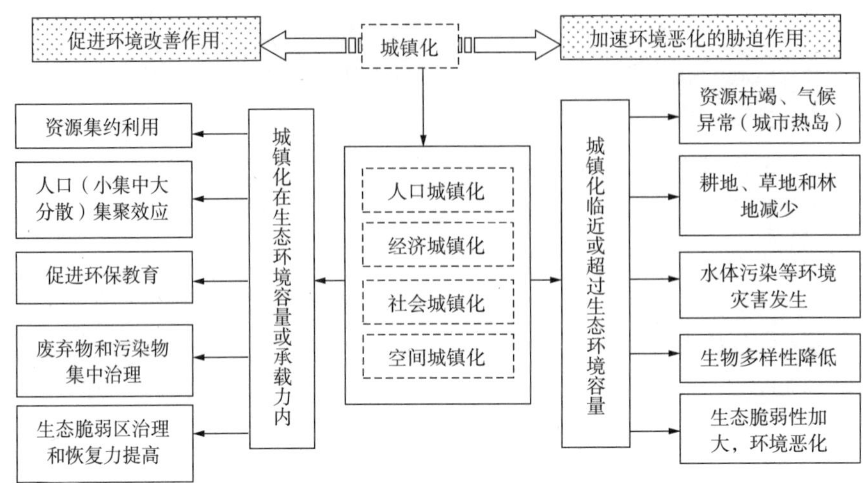

图 5–1–1　城镇化对生态环境的促进和胁迫作用

城市产业经济及建设活动通过占用耕地、消耗资源和能源，并向生态环境排污，造成生物种类减少或者灭绝，从而对生态环境产生胁迫。

5.1.1.3　城镇化对生态的胁迫——兰州市城镇化的热岛效应

国内外对 LandsatTM/ETM 主要有 3 种地表温度反演算法：辐射方程法、单窗算法和单通道算法。其中辐射方程算法需要有详细的卫星过境时的地面大气资料，大大限制了它的使用。单窗算法和单通道算法在估测基本大气参数的情况下均可以提供良好的反演精度，但是在有实时气象资料提供的前提下，单窗算法（本书采用此方法）的精度较优于单通道算法。

1）计算过程

首先对遥感影像进行初步的几何和辐射校正后裁剪出研究区，并对照该研究区的气象站点日平均气温和水汽压数据内插出该区域的气温和水汽压分布图，最后按照单窗算法计算该区域的地面温度。

地表温度反演时首先需要地表的观测温度以增加温度反演的精度，其次需要水汽压以计算大气透射率。在这里，根据兰州周边的气象站点数据，采用 Arcgis 的克里金差值方法内插出该区域范围内的气温反演图（图 5–1–2）。

2）计算结果及分析

从图 5–1–3 中可以看出，城市的温度较环境温度高，其统计值如表 5–1–1 所示。

城市温度与环境温度一览表　　表 5–1–1

类型	建成区（℃）			河流（℃）			建成区 – 河流（℃）
	最小值	平均值	最大值	最小值	平均值	最大值	
1986.6.11	21.5208	31.4911	38.6554	15.5974	18.9821	25.6806	12.509
1997.8.28	21.881	29.037	34.8133	17.1607	20.0215	25.6042	9.0155

续表

类型	建成区（℃）			河流（℃）			建成区－河流（℃）
	最小值	平均值	最大值	最小值	平均值	最大值	
2001.7.22	21.6712	29.8656	38.5902	14.8785	18.4903	22.8201	11.3753
2006.8.5	19.5917	36.3873	46.479	12.2137	20.7523	31.7039	15.635

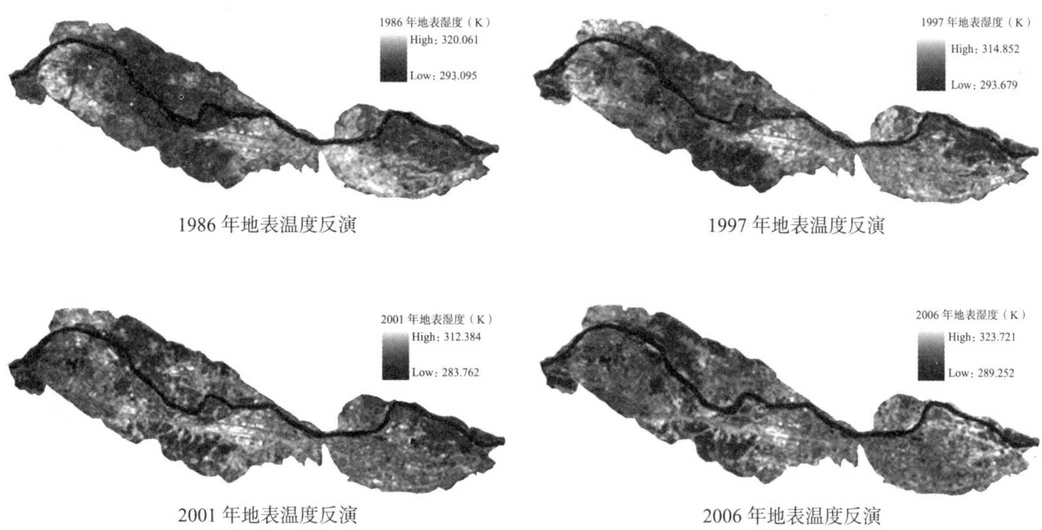

1986 年地表温度反演　　1997 年地表温度反演

2001 年地表温度反演　　2006 年地表温度反演

图 5-1-2　兰州地表温度反演

在这里，采用河流的温度作为环境温度，研究兰州市的城市热岛效应，根据建成区温度减河流温度的平均值可以看出，1986 ~ 1997 年的 12 年间建成区温度和河流温差变小，1997 ~ 2006 年的 10 年间它们的温差开始拉大，可能在这 10 年间城市化过程产生的热量较高。

为验证遥感图像所表现出的城市热岛效应，利用甘肃省气象站观测的气候气象数据加以验证。采用甘肃省全境 79 个气象站 1986 年、1997 年、2001 年、2006 年测得的年平均温度作为当年的环境温度，将兰州市气象站这四年的年平均温度作为城市热岛效应的温度，统计如表 5-1-2 所示。

城市温度与站点温度对比一览表　　表 5-1-2

类型	1986 年（℃）	1997 年（℃）	2001 年（℃）	2006 年（℃）
兰州市年平均温度（城市温度）	9.572055	10.92493	11.06822	11.7474

续表

类型	1986 年（℃）	1997 年（℃）	2001 年（℃）	2006 年（℃）
79 个气象站点年平均温度平均值（环境温度）	7.55673	8.484609	8.658209	9.255137
差值	2.016382	2.440321	2.410011	2.492263

由表 5-1-2 可以看出，首先，城市温度相对于环境温度具有近 2℃的温差，说明城市热岛效应确实存在；其次，近 20 年，城市温度和环境温度都有了近 2℃的上升，其中城市温度从 9.5℃上升到 11.7℃，环境温度从 7.5℃上升到 9.2℃，这可能是由于全球变暖等环境变化问题引起的。比较它们的温差可以看出，在 1986 年，城市温度和环境温度有 2℃的温差，而到了 20 年后的 2006 年，温差达到 2.5℃，说明随着城市化和城市人口的增加，城市热岛效应正在加剧。

5.1.2 生态环境对城镇化的促进和约束作用

各种生态资源（可建设用地、可用水、草地等）的存量、质量、组合度、宜人程度不同，对人类生产和生活活动有着推动和制约作用，从而影响到城镇化规模、速度和空间形态等（图 5-1-4）。生态环境优越的地区，水资源、土地资源、空气质量等支撑城镇化的能力强，投资环境竞争力强，可以吸引投资项目和外资，吸引企业资本，加速城镇化进程。同时，现有城市周边土地坡度较小而土地量大，则城市容易将各种工业和企业向郊区转移，造成城市用地向外扩展，空间变化就快，相反，城市空间形态演化则慢。另外，土地（丘陵）、水、林地和草地组合搭配较好的城市，容易吸引高科技及外来投资的注入，从而增大城市经济规模，相反，城市经济规模较小。良好的生态资源组合，加上方便的城市交通和各种文化设施，构成了宜人的人居环境，可吸引城市周边人口向城市集聚，从而扩大城市人口规模，相反，城市人口规模较小，人口迁出。生态环境对城镇化的促进和约束效应体现了城市的生态性，城市与腹地紧密相关，腹地生态环境的容量、承载能力、自我净化及消化能力大小和高低，直接决定了城市特点、规模和城市形象等。

通过图 5-1-1 和图 5-1-3 可以看出，城镇化与生态环境的相互作用可分为城市内部的相互作用以及城市外部两者的相互作用。城市内部作用指城市内产业、交通、通信等经济系统因子以及教育、医疗、卫生等社会系统因子与城市内植物、水、土地、大气等生态系统因子的作用。城市外部作用指区域城市规模体系和结构与区域生态因子的作用。从两者关系来看，城镇化是生态环境可持续的基本条件与物质保障，高质量的生态环境是提高城镇化质量的手段，两者相互作用的实质就是人地关系矛盾：城镇化与生态环境之间在不断地进行着物质、能量、信息的交换。城镇化的发展受到资源、环境容量的限制，同时造成资源的压力和环境的破坏。另外，伴随着城镇化质量的提高，这种矛盾不断缓和，并向协调共生方向发展。

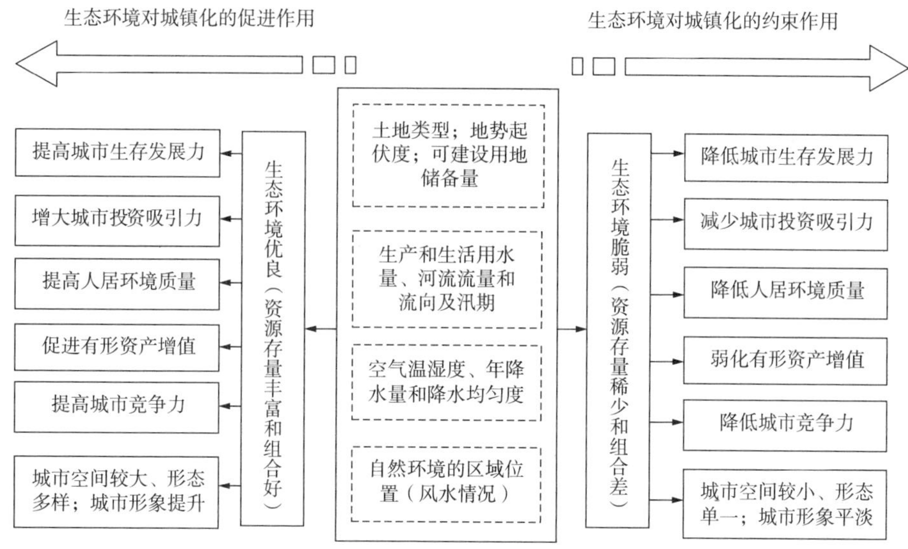

图 5-1-3　生态环境对城市化的促进和约束作用

5.1.3　自然环境对城市生态环境演化的作用

由于自然条件在全球地域分布上存在非均一性，因而形形色色的气候、地形、植被、土壤类型组成了复杂的人类生存环境。不同类型的生态之间存在明显的过渡带，这些过渡带具有较大的“生态梯度”和不稳定性，对外界的作用比较敏感。在脆弱生态环境中，自然或人为作用一旦超越区域系统所能承受的正常扰动（Perturbation）的阈值而产生干扰（Disturbance），系统功能将发生变化，进而造成严重的社会、环境和经济影响。

水、土壤、大气是生态环境系统中三个重要的组成要素。水，一方面影响到土地植被覆盖情况，另一方面影响到人类生产生活的空间布局和规模（农业和工业布局及规模）；土地要素，一方面因不同的植被覆盖和建设用地组成各异的自然生态景观，另外，土地的垂直节理影响到水土流失及土壤的盐碱化，最终决定区域生态环境承载能力的高低及土地的建设强度；气候条件对土地的盐碱化和流失起到加速和延缓作用。另外，水、土、气三大生态环境要素之间也相互作用、相互影响，其作用关系如图 5-1-4 所示。那么，自然条件是如何影响区域生态格局的呢？从河流网密度、土地类型及气候条件方面进行定性和定量研究。

5.1.3.1　土地因子通过下垫面改变影响生态环境空间格局

生态环境的三大生态因子中，土地利用覆盖变化是引起生态环境和气候变化的主要驱动力，同时也决定生态环境的格局。土地利用类型变化，一方面改变地表的下垫面，影响太阳辐射的吸收和反射，另一方面通过影响大气中的微量元素，造成温室气体的排放和吸收。土地利用类型的变化通过时间和空间累积，改变生物圈和大气圈环境，通过几十年或者上百年的时间累积，形成物种、气温、降水等环境变化，通过城市建设空间扩张的累积，城市变成了“热岛”，比周围的乡村热上 7 ~ 8 度。通过空间累积，当城市的地盘慢慢扩大，占据区域

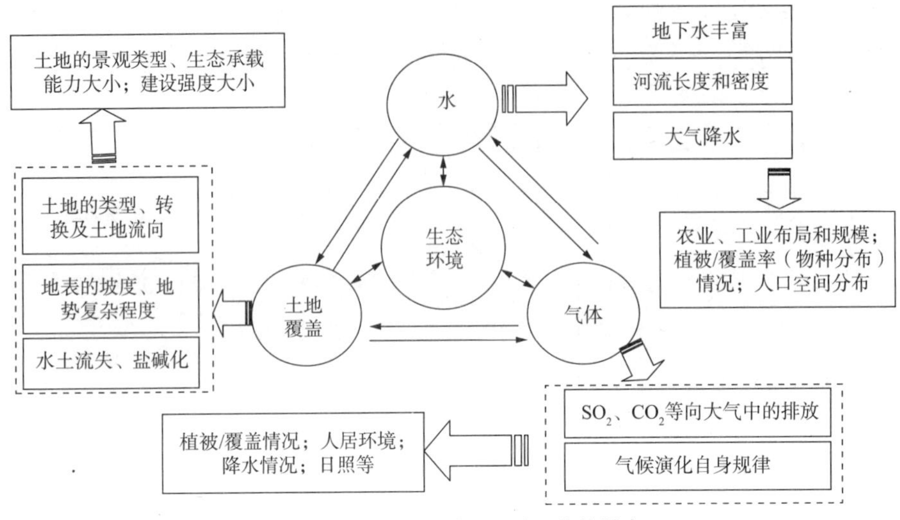

图 5-1-4　水、土、气对生态环境的影响

大部分面积的时候，也就直接提升了地球的温度。[133]

第四章第二节第一部分及第四部分说明了土地利用类型及其植被覆盖率情况，是区域内生态环境空间格局的基底，不同类型的用地对生态环境的贡献程度不同，按照贡献程度大小，从高向低分别是：水域、林地、草地、耕地、城乡居民用地和未利用地。

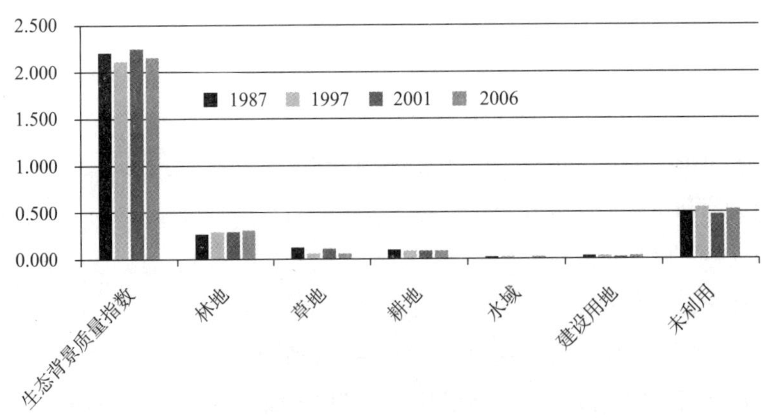

图 5-1-5　不同时期土地类型比重和生态环境背景质量指数变化

1）兰西城市群区域范围内以林地和未利用地为主

根据第四章 4.2.1 中研究方法土地资源生态背景质量指数，分别计算出兰西城市群区域 1987 年、1997 年、2001 年和 2006 年四个时期生态环境背景质量指数（图 5-1-5），分别为 2.21、2.14、2.25、2.17，生态环境背景质量指数呈现出恶化—改善—恶化的规律，但是整体上都稳定在 2.1 ~ 2.3 之间。其主要原因是该区域范围内以林地、未利用地为主，两者占该区域土地

利用总量的 30% 和 50% 左右，主导了区域生态环境背景质量。林草植被对于维护水分循环、物质循环和辐射平衡，改善局地气候与生态环境，保护生物多样性具有重要作用。植被覆盖可增加地表吸收的太阳能辐射，减少地表向下传输的热通量，降低地面有效辐射。因此，伴随快速城镇化进程，区域生态环境背景质量变化不大，浮动在 2.1 ~ 2.3 之间。

2）土壤和林地在空间上的分布规律

不同环境类型之间的过渡带对环境变化常常比较敏感。如森林、草原之间的过渡、农业区、非农业区之间的过渡，在交错带界面常出现“脆弱”特征，其表现为物种可替代的概率大、竞争程度高、受干扰变化后恢复原状的机会小、抗干扰能力弱、界面变化速度快、空间移动能力强。它既是生物多样性的出现区，也是突变的多发区。

兰西区域范围内，林地和土壤从南到北、从东到西，表现出一定的规律，在纬度地带规律作用下，从南到北为：温带森林和温带草原的棕壤、褐土→温带草原的黑垆土、栗钙土、灰钙土→温带荒漠的灰漠土、灰棕漠土、棕漠土，从东到西表现出褐土→黑垆土→黄绵土→灰钙土→棕钙土的转换。不同的土壤类型决定了不同类型的植被类型，即土壤类型及其分布与植被分布相对应。具体植被类型繁多，温带植被类型尤为齐全。一级植被类型包括森林、灌丛、草原、草甸、荒漠、垫状植被、高山岩屑坡植被、沼泽和水生植被 8 类。二三级类型尤为齐全，从温带针叶林、阔叶林、温性灌丛、温带草原到温带小乔木、灌木、半灌木等。另外，森林面积狭小，荒漠植被分布广泛。

森林植被主要分布在区域西部的祁连山、陇南山地和甘南高原边缘山地及黄土丘陵的子午岭。祁连山地，洮河、岷江的上游山地主要分布针叶林，该区域人类生产和生活活动需要对森林进行采伐、耕地侵占等原因造成了该区域土地利用类型的变化。城市居民生活和工业生产用水，改变了流域内水量平衡、水盐平衡关系，加上对植被的不合理利用，使生态平衡遭受到一定程度的破坏。

5.1.3.2　地理位置及气候因子影响城市生态环境的季节变化

兰西区域位于青藏高原东北部，青藏高原阻挡了西风东进并使之分成两支，形成大陆大洋的分布格局，地势达到了新的高度，使东亚建立起一套崭新的季风环流体系，改变了在早第三纪建立的气候带的定式，使我国夏季高温多雨、冬季寒冷干旱。第四纪以来，青藏高原仍处在抬升之中，使我国西部多地区生态环境更趋严酷。由于离海遥远、高山阻隔，来自海洋的湿润空气影响很小，产生于太平洋上空的暖湿气流在传输过程中受阻于大兴安岭、秦岭等山地，达到西部地区的很少，大部分水分丧失。因此，我国西部，尤其西北地区，干旱的地理环境在地质时期早已形成。

兰西区域是我国东部季风区、西北干旱区、青藏高寒区三大自然区的交汇地带。西部（甘肃和青海边界）多为高山和高原，东部则是中山和中等海拔的高原，黄土塬、墚、峁、沟谷广布。西部，陇南南部河谷具有北亚热带气候特征，陇东、陇中及河西走廊东、中段为中温带，祁连山地和甘南高原为寒温带。该区域降水大多在 400mm 以下（低于我国平均降水量约 600mm），年干燥度在 2.0 左右。因该地区长年缺水、生物生长缓慢，形成半干旱区生态系统，属于脆弱敏感生态系统。除了自身稳定性差外，对外界干扰的抵抗能力较低，一旦受到外界作用力，发生退化后，恢复比较缓慢。

兰西城市群属于农—牧业交错带（Ecotone）、森林—草原交错地带，同时，又同处于海陆影响的边缘和大陆性季风气候的过渡区，夏季降水与季风强弱密切相关，因此该区域生态环境脆弱，自然灾害频发，长期受严重的干旱和荒漠化困扰。

5.1.3.3 水资源决定生态环境承载力的大小

兰西区域属于生态脆弱的干旱沟壑区，水对植被的维护、生态的恢复至关重要。从水的来源上看，分降水资源、地表水资源及地下水资源三种，其中兰西区域范围内用水的来源主要是地表水。另外，水资源的时空分布和水资源的供应量及供水持续受到河流、地下水、降水、地层地形、土质等很多因素影响，水资源的不稳定性强烈地影响着生态环境的演化方向，因此，河流的流域范围、径流量等水文因素影响并制约着自然环境演化的方向和程度。研究兰西区域水系河网长度、密度及其河流丰度的空间差异，对该区域生态环境承载力空间差异研究有着重要作用。

兰西区域内河流水系主要属于黄河、内陆河流域，河水主要给水来源为冰雪融水和雨水，夏季水量暴涨。因此，时间上形成春旱、夏洪、秋缺、冬枯的特点。

1）研究的方法

针对县域空间尺度范围，河流水系及水文资料可以根据相关统计资料获取并进行研究，但是针对 31 个市县，面积 75543.98km^2 范围的大空间尺度，借助统计资料相对比较难，且费用较高。本书为了解决资料的获取性和可行性，把 The CGIAR Consortium for Spatial Information（CGIAR-CSI）网站提供的 30m × 30m 的 DEM 数据作为原始数据进行河网水系分析。

将获得的 DEM 数据，经过图像合并、校正等数据的预处理，进行水文分析（图 3-3-4），提取兰西城市群区域水系，然后用 31 个市县的行政区 .shape 格式数据进行剪切，得出各个市县行政区范围内的水系。借助 GIS 技术分别计算出各个行政区范围内的河流总长度及行政区总面积（图 5-1-6）。通过以上空间分析，计算出兰西城市群区域河流密度结果（表 5-1-3）。

2）河网密度空间差异与城镇化空间分异的一致性

（1）兰西城市群区域河网密度相差较大，最大的是平安县和民和县，分别是 1.90 和 1.33 km/km^2，密度最小的是通渭县的 0.48km/km^2，最大值为最小值的 3.96 倍。由表 5-1-3 可以看出，兰西城市群区域 31 市县行政区范围内河网密度主要集中在 0.5 ~ 0.6 km/km^2 之间，河网密度相对较低。

（2）河网密度较高区域主要集中在黄河干流、湟水河干流区以及兰州—景泰沿线，而定西和西宁外围区域河网密度较低。通过第三章第二节第二部分研究发现，兰西区域城市规模较大及城镇化水平较高的城市主要位于河网密度相对较高的区域，如兰州市、西宁市、景泰县，

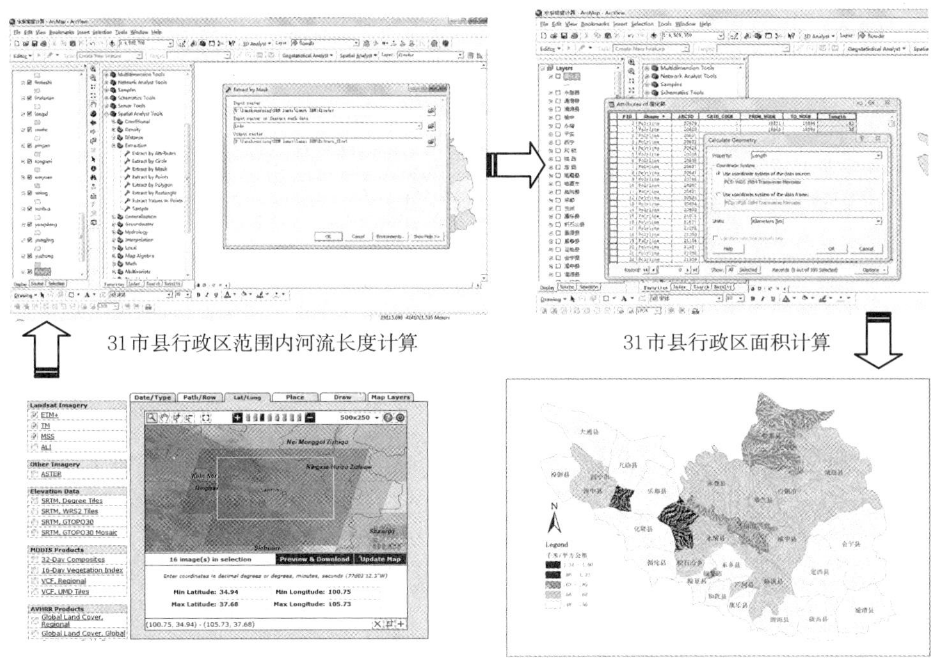

31 市县行政区范围内河流长度计算　　31 市县行政区面积计算

兰西城市群区域 DEM 数据获取过程　　31 市县河流密度空间分布

图 5-1-6　兰西城市群区域河网密度计算过程和空间分布

河网密度最大的区域，不是规模最大的城市所在区域，表明除了受到河网密度影响外，河流流量大小、地形复杂程度、坡度等与城市建设和发展都有直接关系。

兰西城市群区域河流网络密度　　表 5-1-3

市县	河流（km）	面积（km^2）	密度（km/km^2）	市县	河流（km）	面积（km^2）	密度（km/km^2）
循化县	863.45	1760.45	0.49	康乐县	554.38	1005.28	0.55
永登县	3080.07	5235	0.59	积石山乡	548.48	919.23	0.60
通渭县	1407.94	2952.07	0.48	靖远县	4881.94	7964.64	0.61
渭源县	994.45	1937.77	0.51	景泰县	3731.9	5592.55	0.67
榆中县	1868.87	3245.76	0.58	互助县	1709.15	3238.02	0.53
永靖县	1000.41	1784.71	0.56	会宁县	2853.7	5535.01	0.52
西宁市	292.69	483.3	0.61	湟中县	1258.65	2218.11	0.57
平安县	1238.5	652.28	1.90	湟源县	915.81	1698.99	0.54
民和县	2242.47	1681.24	1.33	化隆县	1571	3027.02	0.52
陇西县	1183.1	2289.56	0.52	和政县	509.77	999.84	0.51

续表

市县	河流(km)	面积(km^2)	密度(km/km^2)	市县	河流(km)	面积(km^2)	密度(km/km^2)
定西县	1994.15	3769.81	0.53	广河县	281.84	452.56	0.62
临夏县	587.57	1114.46	0.53	皋兰县	1339.94	2397.71	0.56
临夏市	100.29	118.21	0.85	东乡县	729.73	1485.85	0.49
临洮县	1688.91	2872.5	0.59	大通县	1693.61	3118.79	0.54
乐都县	1444.38	2602.74	0.55	白银市	792.06	1276.5	0.62
兰州市	1388.54	2114.02	0.66				

（3）河网密度与土地承载力的空间格局一致性。通过图5-1-6和图4-2-24的比较，即兰西城市群区域河网密度空间差异性与土地承载力类型空间分布图的比较，发现土地承载力在空间上以超载类型区为主，富余区主要沿着景泰—兰州铁路线分布，而临界类型区主要分布在黄河的支流——大夏河流域以及湟水流域。这种空间分布与河网密度空间分布在空间上表现出一致性。

兰西区域的天气、气候、植被及城市建设开发过程中的生态环境演化，必然引起黄河下游地区生态环境的变化，影响人类的生存和社会经济可持续发展。从生态环境的变化空间上看，不仅导致黄河下游地区水源、水质及水域发生变化，而且会影响整个社会的产业发展及经济发展。另一方面，城市区域生态环境的现状是自然演变和人类活动共同作用的结果，特别是兰西城市群区域特殊的地理位置和气候特征造成了自然特征与地域分异的复杂多样，从根本上造就了该区域生态环境的特殊性。

5.1.4 生态自然格局奠定城镇化空间格局

自然条件和自然资源的客观存在和有机组合，是区域城镇化空间结构形成、发育与演变的基础条件。尤其是地形、河流、水资源、矿产资源等因素，在总体上影响区域城镇化空间结构（图5-1-7），为区域城市发展提供了不同的发展舞台，并通过其影响力形成区域不同城市的鲜明特点。本书根据地形、河流两大因素，说明自然条件对城镇化空间结构形成、演变的影响。

任何城镇的发展都离不开一定规模的水体的支持，河流是哺育城镇的主要水体，城镇对河流的依赖性较大。据此，中国著名经济地理学家陆大道先生在创立社会经济点—轴系统理论的时候就曾发现，海岸、江河和交通道路是轴带发育的重要依托，轴带实则为城市体系空间发育的能量集散廊道。针对兰西城市群区域第一阶梯和第二阶梯交错，地形地势对城镇空间分布密度有哪些影响？境内黄河水系及支流湟水对腹地范围内的城镇化空间结构的演变和形成影响如何？其城市体系结构与水系结构关系又是怎样的？这些问题回答的对半干旱与干旱交错区的城市建设发展和生态环境承载力的和谐发展有着重要意义。

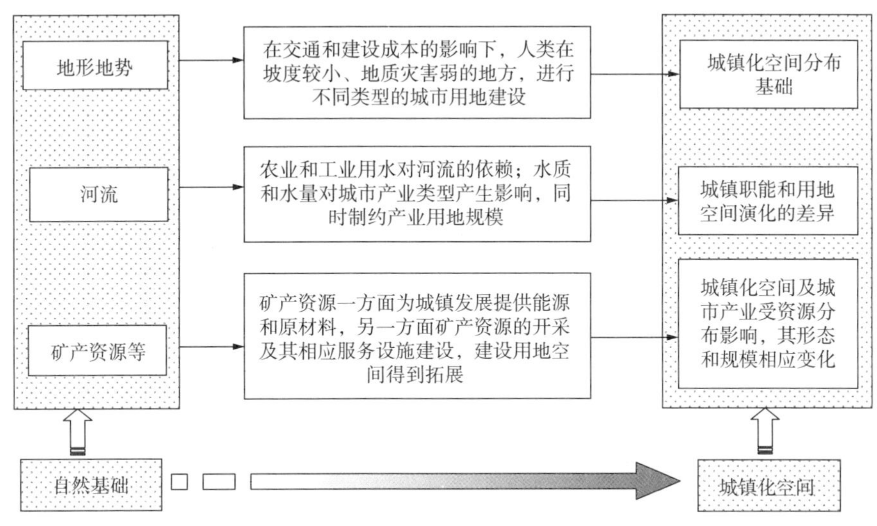

图 5–1–7　城镇化空间格局形成的自然基础

5.1.4.1　海拔高度与人口分布关系

兰西城市群区域属第二阶梯，西宁及海东地区属于第三阶梯，两大阶梯交汇，山地、高原、平川、河谷、盆地等交错分布，地势中间低、两边高，中间兰州、白银等地海拔较低，在 1000 ~ 2000m 之间，两边西宁、海东、临夏、定西等地海拔较高，在 2000 ~ 3000m 之间，西宁和海东地区部分地方海拔达 3000 ~ 5000m（图 5–1–8）。

图 5–1–8　兰西城市群区域海拔高度与城市空间分布的关系（彩图见附图）

由于气候、地形、水资源等的约束，兰西城市群区域大部分城镇及人口集中分布于海拔高度相对较低的河谷地带，其中 1000 ~ 2000m 之间，在 2008 年末，有 255.99 万人分布于 10 个城市中，人口规模占到兰西区域同年的 61.73%。2000 ~ 3000m 之间，分布人口 158.68 万人，集中在 21 个城市中，占本区域总人口的 38.27%（表 5-1-4）。整体上呈现出：①尽管人类在社会发展层面表现出“水往低处流，人向高处走”的规律，但是在选择居住环境和进行各种生产生活活动时却表现出了“人往低处走”和“水往低处流”的方向一致性；②海拔相对低的地方（1000～2000m），城镇分布集中，规模相对较大，而地势相对较高的地方（2000～3000m），城镇空间分布零散，人口规模较小；③兰西城市群区域内西宁及海东地区海拔相对较高，坡度变化较大，城镇空间分布主要受到海拔因素制约，而甘肃省兰州、白银及临夏区海拔相对低，坡度相对平缓，城镇分布主要受沟壑及河流量大小的影响。

兰西区域城市及其规模与海拔关系一览表　　表 5-1-4

海拔高度	分布城市	总个数	2008 年人口规模占区域总人口比重（%）
1000～2000m	景泰县、白银市、靖远县、皋兰县、兰州市、民和县、临夏市、积石山县、和政县、临洮县	10 个	255.99 万人（61.73%）
2000～3000m	大通县、互助县、湟源县、湟中县、西宁市、平安县、乐都县、永登县、化隆县、循化县、临夏县、广河县、定西县、康乐县、永靖县、东乡县、渭源县、陇西县、通渭县、榆中县、会宁县	21 个	158.68 万人（38.27%）
合计	31 个市县城市，非农业人口总数 414.67 万人		414.67 万人（100%）

数据来源：2009 年甘肃省和青海省统计年鉴整理获得。

5.1.4.2　城镇聚落与水系分布关系

水系先于城镇体系而存在，且其变化远比城镇体系缓慢得多，因此，城镇体系的时空结构要受水系时空结构的制约（慢变量控制快变量），其自组织（建设用地方向、规模和性质）发展过程在某种程度上必以水系为发展的模范。根据兰西城市群区域城市及中国省会城市空间分布，可看出水系网络空间及组织过程决定了城镇体系网络空间格局及组织过程（图 5-1-9）。

从世界范围来看，人口密度较高的大城市主要集中在地貌条件和气候条件适宜地区，即中纬度地带。伴随着科学技术进步及通信方式的改变，从 20 世纪 20 年代到 50 年代及 70 年代，表现出从中纬度范围向低纬度范围的移动，但是科技进步及生产力提高并没有也不可能完全改变这种局面。就全国省会城市及直辖市来看，34 个城市中，有 16 个城市位于江河的干流和主要支流附近（表 5-1-5），2007 年末，16 个城市总人口规模为 14065 万人，占 31 个城市（不包括香港、澳门和台北）总人口规模 21769.18 万人的 64.61%，非农业人口规模 6893 万人，占 31 个市县非农业总人口 11026.25 万人的 62.51%。

中国水系及城市空间格局之间的关系　　表 5-1-5

类型	城市	总人口（万人）	非农业人口（万人）
邻江河的干流和主要支流（1）	沈阳市、哈尔滨市、上海市、南京市、南昌市、济南市、郑州市、武汉市、长沙市、广州市、南宁市、重庆市、成都市、西安市、兰州市、西宁市（16）	14065.34	6892.87
远离江河的干流和主要支流（2）	北京市、杭州市、天津市、合肥市、石家庄市、福州市、太原市、海口市、呼和浩特市、贵阳市、长春市、昆明市、银川市、拉萨市、乌鲁木齐市（15）	7703.84	4133.38
（1）/（2）	31（除香港、澳门和台北）	1.83	1.67

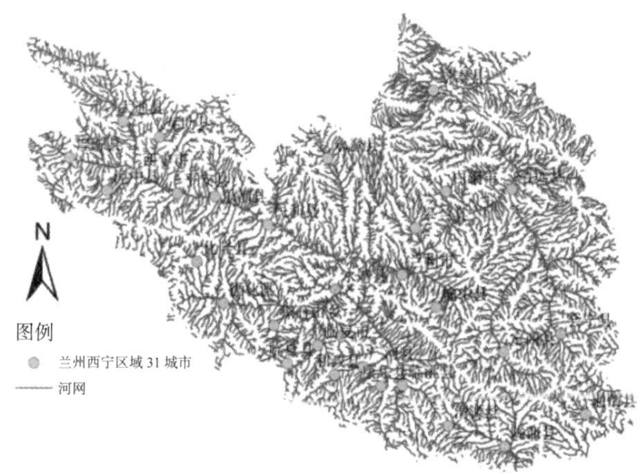

图 5-1-9　中国（兰西城市群）河流网络与城市空间分布关系图

兰西区域位于黄河上游，境内有多条河流流经，是甘肃和青海两省水资源相对富集地区。从兰西区域境内流过的河流均属黄河水系，其中一级支流有湟水河、庄浪河、宛川河、祖厉河和洮河等河流，二级支流有大通河、药水河、云谷川河、南川河、北川河、沙塘川河等河流。

黄河由青海省东部流入甘肃省永靖县，于八盘峡的岔路村流入兰州市，经西固区、安宁区、七里河区、城关区，流经皋兰县南部和榆中县北部至乌余峡出境。黄河兰州段穿行于若干峡谷和川地之间，川地河段的河面较宽，一般为 200 ~ 500m，水深 1.5 ~ 3m；峡谷段河道狭长，一般为 60 ~ 100m，最窄处仅 40m，水深大多在 5m 以上，年径流量 327.79 亿 m^3。

湟水河是一条省和地区界河，发源于青海省海晏县境内，由西向东自托落图进入湟源县境内，再进入湟中县，后进入西宁市，相继又有云谷川河、南川河、北川河和沙塘川河汇入，湟水自甘肃红古区海石湾流入兰州市，至八盘峡的岔路村汇入黄河，全长约 1120km，西南靠青海省民和县与甘肃省永靖县，东北邻该市红古区，年径流量 16.95 亿 m^3。

大通河是汇入湟水的黄河二级支流，由青海省互助县铁沟流入兰州市永登县西南部，经永登县河桥镇流入红古区海石湾汇入湟水，全长130多公里，年径流量24.4亿m^3。药水河为湟水汇入的主要支流，发源于湟源县野牛山和青阴山，由南向北经日月山和平乡在城关汇入湟水。云谷川河为汇入湟水河的黄河二级支流，发源于湟中县境内，在西宁市境内汇入湟水。发源于拉脊山北麓的南川河也是汇入湟水的黄河二级支流，在西宁市境内汇入湟水。北川河发源于大坂山南麓，在西宁市境内汇入湟水。沙塘川河也是汇入湟水的黄河二级支流，发源于互助北山，在西宁市境内汇入湟水河。

庄浪河自甘肃省天祝县的界碑村流入兰州永登县境内，自北向南纵贯全县，由西固区的周家村附近汇入黄河。全长约180km，年径流量1.83亿m^3，枯水期经常断流。宛川河从榆中县东南刘家嘴流入榆中县境内，经榆中盆地南侧至响水子河口处汇入黄河，全长75km。该河年径流量较小，仅有332.8万m^3，高崖水库以下经常无水，只起暴雨泄洪作用。

（1）黄河一线：贵德、尖扎、循化、永靖、临夏。

黄河南支流：化隆。

（2）湟河一线：湟源、西宁、平安、乐都、民和、兰州。

湟水河北支流：大通、互助、永登、皋兰。

湟水河南支流：湟中。

（3）无河流依附：积石山东乡。

可以看出，研究区共有31个市县，其中位于湟水河和黄河上的有11个县，位于次一级河流上的有6个县，无河流依附的有2个县，有河流依附的县占89.47%，可见河流成为了决定该区域居民地分布的重要因素。两河十字交叉处易养育城镇。

兰西城市群区域城市与河网之间的关系　　表5-1-6

序号	城市	主河流	支流	序号	城市	主要河流	支流
1	大通县	北川河	东峡河	9	化隆县	合群水库	
2	湟源县	湟水	药水河	10	永登县	庄浪河	
3	湟中县	南川河		11	景泰县		
4	西宁市	湟水	南川河、北川河	12	白银市		
5	互助县	无名	无名	13	靖远县	黄河	祖厉河
6	平安县	湟水	无名	14	皋兰	无名	
7	乐都县	湟水	无名、已干涸	15	兰州	黄河	湟水、庄浪河
8	民和县	湟水	大通河	16	永靖县	黄河	洮河

续表

序号	城市	主河流	支流	序号	城市	主要河流	支流
17	榆中县			25	和政县		
18	会宁县	祖厉河		26	广河县		
19	定西县	祖厉河		27	循化	黄河	
20	通渭县	通渭河		28	积石山		
21	渭源县	渭源河		29	东乡		
22	陇西县			30	临夏市	夏河	
23	临洮	临洮河		31	临夏县		
24	康乐县						

由表 5-1-6 可以看出，19 个县中有 11 个分布在十字形河流交叉处（有些旁支已经干涸），有 5 个县沿河流或湖泊分布，有 2 个县没有河流依附，其中沿十字形分布的县占 63.15%，说明该区域中河流对养育城镇具有十分重要的作用。此外，在河流十字交叉处，由于是两条河流共同冲刷形成的河谷平原，较单条河流形成的平原面积大，能够承载更多的人口。

5.1.4.3　河流空间结构与城镇体系结构的耦合性

水系先于城镇体系而存在，且其变化远比城镇体系缓慢得多，城镇体系的时空结构要受水系时空结构的制约（慢变量控制快变量）。兰西城市群区域自然环境整体上，水平结构以条带状为主，沿河分布，部分区域呈现盆地状的格局（西宁）和山地、丘陵相间隔的网络格局。这种生态环境格局决定了本区域城市体系以及城市建设和发展的空间形态。那么，区域内城市体系结构与河流空间形态结构有什么关系呢？

首先，根据 1 : 400 万兰西城市群区域行政区划地图，将 DEM 数据投影校正，然后剪切出研究区域。利用 ArcScene 技术，对兰西城市群区域进行三维仿真显示，然后通过 Spatial Analyst Tools → Hydrology 模块，进行 DEM 数据的填洼分析、水流长度、河网提取、河网等级分析，计算河流分维数，具体步骤见图 5-1-10。其中，河流分形计算一般采用网格方法或基于霍顿水系定律进行计算。但是含义不同：网格方法是主要考虑水系中的各个支流在空间的分布情况，反映河网的复杂程度以及河网对整个平面的填充能力。霍顿水系定律计算刻画了在一定尺度下，各级河道数目随相应级别河道的平均长度变化的速率，主要反映河网的拓扑结构特征。[16-18] 本书主要反映兰西城市群区域水系与城市体系复杂程度关系，所以采用格网方法计算分维值。假设粗视化网格边长为 r，用这些网格去覆盖河流片断，其中包含河流片断的网格数目为 $N(r)$，当 r 的大小不断变化时，$N(r)$ 也随着变化，即对应粗视化网格边长的一组 r_1，r_2，…，r_n，得到一组 $N(r_1)$，$N(r_2)$，…，$N(r_n)$，以点（$\ln r$，

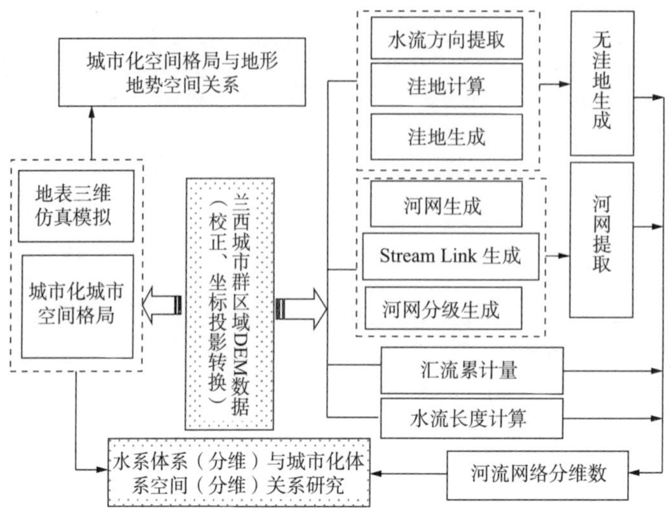

图 5-1-10　河流对城市化空间格局的自然基础研究路线图

lnN（r））为坐标作双对数图，用最小二乘法作线性回归，可以拟合出一条直线：lnN（r）=$A-D_H\ln r$。直线的斜率 D_H 即水系分维数。考虑到分形无标度区间的选择，本节采用了实际距离 1000 ~ 7000m 不等的网格边长来进行网格分析。

采用 GIS 技术，利用 DEM 数据，经过水流方向→填洼→汇流→河网提取后，利用 Arctools → Data Management Tools → Feature Class → Create Fishnet，生成 1000 ~ 7000m 长度不等的网格，然后分别计算出包含河流片断的网格数目为 N（r）。然后求其自然对数，进行拟合，得出分维公式（图 5-1-11）：ln（N（r））=21.5−1.58lnr，其中 R^2=0.99。因此，D_H=1.58，即兰西城市群区域范围内河流体系分形维数是 1.58，小于 1.6，按照何隆化和赵宏对分维值的划分 [16-18]，D_H<1.6 流域地貌处于侵蚀发育阶段的幼年期，说明区域内水系尚未充分发育，河网密度小，地面比较完整，河流深切侵蚀剧烈，河谷呈“V”形。分维值越趋近 1.6，流域地貌越趋于幼年晚期，河流下蚀作用逐渐减弱，旁蚀作用加强，地面分割得越来越破碎。

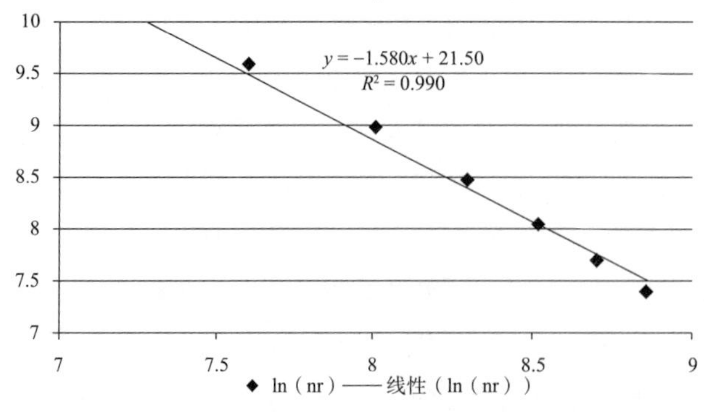

图 5-1-11　格网法计算河流分维方法图

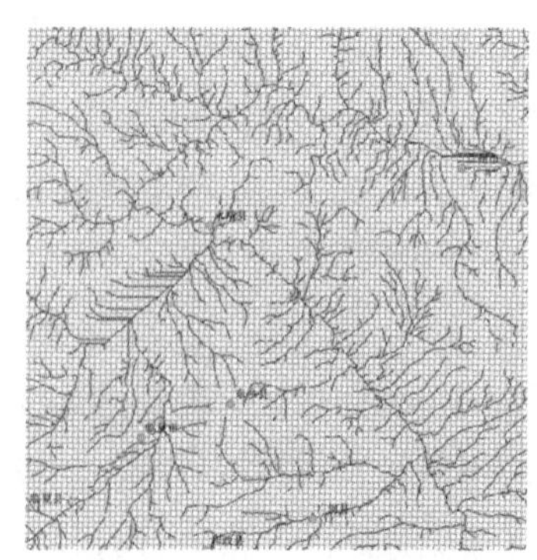

图 5-1-12　格网法计算河流分维方法图

通过城市体系和水系分维数计算，发现：①水系的空间分形决定和制约着城市体系的分形及空间结构。结合前面 3.2.2.1 章节，由兰西城市群区域河流分形维数和城市体系分形维数可以看出，城市体系分形维数（0.799）小于河流分形维数（1.58），且两者相差 0.781，即城市体系和河网发育均处于初级阶段，城市体系发育的不成熟对应于河网发育的不成熟阶段。两维数相差较大，表明兰西城市群区域城市建设和经济生产活动对河网水系变化的影响相对水系自身演化来看较小。因此，兰西城市群区域水系生态环境变化主要与水系自身及其所在区域土壤地质、植被覆盖条件相关。②水系与城镇体系分形及空间结构相关性较强。城市体系与河网体系分形维数公式，表明城市体系空间结构分形与水系分形存在一定的对应关系。由于地形、水系等具有分形性质，城市体系可被看作分形体上的复合分形，其空间结构在一定时空范围内可能发育出多重分形结构，并且当城市体系分形维数小于水系分形维数时有利于城市体系与水系和谐发展，如果城市体系分形维数大于水系分形维数，表明城市的建设及生产活动超过了本区域水系的承载能力，不利于人地关系和谐发展。

兰西城市群区域地势平坦，气候良好，水资源供给在干旱缺水的西北地区相对充裕，在第一阶梯和第二阶梯交错地带，农业自然资源和生态环境相对优越，有利于农耕业的发展和人口聚集。其中农业属于农耕业向农牧业过渡区，反映了人类生产活动对城市发展的影响。另外，从河流水系与城镇体系以及城市建设用地选择方向上看，城镇布局主要沿着河谷，从河谷向河岸山区递减。这些都充分说明了城镇化空间格局对自然条件和自然资源的依赖性，即兰西城市群区域的河流、地形地貌、气候条件等大地环境造就了区域内的城市。

通过以上研究，总结出：兰西城市群区域自然环境结构呈现点状和线状及因地势起伏度和高程形成的水平和垂直结构，奠定了区域内城市体系结构的基础。其中因地貌、气候、水文、土壤、植被等诸多自然地理要素综合作用形成的自然生态的水平结构奠定了城市建设用地空间形态的基础。具体表现为兰西城市群区域由沟底地、沟谷坡地、三级墚峁地、二级墚峁地、一级墚峁地组合成了水平的线状空间结构，这种自然环境结构对于区域经济发展有着决定性影响。

5.2　交通对城镇化与环境空间的推动和拉大

本章第一节一方面根据自然生态质底和环境自身演化规律说明了区域生态环境演化，同时，也定量研究了自然环境对城镇化空间格局的作用。那么，人文因素对生态环境有什么影响呢？特别是在人文要素之间相互作用下城市生态环境又有什么变化？本节从城市网络角度出发，探讨人文因素对城镇化空间与环境空间的作用。

城市与区域之间具有广泛而复杂的联系，包括生产、商业、交通、人流、信息技术等方面。城市对区域发展具有组织、带动作用，这种作用通过交通网络和线状基础设施，形成一定的空间结构，即城市空间结构。城市外部空间结构和内部空间结构通过交通网络把分散于地理空间的相关资源和要素连接起来，产生一定的节约经济、集聚经济和规模经济带动区域发展。

因此，交通是城市经济、社会活动的纽带和动脉，作为城市的物流、人流、经济流重要载体的城市交通基础设施在城市总体规划中的作用特别重要。一个城市的交通状况，直接影响到城市本身的发展速度和城市空间结构。同时，城市进行的生产和生活活动具有环境的益处效应，所以大型交通设施建设也对城市的生态环境产生直接或间接的影响。

5.2.1 交通加速环境空间的变化

兰西城市群区域受地形地貌、气候水文等自然及社会经济开发条件的影响，各类商业设施和工业企业大多沿着道路两侧建设，因此，在等级较高的国道、省道及河流区域，一般城镇布局更多、规模更大，即沿西陇海—兰新、包兰—兰青铁路线和国道 213、212 线交通干线，湟水、黄河干流、大夏河、庄浪河、洮河等河谷方向布局。在这条城镇密集轴上，集聚了 120 多座城镇，占区域镇总数的 80%，城镇密度均在 30 座 / 万 km^2 以上，而区内其他地区城镇密度不到 10 座 / 万 km^2。交通网络在促进城镇发展的同时，也给区域生态环境带来了负面影响，即与交通（公路、铁路、高速路）相关的人为活动向环境排放某种物质或能量，造成交通网络对生态环境的污染 [134]，包括交通对自然生态环境、经济生态环境、社会生态环境的影响。[135] 其影响过程是一个动态系统，该动态系统处于无序的、非线性的、非平衡和随机的状态之中。因此，很多学者从交通环境学、生态环境经济学、城市环境科学等角度研究交通（公路、铁路、高速路）网络对环境的影响。

微观上交通对环境的影响集中在城市内部交通对人居环境的影响方面，主要包括：交通噪声预测与控制、交通空气污染预测与防治、交通振动环境影响防治，集中在物理扩散与数学模型等研究上，这些研究表现为交通对城市内部人居生态环境的影响，内容有：①交通车辆尾气中的 CO、NO_2 等有害气体对大气环境的污染——城市大气污染的主要来源；②交通噪声污染——城市生活中受到声污染的最大噪声源；③废水及废弃物污染，指交通沿线服务设施的固体废物、生活污水、洗车废水等地表水污染。

宏观上指交通对区域自然生态环境的影响，即交通相关的人类活动改变了自然资源的原有性质与用途。表现为交通设施建设对资源的破坏，对自然生态景观格局的改变，包括：交通枢纽站的建立对耕地等土地类型的占用及其土壤侵蚀；植被破坏与水土流失；改变了自然景观斑块比例结构，加大了景观指数的碎裂度及分纬数；隔挡（分离）了动植物群落的生态廊道（青藏铁路建设）。因此，交通对环境的影响机制主要表现在城市内部交通和城市外部交通两个方面（图 5-2-1），本节主要从宏观角度分析城镇化外部交通对区域自然生态景观格局及其土地利用的变化的影响。

兰西城市群区域城市空间“点—轴”结构明显，交通网络是城市及区域的金融、物质、信息流通的载体，伴随着交通技术的日益变革，城市之间的国道、铁路、高速路快速建设进一步强化区域内各种生产生活要素向主要节点、产业轴、产业带集聚，强化了兰西城市群区域内经济的联系与分工。另一方面，通过“点—轴”辐射和聚集生产、生活等建设用地，延伸、

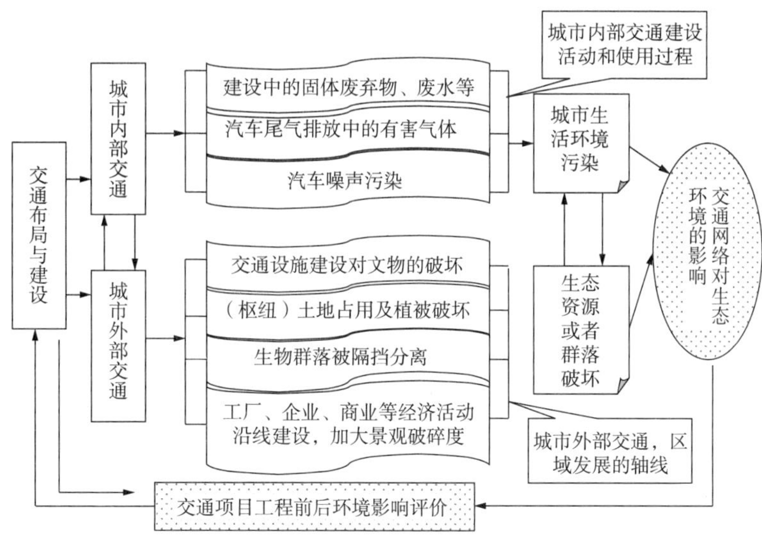

图 5-2-1　交通网络对生态环境的影响

拓展、改变了土地的利用类型和景观格局。研究以大尺度、宏观角度分析城市外部交通对区域自然生态环境的影响，借助景观格局指数、土地利用变化的方法定量分析陇海线兰西城市群段对周围生态环境的效应过程。

5.2.1.1　研究方法

借助 RS、GIS 技术及 Fragstats3.3 技术，通过 Append，Overlay 命令，分别建立兰西铁路沿线土地利用变化图，通过属性查询，建立土地利用转移矩阵。然后，选取铁路图层，按照 5km、10km、15km、20km 分别建立缓冲带（图 5-2-2），每条缓冲带间隔 5km，分别计算兰西铁路沿线的景观格局特征、土地利用综合指数、综合土地利用动态度和各类土地利用动态度。

研究以西陇海线兰州—西宁段沿线为例，借助 RS、GIS 技术及 Fragstats3.3 软件平台，分析交通建设要素对城市区域的生态环境影响。

交通对区域生态景观影响程度测量指标体系　　表 5-2-1

景观指数类型	缩写	描述
Percentage of Landscape	PLAND（缀块指数）	某一类型缀块所占的百分比，单位%
Largest Patch Index	LPI（最大缀块指数）	最大缀块指数，取值范围 0<LPI ≤ 100，LPI 定量描述了最大缀块所占的面积比例，是测量优势度的指标，单位%
Landscape Shape Index	LSI（景观形状指数化）	景观形状指数，景观中所有缀块边界的总长度，除以景观面积的平方根，再乘以正方形校正常数 0.25。LSI ≥ 1，无上限，随着缀块分散程度的增加，LSI 的值增大
Mean Shape Index	SHAPE-MN（平均形状指数）	平均形状指数，可以直接表征形状的复杂度

续表

景观指数类型	缩写	描述
Mean Fractal Dimension Index	FRAC-MN（平均缀块分维数）	平均缀块分维数，1 ≤ FRAC ≤ 2，描述景观缀块的形状指数，值越大，形状越不规则
Mean Contiguity Index	CONTIG-MN（平均聚集度指数）	平均聚集度指数，反映景观中不同缀块类型的非随机性或聚集程度
Patch Cohesion Index	COHESION（缀块凝聚力指数）	衡量相互联系缀块的集聚程度的指标，指标越大说明缀块被分割程度越大，集聚力变小，0 ≤ COHESION <100
The landscape division index	DIVISION（景观分隔度指数）	0 ≤ DIVISION <1，描述景观缀块被分隔程度的指数
Splitting Index	SPLIT（缀块分割指数）	1 ≤ SPLIT < 研究区面积的平方，当景观是一个整体斑块时，SPLIT = 1
Aggregation Index	AI（聚集指数）	衡量不同斑块两两联系程度，指标越大，说明两两紧密程度越高，0 ≤ AI ≤ 100

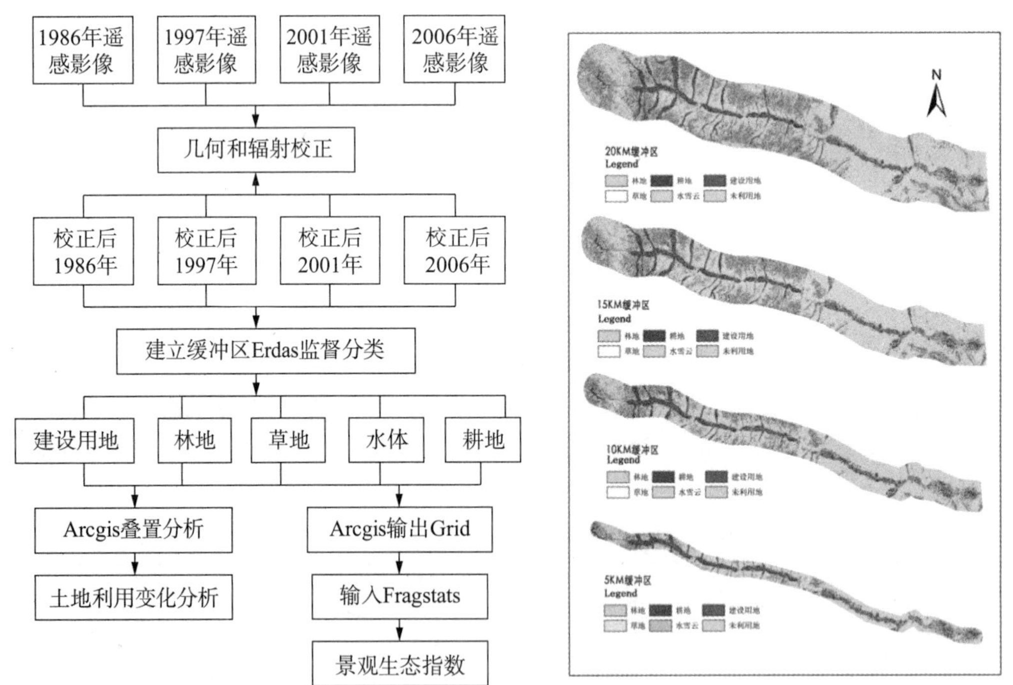

图 5-2-2　交通对区域生态环境影响分析技术路线

5.2.1.2　交通影响土地利用类型的转化

兰西城市群区域内兰州、西宁、白银和定西属于交通枢纽或者交通要道经过之地，在交通沿线经济作用影响下，随着距离交通干线远近的不同，土地使用类型转化程度和方向不同。如表 5-2-2 所示，1985 ~ 2006 年，陇海铁路兰西城市群段在 5km、10km、15km、20km 范围内，土地利用变化较快的主要集中在草地、水域、建设用地三种类型中，且交通对土地利用类型转化程度的影响并不随着垂直铁路方向“距离递增（递减）法则”来增大或者减小，而是在特定范围内影响较大，在其他距离范围内相对较弱。草地、水域、建设用地三个变化指数，在各缓冲区中变化指数属于较高类型，其中水域用地类型沿着垂直铁路线方向变化率增大，呈现减小趋势。① 1985 年陇海线兰西城市群段在 5km 范围内，变化最快的是草地和建设用地，2006 年比 1985 年增加建设用地 75.63km^2，用地变化率为 3.01；草地，2006 年比 1985 年减少了 109.76km^2，用地变化率指数为 3.16。用地减少较多的是耕地，20 年间耕地减少了 62.47km^2。② 10km 缓冲区范围内，草地、耕地以及水域三种用地类型一致在减少，其中水域用地变化率指数加大，耕地变化率同期比 5km 略有降低，说明耕地受经济活动因素转化为建设用地或者其他用地的影响程度降低。③不同用地类型变化率指数最大值出现在不同的缓冲区范围内。其中林地变化率指数最小值出现在 10km 范围内；草地变化率指数最大值出现在 5km 范围内；水体则在 15 ~ 20km 范围内影响较大；而建设用地表现出在 5km 以及 20km 范围内影响较大。表明交通对土地利用类型变化的影响程度并不是随着垂直铁路“距离递减法则”或者“距离递加法则”在变化，而是在特定范围内影响较大。

陇海线兰西段不同缓冲区用地情况变化一览表　　　　表 5-2-2

类型		林地	草地	耕地	水域	建设用地	未建设用地
5km	1985 年	183.47	173.76	467.61	95.94	125.80	1541.37
	2006 年	218.82	64.00	405.14	40.46	201.43	1656.73
	转换面积（km^2）	35.35	109.76	62.47	55.48	75.63	115.36
	变动部分所占该类型比重（%）	19.27	63.17	13.36	57.83	60.12	7.48
	变化率指数	0.96	3.16	0.67	2.89	3.01	0.37
10km	1985 年	451.90	397.29	643.21	141.83	157.71	3447.40
	2006 年	528.12	154.43	573.52	43.86	252.38	3698.36
	转换面积（km^2）	76.22	242.86	69.69	97.97	94.67	250.96
	变动部分所占该类型比重 %	16.87	61.13	10.83	69.08	60.03	7.28
	变化率指数	0.84	3.06	0.54	3.45	3.00	0.36
15km	1985 年	879.48	739.59	866.47	207.62	186.89	5058.74
	2006 年	1057.59	294.62	777.41	48.36	304.77	5485.58
	转换面积（km^2）	178.11	444.97	89.06	159.26	117.88	426.84

续表

类型		林地	草地	耕地	水域	建设用地	未建设用地
15km	变动部分所占该类型比重（%）	20.25	60.16	10.28	76.71	63.07	8.44
	变化率指数	1.01	3.01	0.51	3.84	3.15	0.42
20km	1985 年	1523.48	1202.11	1131.29	243.54	208.01	6377.88
	2006 年	1893.20	453.06	1011.23	56.30	351.06	6978.76
	转换面积（km^2）	369.72	749.05	120.06	187.24	143.05	600.88
	变动部分所占该类型比重（%）	24.27	62.31	10.61	76.88	68.77	9.42
	变化率指数	1.21	3.12	0.53	3.84	3.44	0.47

5.2.1.3 交通干线沿线加大了景观破碎程度

交通干线一方面提高了城市与城市、城市与区域之间的连通程度，另一方面将有限的河谷沟壑区用地分割成条带状，特别是坡度较大的建设用地和生态环境脆弱的荒草地。同时，在交通相对落后、地形地势变化较大的地区，人类生产和生活活动更容易沿着交通线路集聚和布局。因此，交通对一定范围的用地类型变化产生影响，并且在不同缓冲区用地类型变化幅度不同，那么，这种变化在生态景观上是如何响应的呢？利用 2006 年 TM 数据，借助景观格局指数，利用 Fragstats3.3 分别对陇海铁路沿线兰西城市群段的 5km、10km、15km、20km 进行最大缀块指数、平均缀块形状指数、景观分割度指数、缀块分割指数、聚集指数等 10 个指标的计算。结果如表 5-2-3 所示。

1）不同类型用地受交通干线分割程度不同

如表 5-2-3 所示 5 ~ 20km 不同缓冲区景观指数变化，可以看出交通干线在 5km 范围内对建设用地的分割程度最大，在 10 ~ 20km 之间对林地影响程度最大。5km 范围内景观形状指数（LSI）：建设用地为 135.45，林地为 125.71，耕地为 103.28，草地为 93.81，未利用地为 102.29，水体为 53.3。在黄土沟壑区，工业用地和居住用地等建设用地往往沿着交通干线线布局，但区域内的交通用地因沟壑川道地形条件的制约，将现有的不同建设用地切割开来，增大了建设用地的破碎程度，减小了建设用地的最大斑块景观指数。林地随着与垂直交通干线距离的增大，破碎程度增大（图 5-2-3）。在 5 ~ 20km 范围内，20km 处林地破碎程度最大，一方面表现出交通干线促进人类活动的便利性，扩大人类活动的范围，加大林地变化的速度和规模，另一方面也说明在地形条件复杂、干旱缺水区域，因为河谷川道不仅仅是建设用地集中区也是水资源富集区，因此林地相对集中布局，而川道外围水资源相对稀缺地区，林地布局相对稀疏。

不同缓冲区生态景观格局指数一览表

表 5-2-3

类型		PLAND（缀块指数）	LPI（最大缀块指数）	LSI（景观形状指数化）越大分割越厉害	SHAPE_MN（平均形状指数）复杂程度	FRAC_MN（平均缀块分维数）值越大越不规则	CONTIG_MN（平均聚集度指数）	COHESION（缀块凝聚力指数）越大越被分割	DIVISION（景观分隔度指数）	SPLIT（缀块分割指数）	AI（聚集指数）
5km	林地	8.46	4.64	125.71	1.26	1.05	0.23	99.13	1.00	464.72	78.88
	草地	2.47	0.08	93.81	1.26	1.05	0.27	89.60	1.00	465124.43	70.90
	耕地	15.66	3.20	103.28	1.29	1.05	0.32	98.74	1.00	739.57	87.28
	水域	1.56	1.01	53.30	1.24	1.04	0.18	98.72	1.00	9755.94	79.36
	建设用地	7.79	1.76	135.48	1.29	1.05	0.34	97.76	1.00	2957.96	76.26
	未利用地	64.05	37.61	102.39	1.25	1.04	0.21	99.90	0.85	6.82	93.77
10km	林地	10.06	4.63	208.68	1.27	1.05	0.23	99.15	1.00	465.37	77.38
	草地	2.94	0.05	149.49	1.26	1.05	0.26	91.21	1.00	545801.81	70.04
	耕地	10.92	2.28	128.38	1.26	1.05	0.32	98.71	1.00	1600.97	86.69
	水域	0.84	0.53	55.93	1.23	1.04	0.18	98.69	1.00	35446.60	79.18
	建设用地	4.81	0.95	160.66	1.25	1.05	0.37	97.46	1.00	10213.31	74.83
	未利用地	70.44	42.00	124.03	1.24	1.04	0.21	99.93	0.81	5.35	94.94

续表

类型		PLAND（缀块指数）	LPI（最大缀块指数）	LSI（景观形状指数化）越大分割越厉害	SHAPE_MN（平均形状指数）复杂程度	FRAC_MN（平均缀块分维数）值越大越不规则	CONTIG_MN（平均聚集度指数）	COHESION（缀块凝聚力指数）越大越被分割	DIVISION（景观分隔度指数）	SPLIT（缀块分割指数）	AI（聚集指数）
15km	林地	13.27	4.93	276.06	1.27	1.05	0.23	99.31	1.00	397.88	78.84
	草地	3.70	0.15	205.16	1.26	1.05	0.26	92.96	1.00	257253.15	70.20
	耕地	9.76	2.06	155.84	1.25	1.05	0.33	98.75	1.00	2034.89	86.10
	水域	0.61	0.37	58.68	1.22	1.04	0.18	98.65	1.00	74126.74	79.16
	建设用地	3.82	0.63	182.43	1.24	1.05	0.38	97.03	1.00	23008.60	73.97
	未利用地	68.84	51.52	159.60	1.25	1.05	0.22	99.95	0.73	3.72	94.64
20km	林地	17.62	5.19	317.32	1.27	1.05	0.23	99.52	1.00	309.53	81.81
	草地	4.22	0.11	260.57	1.26	1.05	0.25	93.36	1.00	259683.15	69.47
	耕地	9.41	1.86	185.91	1.25	1.05	0.35	98.78	1.00	2418.20	85.45
	水域	0.52	0.29	63.58	1.23	1.04	0.19	98.56	1.00	118574.61	79.06
	建设用地	3.27	0.47	203.06	1.22	1.04	0.38	96.57	1.00	41761.85	73.00
	未利用地	64.96	48.34	194.96	1.25	1.05	0.23	99.95	0.76	4.22	94.19

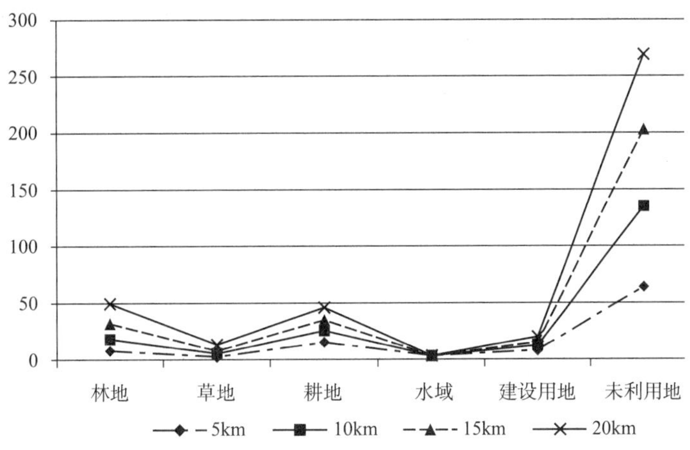

图 5-2-3　景观缀块指数（PIAND）随着距离交通线远近的变化

2）随交通线远近，不同类型用地变化不同

建设用地、耕地和水体景观缀块指数（PIAND）随着与交通干线距离的增大而减少，林地和草地 PIAND 随着与交通干线的距离增大而增大。由图 5-2-3 和表 5-2-3 可明显看出，建设用地、耕地和水体用地在交通干线 5km 范围内景观缀块指数最大，分别是 7.79、15.66 和 1.56，三者在 20km 处分别减小到 3.27、9.41 和 0.52。林地和草地，随着距离的增大，用地面积比重增大，在交通干线 5km 范围内，两者景观指数分别为 8.46 和 2.47，距离交通干线越远，两者指数越大，在 20km 处，两者指数达到 17.62 和 4.22，说明建设用地、耕地和水体集中在交通沿线 5km 范围内，而草地和林地主要分布在交通干线 5km 范围外。

3）交通对用地规则、复杂程度无明显影响

通过表 5-2-3 发现，不同类型的用地景观形状规则性和复杂程度受到交通干线的影响较小，从 5 ~ 10km 范围的平均形状指数（SHAPE_MN）和平均缀块的分维指数（CONTIG_MN）变化来看，建设用地、耕地、林地和草地等变化很小或者没有什么变化，表明沟壑干旱区内，地表景观单一，生态环境系统复杂性较低。从生态学来看，生态环境系统越复杂，系统稳定性越强，承载能力也越大。兰西城市群区域不同用地类型景观复杂程度低是该区域范围内生态环境脆弱的主要原因。

5.2.1.4　交通对建设用地利用强度影响较大

交通不但改变了土地利用类型，而且影响了不同土地类型利用强度的变化。根据 1985 ~ 2006 年兰西城市群区域陇海铁路沿线 5 ~ 20km 范围内，土地利用强度的变化可以看出，交通对土地利用强度的影响主要表现在建设用地上，而对林地、草地和未建设用地等利用强度影响较小。通过表 5-2-4 发现，兰西城市群区域陇海铁路沿线 20km 范围内，草地、耕地和水体利用强度在降低和弱化，利用强度变化率小于零，而林地和建设用地等利用变化率为大于零，说明林地和建设用地处于发展时期，而水体、草地和耕地处于调整期或衰退期。

交通对建设用地的利用强度影响主要集中在5km范围内。通过表5-2-4发现，1985～2006年间建设用地利用强度变化率在5km、10km、15km、20km缓冲区范围内分别为0.12、0.07、0.06和0.05，在5km缓冲区内建设用地利用强度变化率最大，随着缓冲距离增大，交通对建设用地利用强度的影响越来越弱。

交通对土地利用强度影响一览表　　表5-2-4

年份		类型	林地	草地	耕地	水雪云	建设用地	未建设用地	汇总
		分级指数	2	2	3	2	4	1	
5km	1985	面积	183.47	173.76	467.61	95.94	125.80	1541.37	2587.95
		利用强度	0.14	0.13	0.54	0.07	0.19	0.60	1.682
	2006	面积	218.82	64.00	405.14	40.46	201.43	1656.73	2586.58
		利用强度	0.17	0.05	0.47	0.03	0.31	0.64	1.672
	2006～1985	强度变化	0.03	−0.08	−0.07	−0.04	0.12	0.04	0.010
10km	1985	面积	451.90	397.29	643.21	141.83	157.71	3447.40	5239.34
		利用强度	0.17	0.15	0.37	0.05	0.12	0.66	1.525
	2006	面积	528.12	154.43	573.52	43.86	252.38	3698.36	5250.67
		利用强度	0.20	0.06	0.33	0.02	0.19	0.70	1.501
	2006～1985	利用强度变化	0.03	−0.09	−0.04	−0.04	0.07	0.05	0.024
15km	1985	面积	879.48	739.59	866.47	207.62	186.89	5058.74	7938.79
		利用强度	0.22	0.19	0.33	0.05	0.09	0.64	1.519
	2006	面积	1057.59	294.62	777.41	48.36	304.77	5485.58	7968.33
		利用强度	0.27	0.07	0.29	0.01	0.15	0.69	1.486
	2006～1985	利用强度变化	0.04	−0.11	−0.03	−0.04	0.06	0.05	0.033
20km	1985	面积	1523.48	1202.11	1131.29	243.54	208.01	6377.88	10686.31
		利用强度	0.29	0.22	0.32	0.05	0.08	0.60	1.548
	2006	面积	1893.20	453.06	1011.23	56.30	351.06	6978.76	10743.61
		利用强度	0.35	0.08	0.28	0.01	0.13	0.65	1.510
	2006～1985	利用强度变化	0.07	−0.14	−0.04	−0.04	0.05	0.05	0.038

5.2.2　交通联系度促进城镇空间格局形成

交通技术的发展在城市空间形态的演变中起着重要的不可替代的作用，其交通工具及运输方式的变革历来是新技术革命的起源地和落脚点，任一时期交通的发达程度都是当时科学技术发展水平的最直接体现。城市交通技术的每一次创新都对城市空间结构的演化起着不可替代的作用。具体体现在以下几个方面：第一，交通运输速度的提高，交通时间成本的下降，使交通成本对城市发展的约束降低。这样，城市在更大的时空范围内得到发展，城市边界向外扩展。第二，交通的改善，使得区位单位之间的联系成本大为降低，厂商和居民靠近市中心所获得的聚集效应下降，对市中心的依赖性降低。交通通信技术的不断改善，对城市的分散存在着潜在的影响。第三，局部范围内交通条件的改善，尤其是主要交通干道的建设，使城市内部原有的相对区位均衡优势被破坏，在城市整体聚集效应增大的情况下，对城市空间结构带来两种影响：一是某市土地价格上涨，导致原有的同心圆式的空间结构被打破，城市空间结构由单中心向多中心演变。二是由于交通条件的改善，扩展到一定距离时，沿线聚集效应随地价上涨而消失，城市的扩展便转向主要交通线以外的低地价方向，这时即会出现横向或内向扩展。第三，运输成本的急剧下降，使各行各业都可以摆脱交通因素的限制，消费者不论距离商业中心多远，都可以较方便地获得货物和服务。结果，廉价运输总是提高商业中心的等级，使商业中心结构呈现个数少、规模大、相距遥远的特点。

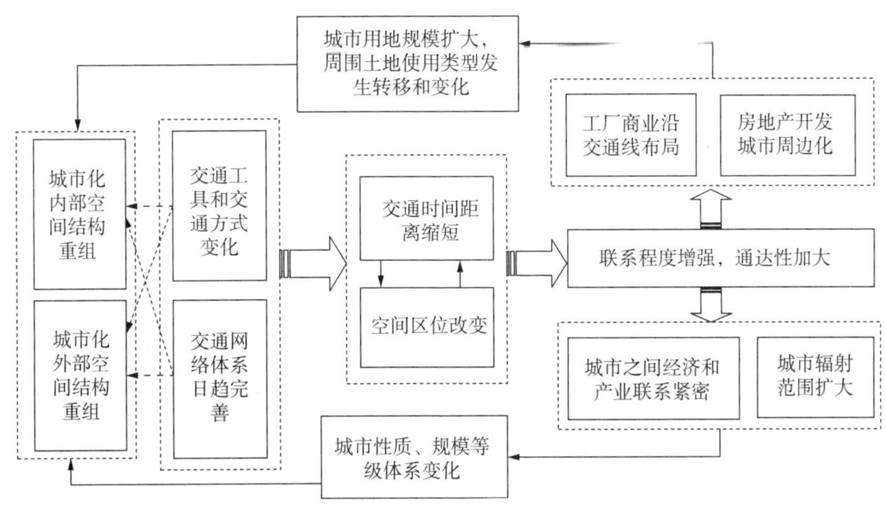

图 5-2-4　交通对城市化空间结构的影响

5.2.2.1　兰西城市群交通网络特点

兰西城市群区域内道路交通网络的特点：①主要高速路和公路干线多与现有的铁路干线相平行，以兰州和西宁为中心，向四方辐射。沿兰西城市群方向京藏高速和青兰高速与西陇海线相平行，往北有兰银（川）公路和兰白高速与包兰铁路平行。②在空间上呈现出树枝状，即各条道路交通交汇在河湟谷地，使得位于河湟谷地的城镇与外界联系程度加大，信息流和物质流比较频繁，城镇密度和规模相对较大。河湟地区古代城镇的分布、数量与交通道路之间的关系表现为：交通道路网络密度与城镇的数量呈正比。[41]从唐时的“丝绸之路南道”，到“陇西道”以及后来的陇海、兰新、兰青、包兰和青藏铁路相继穿越兰西城市群区域，特别是高速公路建设，大大提高了兰西城市群区域城市之间联系程度和交通通达程度，导致了城市沿着交通线路布局的格局，即：兰州、西宁、白银等城市沿着包兰—兰青铁路呈现东北—西南向的带状分布；兰州、定西、永登等沿着陇海—兰新铁路呈东南—西北方向带状分布；临夏市和临洮等沿着公路干线和高速公路分布。

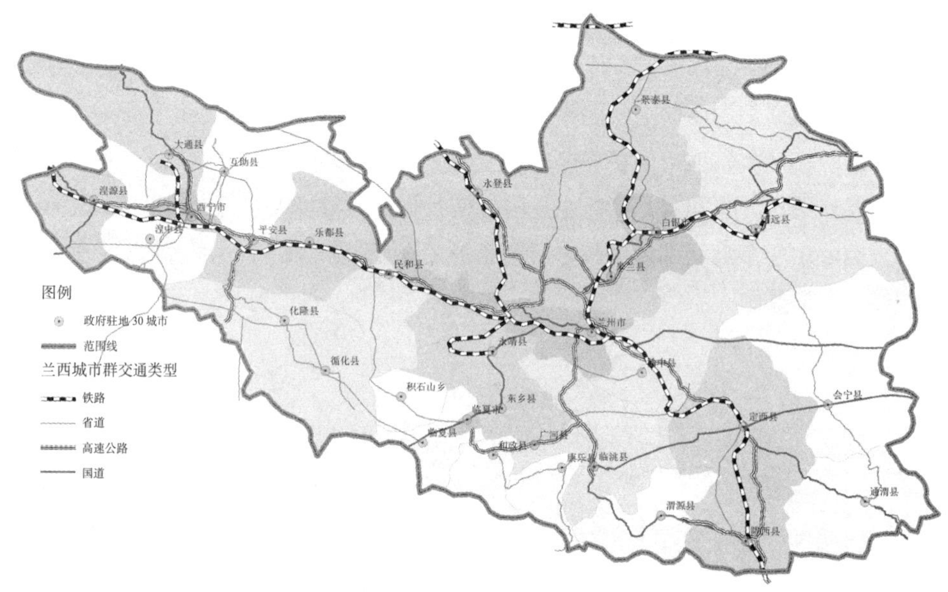

图 5-2-5　交通网络现状

5.2.2.2　基于交通可达性的城镇群结构

交通可达性指利用交通系统从某一给定区位到达活动地点的便利程度，反映两地间相互作用机会的潜能和克服空间分割的愿望和能力。Hansen 首次提出了 Accessibility 的概念，将其定义为交通网络中各节点相互作用的机会的大小，并利用重力方法研究了可达性与城市土地利用之间的关系。国内外学者对可达性及其利用在以下三个方面进行了研究，具体包括：①可达性研究，包括可达性评价、可达性的空间格局及其演化，实质是交通网络自身的特征、结构、等级、演化及交通网络演化机制等方面的研究；②可达性对城市职住空间分离、公共服务设施（消防、医院、商场）布局、土地利用等城市内部的生产和生活的影响，反映城市内部交通网络的效率以及交通网络对城市内部空间结构的影响；③可达性与区域经济的联系和发展，城市间相互关系、空间重构等方面的作用和影响，反映出城市间交通网络是产业、经济、人口等流动的载体，也反映出交通网络与城市网络之间的内在联系和作用机制。针对兰西城市群内两两城市之间可达时间，研究先通过 ArcGIS 对国家高速公路网布局方案，在 1∶400 万的中国行政区图中进行 ArcGIS 配准，提取兰西城市群范围内的公路、铁路、高速公路，借助 ArcGIS 的 Calculate Geometry 和 Field Calculator 分别计算出不同城市间的交通距离和交通时间。其中行车速度参照《公路工程技术标准》（JTG B01–2003）的规定和国家铁路相关文件，每小时：公路 80km，铁路 100km，高速公路 110km。最后利用 ArcGIS 的 Network Analyst 分析，计算出两两城市之间的统计表。通过两两城市间时间矩阵来看，具有以下特点：

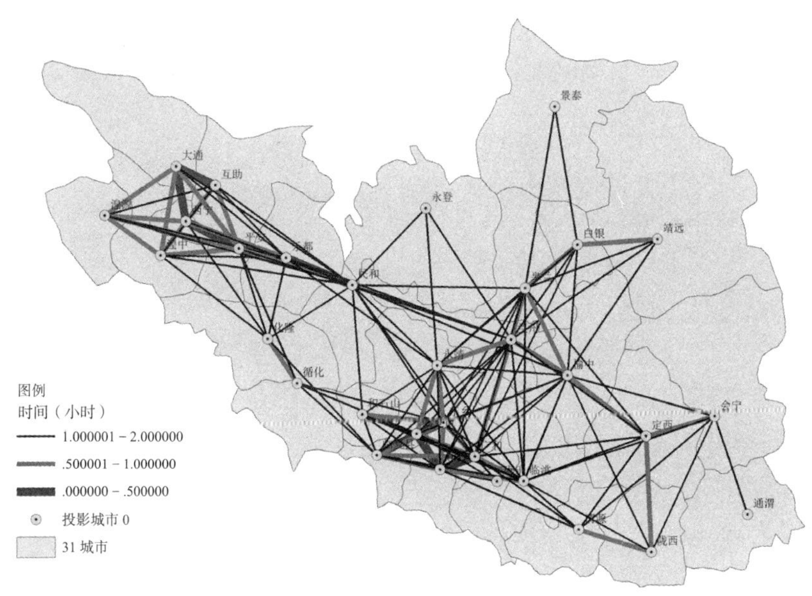

图 5–2–6　兰西城市群交通可达性

1）基于交通可达性的兰西城市群空间结构

根据两两城市间的通达性和城市间联系紧密程度（交通时间在一小时以内），形成以下城镇群：①西宁都市圈城镇群包括西宁市、大通、湟源、湟中、平安、乐都、民和、互助。②化隆—循化城镇群包括化隆县、循化县，重点发展化隆县的扎巴镇、巴燕镇、群科镇，循化县的街子镇、白庄镇。③兰州都市圈城镇群包括兰州、永靖、榆中、皋兰、白银、靖远。④临夏—广和城镇群包括积石山、临夏县、和政、临夏市、东乡、广和、康乐、临洮。⑤定西—陇西城镇群包括定西、会宁、陇西、通渭。

2）西宁都市圈城镇群联系度高于兰州都市圈城镇群

西宁市区与周边城市间可达性程度较高，在半个小时之内，其中西宁—大通 0.46 小时，西宁—平安0.36小时，西宁—湟中0.50小时，大大促进了西宁与周边城市之间旅游、科技贸易、信息技术等现代服务业的发展和联系，提高了西宁城市的外向服务功能。兰州市与周边城市联系度相对低，重要城市间时间距离相对较远，其中兰州—白银之间是1.03小时，兰州—永靖之间是0.74小时，兰州—皋兰之间是0.62小时，兰州—榆中之间是0.57小时。兰州都市圈城市间联系紧密程度明显小于西宁都市圈城市间联系度。

兰西城市群内城市间相互作用关系网络是城市内部不同企事业单位和企业主体之间关系以及与其他相关产业之间联系形成的网络，事业单位和企业主体是城市网络参与的主体，由不同城市间企事业单位业务联系、技术合作、商品流通等关系，将各城市有机连接在一起。伴随着交通技术的创新，企业的规模扩展和扩散，园区和开发区的建设，城镇群空间联系和空间网络发生系列变化。

5.2.2.3　兰西城市群提高交通可达性的措施

为提高兰西城市群内城市间交通联系紧密程度，在交通基础设施上需要采取以下措施：

1）公路

尽快完善兰州一小时经济圈和西宁一小时经济圈的交通网络建设。以兰州为中心的放射状高速公路格局已基本形成，实现了兰州外围的榆中县、永登县、定西市安定区、皋兰县、白银市白银区、临夏市、临洮县、广河县、和政县与兰州的一小时的便捷通达性。加快建成兰州至永登、永靖、东乡、康乐、临夏等县的快速通道。改善、提升现有国道309、312、109，省道201、207、309、311等重要交通干线。加快以西宁为中心的一小时经济圈快速通道建设。平安、乐都、湟源、大通、民和五个县之间的G109、G227、G315等国道与青藏铁路、京藏高速公路共同构成西宁市交通网路体系。

2）铁路

按照《中长期铁路规划》加快形成西部铁路网骨架，完善中东部铁路网结构，提高对区域经济发展的适应能力，新建乌鲁木齐—哈密—兰州、库尔勒—格尔木、龙岗—敦煌—格尔木，形成新疆至甘肃、青海、西藏的便捷通道。“四横”客运专线之一的徐州—郑州—兰州专线，可连接西北和华东地区。新建兰州—重庆、哈达铺—成都线（即兰州至成都线），建设张掖—西宁—成都、格尔木—成都线，形成西北至西南新通道。

5.3　经济对城镇化空间格局和环境演化的双重作用

5.3.1　城市经济发展速度影响生态环境演化的速度和强度

城市经济与城市生态环境之间是相互制约和胁迫、促进和推动的关系，如何使两者之间相互协作、相互配合、相互促进，形成良性循环的发展态势和关系，成为很多学者研究和关注城市发展的主要问题之一。很多研究表明，中国处于环境污染与经济增长相矛盾的阶段，产业结构调整和技术进步等控制参数对环境库兹涅茨曲线起着重要的作用。[136] 另外，从城

表 5-2-5

兰西城市群城市间两两交通时间矩阵

城市	湟源	西宁	平安	大通	湟中	乐都	互助	民和	化隆	循化	兰州	永靖	永登	积石山	榆中	皋兰	东乡	广和	临夏市	临洮	白银	和政	临夏县	定西	靖远	渭源	会宁	康乐	陇西	景泰	通渭
湟源	0.00	0.53	0.88	0.91	0.92	1.17	1.19	1.63	2.04	2.74	2.87	2.98	3.19	3.21	3.39	3.50	3.51	3.62	3.77	3.82	3.91	3.91	4.00	4.35	4.57	4.76	4.99	5.00	5.24	5.28	6.65
西宁	0.53	0.00	0.36	0.46	0.50	0.64	0.73	1.10	1.54	2.24	2.35	2.45	2.67	2.68	2.86	2.97	2.99	3.10	3.24	3.29	3.38	3.38	3.50	3.83	4.04	4.23	4.46	4.47	4.71	4.75	6.13
平安	0.88	0.36	0.00	0.82	0.86	0.28	0.82	0.74	1.18	1.88	1.99	2.10	2.31	2.32	2.50	2.61	2.63	2.74	2.89	2.94	3.03	3.03	3.14	3.47	3.68	3.88	4.11	4.11	4.36	4.40	5.77
大通	0.91	0.46	0.82	0.00	0.94	1.10	0.50	1.56	2.00	2.70	2.81	2.91	3.13	3.14	3.32	3.43	3.45	3.56	3.70	3.75	3.84	3.84	3.96	4.29	4.50	4.69	4.92	4.93	5.17	5.21	6.59
湟中	0.92	0.50	0.86	0.94	0.00	1.14	1.22	1.60	1.75	2.45	2.85	2.95	3.17	3.18	3.36	3.47	3.49	3.60	3.75	3.79	3.88	3.88	3.71	4.33	4.54	4.73	4.96	4.97	5.21	5.25	6.63
乐都	1.17	0.64	0.28	1.10	1.14	0.00	1.10	0.46	1.43	2.13	1.71	1.81	2.03	2.04	2.22	2.33	2.35	2.46	2.60	2.65	2.74	2.74	3.00	3.19	3.40	3.59	3.82	3.83	4.07	4.11	5.48
互助	1.19	0.73	0.82	0.50	1.22	1.10	0.00	1.56	2.00	2.70	2.81	2.91	3.13	3.14	3.32	3.43	3.45	3.56	3.70	3.75	3.84	3.84	3.96	4.29	4.50	4.69	4.92	4.93	5.17	5.21	6.59
民和	1.63	1.10	0.74	1.56	1.60	0.46	1.56	0.00	1.89	2.59	1.25	1.35	1.57	1.73	1.76	1.87	1.89	1.89	2.00	2.14	2.19	2.28	2.54	2.73	2.94	3.13	3.36	3.37	3.61	3.65	5.02
化隆	2.04	1.54	1.18	2.00	1.75	1.43	2.00	1.89	0.00	0.70	3.14	3.14	3.46	3.00	3.65	3.76	2.61	2.90	2.35	3.61	4.17	2.77	1.96	4.62	4.83	4.55	5.26	3.86	5.06	5.54	6.92
循化	2.74	2.24	1.88	2.70	2.45	2.13	2.70	2.59	0.70	0.00	3.08	2.44	4.08	2.29	3.60	3.71	1.91	2.20	1.65	2.91	4.12	2.07	1.26	3.95	4.78	3.85	4.58	3.16	4.36	5.49	6.25
兰州	2.87	2.35	1.99	2.81	2.85	1.71	2.81	1.25	3.14	3.08	0.00	0.74	1.53	2.14	0.57	0.62	1.28	0.88	1.43	1.08	1.03	1.17	1.83	1.53	1.69	2.02	2.17	2.25	2.42	2.40	3.83
永靖	2.98	2.45	2.10	2.91	2.95	1.81	2.91	1.35	3.14	2.44	0.74	0.00	1.64	1.50	1.26	1.36	0.54	1.25	0.79	1.69	1.78	1.12	1.19	2.22	2.44	2.63	2.86	2.21	3.11	3.15	4.52
永登	3.19	2.67	2.31	3.13	3.17	2.03	3.13	1.57	3.46	4.08	1.53	1.64	0.00	3.14	2.05	2.15	2.17	2.28	2.43	2.48	2.57	2.57	2.82	3.01	3.23	3.42	3.65	3.65	3.90	3.94	5.31
积石山	3.21	2.68	2.32	3.14	3.18	2.04	3.14	1.73	3.00	2.29	2.14	1.50	3.14	0.00	2.66	2.76	0.97	1.26	0.71	1.97	3.18	1.13	1.04	3.01	3.84	2.91	3.64	2.21	3.42	4.55	5.30
榆中	3.39	2.86	2.50	3.32	3.36	2.22	3.32	1.76	3.65	3.60	0.57	1.26	2.05	2.66	0.00	0.85	1.79	1.40	1.95	1.59	1.27	1.68	2.34	0.97	1.93	2.36	1.60	2.77	1.85	2.64	3.26
皋兰	3.50	2.97	2.61	3.43	3.47	2.33	3.43	1.87	3.76	3.71	0.62	1.36	2.15	2.76	0.85	0.00	1.90	1.50	2.05	1.70	0.52	1.79	2.45	1.82	1.17	2.64	2.46	2.87	2.71	1.78	4.12

续表

城市	湟源	西宁	平安	大通	湟中	乐都	互助	民和	化隆	循化	兰州	永靖	永登	积石山	榆中	皋兰	东乡	广和	临夏市	临洮	白银	和政	临夏县	定西	靖远	渭源	会宁	康乐	陇西	景泰	通渭
东乡	3.51	2.99	2.63	3.45	3.49	2.35	3.45	1.89	2.61	1.91	1.28	0.54	2.17	0.97	1.79	1.90	0.00	0.72	0.26	1.43	2.31	0.59	0.65	2.46	2.97	2.37	3.10	1.67	2.88	3.68	4.76
广和	3.62	3.10	2.74	3.56	3.60	2.46	3.56	1.89	2.90	2.20	0.88	1.25	2.28	1.26	1.40	1.50	0.72	0.00	0.55	0.71	1.92	0.29	0.94	1.75	2.57	3.62	2.38	1.37	2.16	3.29	4.04
临夏市	3.77	3.24	2.89	3.70	3.75	2.60	3.70	2.00	2.35	1.65	1.43	0.79	2.43	0.71	1.95	2.05	0.26	0.55	0.00	1.26	2.47	0.42	0.39	2.30	3.13	2.20	2.93	1.50	2.71	3.84	4.59
临洮	3.82	3.29	2.94	3.75	3.79	2.65	3.75	2.14	3.61	2.91	1.08	1.69	2.48	1.97	1.59	1.70	1.43	0.71	1.26	0.00	2.11	1.00	1.65	1.25	2.77	1.08	1.90	2.08	1.59	3.48	3.56
白银	3.91	3.38	3.03	3.84	3.88	2.74	3.84	2.19	4.17	4.12	1.03	1.78	2.57	3.18	1.27	0.52	2.31	1.92	2.47	2.11	0.00	2.20	2.86	2.23	0.66	3.05	2.87	3.29	3.12	1.59	4.53
和政	3.91	3.38	3.03	3.84	3.88	2.74	3.84	2.28	2.77	2.07	1.17	1.12	2.57	1.13	1.68	1.79	0.59	0.29	0.42	1.00	2.20	0.00	0.81	2.03	2.86	1.94	2.67	1.08	2.45	3.57	4.33
临夏县	4.00	3.50	3.14	3.96	3.71	3.00	3.96	2.54	1.96	1.26	1.83	1.19	2.82	1.04	2.34	2.45	0.65	0.94	0.39	1.65	2.86	0.81	0.00	2.69	3.52	2.59	3.33	1.90	3.10	1.19	4.99
定西	4.35	3.83	3.47	4.29	4.33	3.19	4.29	2.73	4.62	3.95	1.53	2.22	3.01	3.01	0.97	1.82	2.46	1.75	2.30	1.25	2.23	2.03	2.69	0.00	2.89	1.41	0.65	3.12	0.90	3.60	2.31
靖远	4.57	4.04	3.68	4.50	4.54	3.40	4.50	2.94	4.83	4.78	1.69	2.44	3.23	3.84	1.93	1.17	2.97	2.57	3.13	2.77	0.66	2.86	3.52	2.89	0.00	3.71	2.33	3.95	3.78	2.20	4.00
渭源	4.76	4.23	3.88	4.69	4.73	3.59	4.69	3.13	4.55	3.85	2.02	2.63	3.42	2.91	2.36	2.64	2.37	3.62	2.20	1.08	3.05	1.94	2.59	1.41	3.71	0.00	1.99	3.02	0.51	4.42	3.66
会宁	4.99	4.46	4.11	4.92	4.96	3.82	4.92	3.36	5.26	4.58	2.17	2.86	3.65	3.64	1.60	2.46	3.10	2.38	2.93	1.90	2.87	2.67	3.33	0.65	2.33	1.99	0.00	3.75	1.48	4.24	1.66
康乐	5.00	4.47	4.11	4.93	4.97	3.83	4.93	3.37	3.86	3.16	2.25	2.21	3.65	2.21	2.77	2.87	1.67	1.37	1.50	2.08	3.29	1.08	1.90	3.12	3.95	3.02	3.75	0.00	3.53	4.66	5.42
陇西	5.24	4.71	4.36	5.17	5.21	4.07	5.17	3.61	5.06	4.36	2.42	3.11	3.90	3.42	1.85	2.71	2.88	2.16	2.71	1.59	3.12	2.45	3.10	0.90	3.78	0.51	1.48	3.53	0.00	4.49	3.15
景泰	5.28	4.75	4.40	5.21	5.25	4.11	5.21	3.65	5.54	5.49	2.40	3.15	3.94	4.55	2.64	1.78	3.68	3.29	3.84	3.48	1.59	3.57	1.19	3.60	2.20	4.42	4.24	4.66	4.49	0.00	5.90
通渭	6.65	6.13	5.77	6.59	6.63	5.48	6.59	5.02	6.92	6.25	3.83	4.52	5.31	5.30	3.26	4.12	4.76	4.04	4.59	3.56	4.53	4.33	4.99	2.31	4.00	3.66	1.66	5.42	3.15	5.90	0.00

市经济和生态环境互动作用机理上看，污染物排放总量受经济发展阶段的深刻影响，其城市产业结构是影响环境污染物组成的重要因素，反过来，城市生态环境条件又制约着城市产业布局、产业结构调整和经济发展的过程和方向。[137] 两者关系具体表现如图 5-3-1 所示。

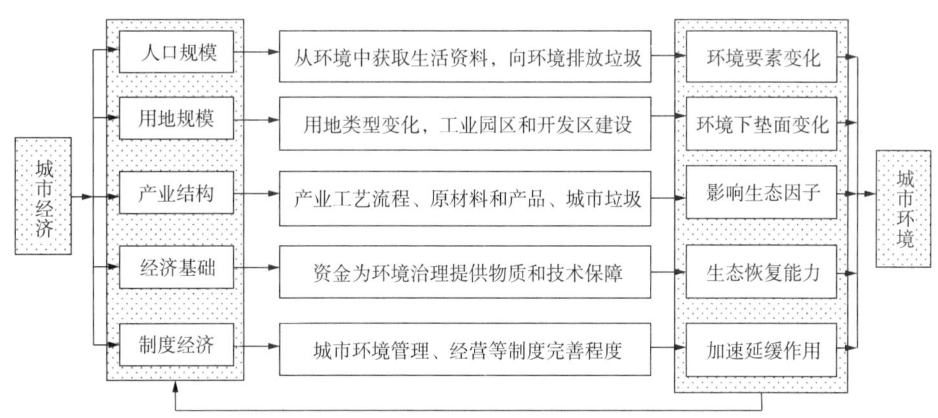

图 5-3-1　城市经济对城市生态环境响应的作用

通过以上分析，城市经济发展对城市生态环境产生响应主要通过以下几个方面：

（1）城市中产业链条（物质流动）基本上是线形的，回路封闭形较少，物流链短，常常是资源到产品和废物。大量的资源在生产过程中不能完全被利用，以“三废”形式排放到环境中，不能像生态系统那样，一个环节的代谢废物成为另外一个环节的原料，即没有完全进行“循环经济”发展。

（2）城市经济发展“低碳”经济比重少，大量生产和生活活动需要大量能源，即大部分是人工辅加能源，且以矿物能源为主。煤炭和石油等燃料消耗大量氧气，加重了大气污染。

（3）城市生产单位和厂家多着眼于局部产品，看重当前经济效益，缺少可持续发展理念和环保意识。特别是流域范围内，为了排水和排污方便，常把工厂建在流域沿岸，为市场需要，不顾环境污染和潜在危害。

（4）城市人口密集，建筑物鳞次栉比，在一个相对密闭的有限空间内，盛行空调、霓虹灯、自动车和汽车，这一切都是人类在进行自我驯化（self-domestication），结果是人和自然隔绝以及人际间关系疏远和紧张。

（5）城市产业，分工越来越细化和专业化，同时产业和企业集群化，开发区、园区和居住用地分离，城市空间功能定位和划分混乱，结果形成了交通工具主宰的城市生活，建筑和建筑群越来越脱离整体和自然环境，充斥着汽车的城市非常消耗能源。另外，城市结构与物种灭绝及扰乱生物进化进程有着直接关系，即城市生态环境和人居环境很大程度上取决于城市建设模式和城市经济发展模式。[138]

以上是定性推理，那么，两者之间，从定量上的必然联系是什么？本节从城市产业结构和城市经济发展水平两方面说明城市经济发展对生态环境响应的作用。

5.3.1.1 兰西城市群区域产业结构与耗水结构之间的关系

1）流域内用水以农林牧渔畜用水为主，集中甘肃省主要的工业用水

兰西城市群区域属于黄河流域，结合资料的获得性，本节根据区域自然条件相识性和人口及城市经济集聚性，用甘肃省黄河流域段区域用水结构（表 5-3-1）来反映整个兰西城市群区域用水状况。

（1）兰西城市群区域范围内用水主要采用地表水，所用地下水很少。从农林牧渔畜用水、工业用水、城镇公共用水、居民生活用水、生态环境用水五大用水来看，水源主要是地表水，地下水仅仅占到 11.7%。其中生态环境用水几乎全部使用地表水，地下水占生态环境用水仅仅为 0.1%，另外，城镇公共用水 99.6% 来源于地表水，地下水占到 0.4%。

（2）兰西城市群区域用水结构比较低级，以农林牧渔畜用水为主。根据 2009 年甘肃省水资源统计公报，2009 年兰西城市群区域甘肃段农林牧渔畜用水占到年用水量的 61.7%，为 20.582 亿 m^3，工业用水 8.241 亿 m^3，占年总用水量的 24.7%，而城镇公共用水和居民生活用水分别占到 2.9% 和 7.9%。

（3）兰西城市群区域甘肃段集中了甘肃省主要的工业用水、城镇公共用水及绿化用水。如表 5-3-1 所示：虽然兰西城市群区域甘肃段用水结构以农林牧渔畜用水为主，工业用水占本区域用水很少，但是占到 2009 年甘肃省工业用水 13.601 亿 m^3 的 63.1%，城镇公共用水占到甘肃省城镇总用水 1.981 亿 m^3 的 48.0%，居民生活用水占到甘肃省居民生活用水 6.999 亿 m^3 的 37.7%，生态环境用水占到甘肃省生态环境用水总量 2.992 亿 m^3 的 31.9%。

区域内呈现这种状况的主要原因是该区域是甘肃省城镇密集区，集中了全省的主要工业和城镇人口，城镇建设用地比重相对高，因此，城镇公共用水主要集中在该区域；同时，该区域属于黄土高原干旱区，农业生产技术相对落后，节水灌溉和用水相对粗放，加上黄土保水性差，蒸发快，因此，农业用水所占比重较大。

2）工业中对水环境污染较大的集中在采矿业和造纸业

城市中工业废水的排放是水质污染的重要来源。在工业内部，哪种工业单位产值（亿元）排放的废水最多呢？问题的回答对生态环境脆弱区城市产业的选择有着重要的指导意义。研究根据 2010 年《中国统计年鉴》对工业类型的划分，即采矿业、加工业、纺织业、制造业和供应业 5 个大类，煤炭开采和洗选业、农副产品加工业、医药制造业等 39 个小类，进行产业产值和废水排放量的分析，发现单位利润（亿元）废水排放量位居前 10 位的为：其他采矿业，水的生产和供应业，造纸及纸质制品业，化学纤维制造业，纺织业，化学原料及化学制品制造业，电力、热力的生产和供应业，有色金属矿采选业，农副食品加工业，饮料制造业。单位利润（亿元）废水排放位居后 10 位的是：电气机械及器材制造业，烟草制造业，石油和天然气开采业，塑料制品业，通用设备制造业，印刷业和记录媒介的复制，交通运输设备制造业，专用设备制造业，家具制造业，文教体育用品制造业。

甘肃省黄河流域 2009 年用水结构一览表 表 5-3-1

Ⅰ级	Ⅱ级		农林牧渔牧用水量		工业用水量		城镇公共用水量		居民生活用水量		生态环境用水量		总用水量	
			合计	地下水	合计	地下水	合计	地下水	合计	地下水	合计	地下水	合计	地下水
黄河流域	龙羊峡以上	河源至玛曲	0.0185	0.0027	0.0019	0.0012	0.0004	0.0001	0.0027	0.0004	0.0023	0.0002	0.0258	0.0046
		玛曲至龙羊峡	0.0175	0.0014	0.0129	0.0008	0.0011	0.0002	0.0082	0.0015	0.0044	0.0004	0.0441	0.0043
	龙羊峡至兰州	大通河享堂以上	0.9257	0.2036	0.4361	0.0604	0.0068	0.0026	0.0173	0.004	0.0466	0.0008	1.4325	0.2714
		湟水	0.2816	0.1038	0.1447	0.0164	0.0263	0.0039	0.078	0.0127	0.0497	0.0034	0.5803	0.1402
		大夏河	0.7806	0.0387	0.1121	0.0264	0.0577	0.0107	0.2146	0.0569	0.0117	0.0015	1.1767	0.1342
		洮河	2.6275	0.107	0.1375	0.0324	0.0377	0.007	0.4178	0.0839	0.0149	0.0044	3.2354	0.2347
		龙羊峡至兰州干流区	5.286	0.6254	3.6723	0.3245	0.32	0.0514	0.6874	0.346	0.4044	0.0215	10.3701	1.3688
	兰州至河口镇	兰州至下河沿	10.6168	1.1898	3.7166	0.3576	0.5005	0.0594	1.2066	0.1237	0.4178	0.0126	16.4583	1.7431
		清水河、苦水河	0.0273	0.0021	0.0066	0	0.0006	0.0001	0.0049	0.0022	0.0028	0.0003	0.0422	0.0047
	二级区合计		20.582	2.275	8.241	0.820	0.951	0.135	2.638	0.631	0.955	0.045	33.365	3.906
各种用水占本区的比重 %			61.7	6.8	24.7	2.5	2.9	0.4	7.9	1.9	2.9	0.1	100	11.7
全省	合计		95.593	17.600	13.061	2.392	1.981	0.580	6.999	2.352	2.992	1.057	120.626	23.980
二级区占全省 %（二级区 / 全省）			21.5	12.9	63.1	34.3	48.0	23.4	37.7	26.8	31.9	4.3	27.7	16.3

资料来源：2009 年甘肃省水资源公报。

由此看出，工业中对水污染影响最大的产业为采矿业和造纸业，而水的生产和供应也因所需原材料和产品之比较大，故排放的废物也较多，但对河流水体污染较轻，因此对水资源污染较大的工业主要为采矿业、造纸业、化学纤维制造业和纺织业。

不同工业废水排放与经济效益之间关系　　表 5-3-2

工业类型	废水排放总量（万吨）	产值（亿元）	利润（亿元）	废水排量 万吨 / 产值（亿元）	废水排放量 万吨 / 利润（亿元）
煤炭开采和洗选业	80236	16404.27	2208.31	4.89	36.33
石油和天然气开采业	10197	7517.54	1903.45	1.36	5.36
黑色金属矿采选业	15546	3802.45	439.29	4.09	35.39
有色金属矿采选业	37307	2814.67	339.14	13.25	110.01
非金属矿采选业	7719	2302.36	185.64	3.35	41.58
其他采矿业	574	13.90	0.59	41.27	972.29
农副食品加工业	143838	27961.03	1501.16	5.14	95.82
食品制造业	52699	9219.24	716.78	5.72	73.52
饮料制造业	69674	7465.03	728.78	9.33	95.60
烟草制品业	3253	4924.97	650.41	0.66	5.00
纺织业	239116	22971.38	1091.23	10.41	219.12
纺织服装、鞋、帽制造业	14728	10444.80	611.20	1.41	24.10
皮革毛皮羽毛（绒）及其制造业	24964	6425.57	408.92	3.89	61.05
木材加工及木竹藤棕草制造业	6137	5759.60	345.46	1.07	17.77
家具制造业	1856	3431.12	184.12	0.54	10.08
造纸及纸制品业	392604	8264.36	504.71	47.51	777.88
印刷业和记录媒介的复制	1783	2972.90	236.52	0.60	7.54
文教体育用品制造业	1239	2630.16	116.07	0.47	10.67
石油加工、炼焦及核燃料	66406	21492.59	931.24	3.09	71.31
化学原料及化学制品制造业	297062	36908.63	2185.29	8.05	135.94
医药制造业	52718	9443.30	993.96	5.58	53.04

续表

工业类型	废水排放总量（万吨）	产值（亿元）	利润（亿元）	废水排量 万吨 / 产值（亿元）	废水排放量 万吨 / 利润（亿元）
化学纤维制造业	43855	3828.32	170.85	11.46	256.69
橡胶制品业	6783	4767.86	322.11	1.42	21.06
塑料制品业	4387	10969.42	605.94	0.40	7.24
非金属矿物制品业	32777	24843.90	1856.59	1.32	17.65
黑色金属冶炼及压延加工业	125978	42636.15	1375.93	2.95	91.56
有色金属冶炼及压延加工业	28976	20567.21	924.60	1.41	31.34
金属制品业	31346	16082.95	858.88	1.95	36.50
通用设备制造业	13452	27361.52	1784.73	0.49	7.54
专用设备制造业	11006	16784.40	1184.88	0.66	9.29
交通运输设备制造业	27422	41730.32	3063.33	0.66	8.95
电气机械及器材制造业	9324	33757.99	2169.12	0.28	4.30
通信计算机及其他电子设备	33513	44562.63	1756.23	0.75	19.08
仪器仪表及文化办公用机械	5798	5083.31	376.47	1.14	15.40
工艺品及其他制造业	3587	4465.20	250.11	0.80	14.34
废弃资源和废材料回收加工业	959	1443.86	66.29	0.66	14.47
电力、热力的生产和供应业	149010	33435.10	1291.06	4.46	115.42
燃气生产和供应业	2013	1809.12	177.47	1.11	11.34
水的生产和供应业	22919	1012.28	25.35	22.64	904.10

数据来源：2010 年《中国统计年鉴》。

3）兰西城市群区域产业结构与河流水质耦合性

产业结构是生产能力和消费需求的直接反映和紧密关联，它决定着社会生产力的发展水平，改变着生态环境的演化状态。城市的产业结构形态不仅决定着城市经济和人口聚集的规模，而且相应的资源配置和能源消费结构影响着城市和区域生态环境的质量。[139]

（1）兰西区域水质类型及特点

兰西区域属于黄河流域水源重点保护区，其水质情况不仅影响到兰西城市群区域范围内城市居民生活和工农业发展用水，而且对下游用水也形成很大影响，依据地表水水域环境功能和保护目标，按功能高低，依次划分为五类（参照黄河流域水质综合评价图）。Ⅰ类：主要适用于源头水、国家自然保护区；Ⅱ类：主要适用于集中式生活饮用水地表水源地一级保护区、珍稀水生生物栖息地、鱼虾类产卵场、仔稚幼鱼的索饵场等；Ⅲ类：主要适用于集中式生活饮用水地表水源地二级保护区、鱼虾类越冬场、洄游通道、水产养殖区等渔业水域及游泳区；Ⅳ类：主要适用于一般工业用水区及人体非直接接触的娱乐用水区；Ⅴ类：主要适用于农业用水区及一般景观要求水域（图 5-3-2）。甘肃境内的大通河、湟水河、洮河、祖厉河水质分别是：黄河，Ⅱ类水质长度 23km，占到 38.98%，Ⅴ类占到 61.02%；大通河、广通河和槐树关河属于Ⅱ类水质，而宛川河、祖厉河属于劣Ⅴ类，湟水属于Ⅳ类；大夏河，Ⅱ类、Ⅲ类、Ⅳ类分别占到河流长度的 57.61%、12.58%、29.8%；研究洮河长度为 97km，Ⅱ类占 9.2%，Ⅲ类占到 90.8%（表 5-3-3）。

从时空规律上来看，兰西区域水质在空间上表现出西部水质优于东部区域，山地丘陵区高于黄土沟壑区，另外，支流水质劣于干流。时间上，汛期水质略优于非汛期。2009 年汛期黄河流域满足Ⅰ~Ⅲ类水的河长占 46.0%，劣于Ⅴ类水的河长占 31.5%；非汛期满足Ⅰ~Ⅲ类水的河长占 44.0%，劣于Ⅴ类水的河长占 32.9%，汛期水质略优于非汛期，表明目前全流域水质污染仍以点源污染为主。

兰西区域甘肃境内流域水质分类一览表 （单位：km） **表 5-3-3**

河流名称	评价河长	Ⅱ类	Ⅲ类	Ⅳ类	Ⅴ类	劣Ⅴ类	主要超标项目
黄河	59	23			36		氨氮
大通河	72	72					
大夏河	151	87	19	45			氨氮
广通河	63	63					
槐树关河	5	5					
湟水	74			74			氨氮
洮河	97	9	88				
宛川河	73					73	氨氮、化学需氧量、硫酸盐、氯化物
祖厉河	224					224	氨氮、化学需氧量、硫酸盐、氯化物

资料来源：2009 年甘肃省水资源公报

从整个流域来看，影响到黄河流域水质的主要因素包括：①生活废水，即区域居民排放的生活污水，携带氨氮等污染物；②工业废水，未经处理的工矿废水，含有多种污染物，是目前黄河污染的主要来源；③电力废水，即电厂排放的污水，pH 值很高，重金属污染严重；④农业废水，大量的农业灌溉用水归还河流时高含氨氮、农药和有机污染物。

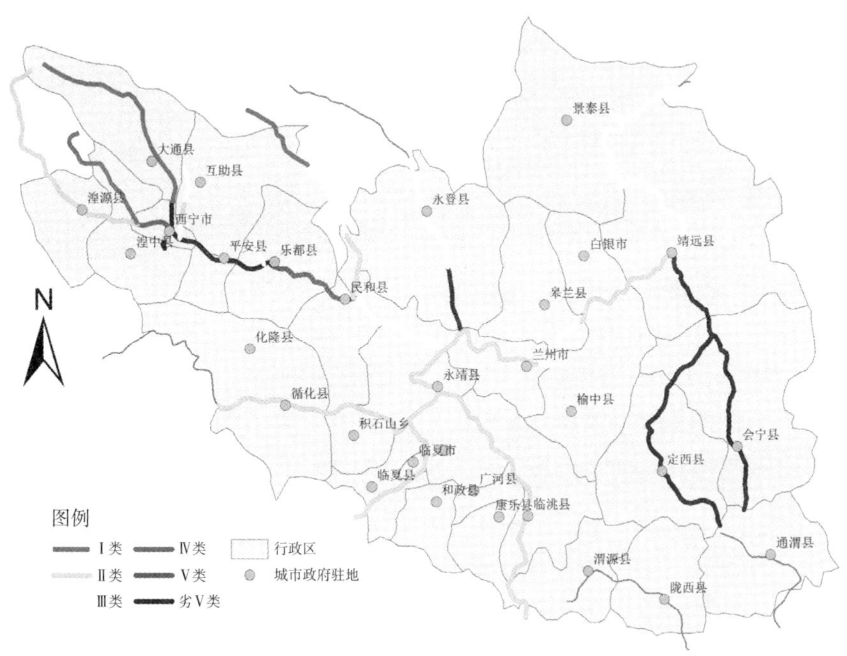

图 5-3-2　兰西区域主要河流水质图（结合 2008 年黄河流域水系水质图绘制）

（2）兰西区域城市产业类型和水质空间耦合性

兰西城市群区域属于农牧业结合带，以农业种植业和畜牧业为主，少数城镇以矿产资源开发冶炼为主。据区域产业发展现状（表 5-3-4），按照三次产业划分来看主导产业：①第一产业，特色种植业和畜牧业，具有一定的地方特色和优势；②第二产业，民族用品加工业、农畜产品加工业具有一定特色，以能源、冶金、石油、化工、纺织、医药、建材、机械等传统资源型产业为主，产品附加值高、技术创新强的产业比重低，无明显优势；③第三产业以交通、商贸、旅游和社会服务业为主，信息、科研、房地产和较高层次的行业和企业在国民经济中所占比重较小，带动作用有限。

兰西城市群区域 31 个市县城市主要产业　　表 5-3-4

名称	主要产业	名称	主要产业
景泰县	以能源化工产业为主，加工业为辅，引导黄河文化旅游产业	通渭县	玉米、马铃薯、旅游、劳务

续表

名称	主要产业	名称	主要产业
靖远县	以冶金化工、建材、农产品加工	大通县	马铃薯、甜瓜、旅游；煤炭、电力基地
永登县	以水泥、制造业为主、交通枢纽	互助县	水泥、碳化硅、冶炼
皋兰县	生态农业、建材、化工和旅游业	湟中县	农业种植、旅游
白银市	有色金属、化学工业、能源基地、稀土	湟源县	农业种植、旅游
兰州市	石油化工、冶金有色、装备制造、能源电力、医药生物、农产品加工、高新技术	乐都县	马铃薯、蔬菜和小麦
会宁县	种植、畜牧业和劳务输出	西宁市	机械、轻纺、化工、建材、冶金、皮革皮毛、食品加工
永靖县	钢铸造、化工冶炼、建筑建材、煤炭、电力基地、农业种植	民和县	农业种植、手工艺品、民族文化旅游；交通枢纽
定西县	种植业、中药材、畜牧业和劳务输出	化隆县	水、铝、镍三大优势产业
临洮县	农业种植、农产品加工和劳务输出	循化县	冶炼、建材、矿泉水、农畜产品加工
东乡县	羊、洋芋、花椒、劳务产业	平安县	硅矿产业和农业种植
临夏县	畜牧、水电、花椒、劳务	榆中县	新材料研发、钢铁化工，高新科技和生物医药产业；文化旅游
和政县	种植和加工、劳务输出	积石山乡	属典型的农业县，发展特色农业、养殖业和林果业
渭源县	马铃薯、中药、畜牧、旅游	临夏市	药业、蔬菜种植、林果、养殖业
陇西县	种植、畜牧、劳务输出	康乐县	以种养业为主的少数民族贫困县
广河县	种植、劳务输出		

从产业空间分布来看，兰西城市群区域范围内第二产业为主的城市主要集中在兰州—白银地区、西宁市与大通县，兰西城市群区域其他城镇工业职能比较薄弱。其中以兰州和白银为中心的地区，工业基础比较雄厚，经过多年的建设，已成为甘肃部分工业最集中的地区。电力、有色冶金、黑色冶金、石化、建材以及机械等行业基础雄厚，技术区位条件优越，企业整体效益较为显著，已成为全国最大的铝生产基地和硅铁、铅、锌、稀土、碳素制品的重要生产基地。同时，食品、电子工业也有很大发展，在甘肃省工业生产中占有举足轻重的地位。另外，基础设施配套比较齐全，交通运输方便、信息灵通，经济、文化、科技、信息交流体系也逐步建立。兰州、白银两市工业职能优势较为明显。现有工业大多数为资源和劳动密集型行业，工业结构以重工业、机械、能源和原材料等传统工业为主，消费品工业和高新技术工业的比例较低，与东部城市区域有很大差距。

兰西城市群区域分布在黄河干流及其多条支流流域，区域、城镇之间多属于上下游关系，同时兰州、西宁、白银等城镇的产业快速集聚和建设用地扩展使得人类生产生活对区域生态环境的干扰大大加剧，局部发生环境污染和生态破坏，特别是在区际交叉污染、相互扩散，导致环境污染加剧。因为区域工业废水、农业废水和电力废水的排放源泉和排量与区域内产业结构直接相关，即与工农业比重、工业集聚区空间分布、电厂位置、矿厂类型及空间分布相关：①以矿业、化工机械、建材等第二产业为主的城市有大通、互助、平安、化隆、民和、永靖、白银、榆中、靖远等。这些产业布局对下游水质，特别是附近干流水质影响较大。大通和化隆的工业布局，由于地形地势，对本县水质环境影响较小，而对下游湟水河和洮河水质影响较大。②以农业种植业、畜牧业为主的县域，水质污染主要是农业种植过程中使用化肥和有机肥对下游水质的影响，程度较轻（氨氮为主），以Ⅱ级和Ⅲ级水质为主。

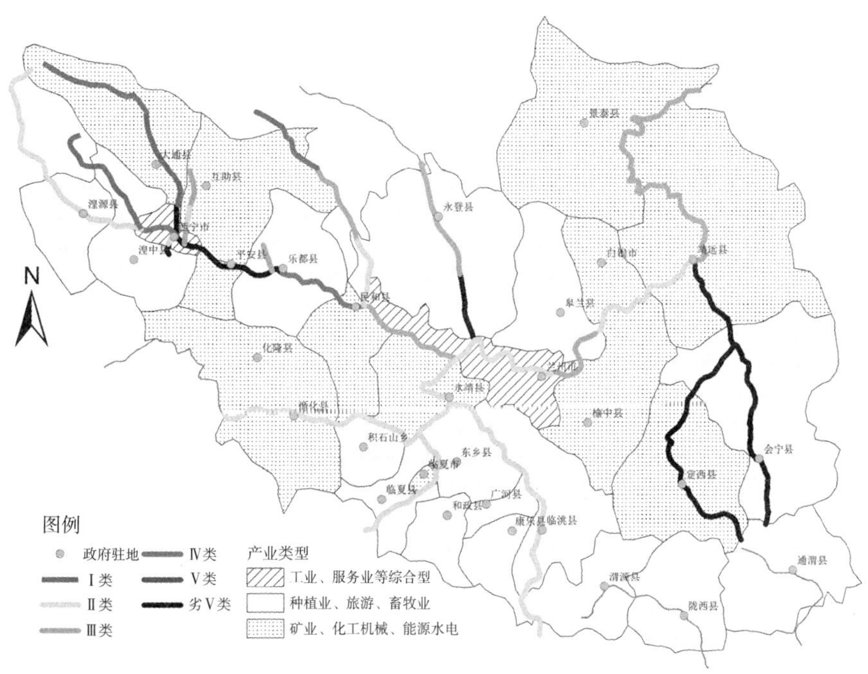

图 5-3-3　兰西区域水质与产业结构空间耦合性

5.3.1.2　城市经济规模升级加大城市供水难度

经济发展与环境之间的耦合与胁迫关系是城镇化过程研究的热点，鲍超、方创琳研究得出河西走廊城镇化与用水总量呈对数增长关系，与用水效益呈线性增长关系。[140] 城市经济规模大小一方面影响着城市与城市之间的引力大小、城市规模等级，同时，城市经济规模大小通过工业生产和居民生活用水，影响着城市用水量的需求，又通过城市代谢加大对环境的胁迫（城市的供水紧张和城市中废水增加）。

根据兰州市 1990 ~ 2007 年之间城镇化水平、城市生产总值（GDP）、工业总产值、人均生产总值、GDP 增长率 5 个经济指标与城市供水量和城市废水排放 2 个指标进行相关分析（图 5-3-4），发现城市供水量（万吨）与 5 个城市经济指标之间相关程度分别是：城镇化水平（-0.9658）> 人均生产总值（-0.9388）> 生产总值（-0.9214）> 工业增加值（-0.8986）> 生产总值增长率（0.5179）。经济发展与城市供水指标之间表现出负相关关系，即伴随城镇化进程加快和城市人口经济规模增大，城市供水和经济发展之间的关系日益不协调，出现恶化加剧现象。另外，城市工业废水排放量与城市经济各个指标相关系数均小于 0.8，因此，工业废水排放与城市经济之间相关性不显著，主要与工业类型、工艺和污水处理技术水平直接相关。

2007 年，兰州市工业废气排放总量为 1372.00 亿 m^3，比同等城市排放量大；2007 年末，城市工业废水排放总量为 3728 万吨，比 1990 年下降 6843 万吨。工业固体废弃物排放总量为 1.38 万吨，比 1990 年下降了 3.19 万吨。伴随着兰州市污水处理工艺技术的提升和资金投入的增加，2007 年，兰州市工业废水处理达标率达到 91.70%，生活垃圾无害化处理率为 41%，工业固体废物综合利用率为 95.20%。其中工业废水处理达标率比 1990 年上升了 54.7 个百分点，工业固体废物综合利用率上升了 33.82 个百分点，生活垃圾无害化处理率则有小幅度的下降，比 1990 年下降了 14.28 个百分点。

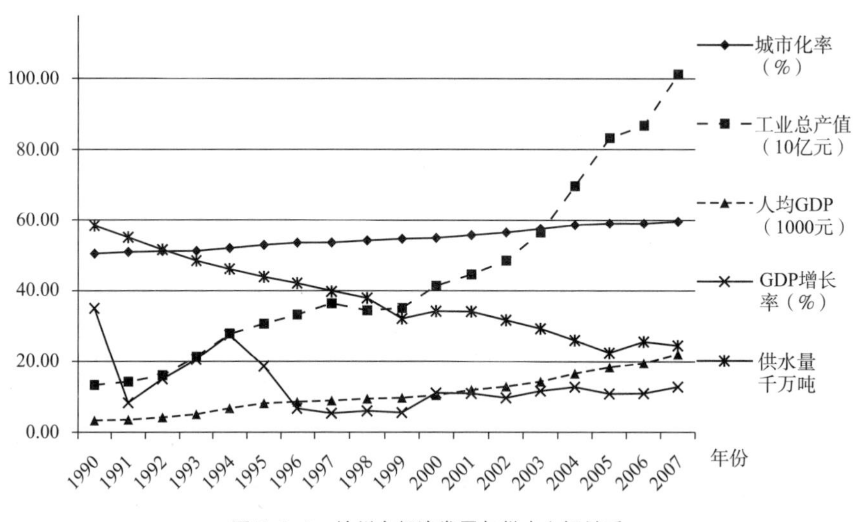

图 5-3-4　兰州市经济发展与供水之间关系

5.3.2　经济规模基础决定城镇化空间格局的形成

区域经济是区域城市化空间结构形成与演化的推动力，区域经济的增长，必然伴随城市建设用地的扩张、形态的演变及结构的调整，没有经济的发展，就没有城市化空间结构的演化。区域经济通过人口经济、规模经济、产业经济和开发区的建设来影响城市化空间结构及其形态演化。但是，人口经济和 GDP 经济规模对城市化空间格局产生的作用同等重要吗？本节依据青海省统计年鉴和甘肃省统计年鉴，按照可获取性、统一性、代表性的原则，选取

31 个市县的年末总人口、非农化率、生产总值、第二和第三产业比重、财政收入、财政之处、城乡居民储蓄存款、城镇固定资产投入、社会销售零售总额 9 项指标，进行城市化水平分析，然后借助 ArcGIS 软件进行分析，绘制城市化 Voronoi 图。

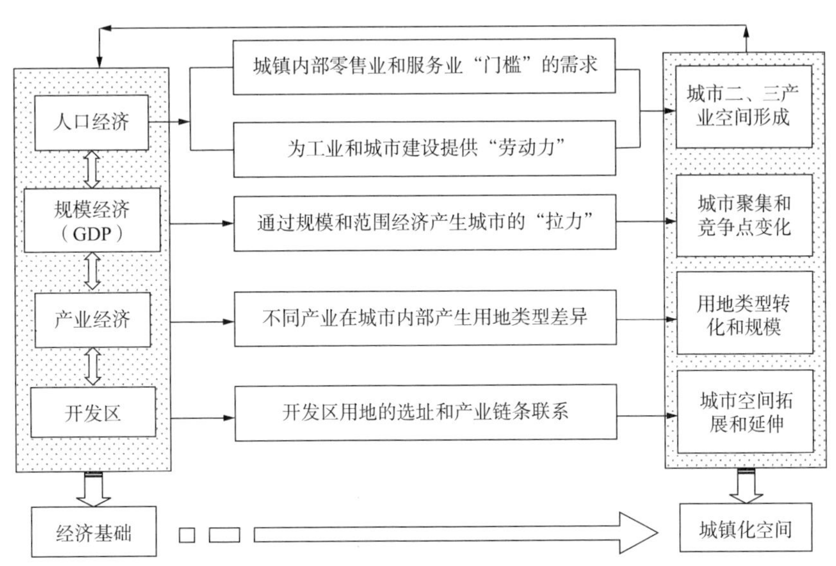

图 5–3–5　城市化空间格局形成的经济基础

运用第三章 3.1.2 的熵值法计算，发现 9 项指标对城市化水平的贡献大小各异，从高到低分别是：非农化率（0.152）> 财政收入（0.132）> 城乡居民储蓄额度（0.117）> 社会销售零售额（0.112）> 生产总值（0.111）> 城镇固定资产投资（0.109）> 年末总人口（0.100）> 财政支出（0.093）> 第二和第三产业总值比重（0.075）。其中非农化绿对综合城市化水平影响程度为第二和第三产业比重的 2 倍。

2009 年兰西区域城市化水平指标体系及综合城市化水平　　表 5–3–5

指标	年末总人口（万人）	非农化率（%）	生产总值（万元）	第二和第三产业比重（%）	财政收入（万元）
权重	0.100	0.152	0.111	0.075	0.132
指标	财政支出（万元）	城乡居民储蓄存款余额（万元）	城镇固定资产投入（万元）	社会销售零售总额（万元）	
权重	0.093	0.117	0.109	0.112	
城市	综合城市化水平	城市	综合城市化水平	城市	综合城市化水平
景泰县	0.153	临夏县	0.107	乐都县	0.155
靖远县	0.143	和政县	0.092	西宁市	0.548

续表

城市	综合城市化水平	城市	综合城市化水平	城市	综合城市化水平
永登县	0.217	渭源县	0.093	民和县	0.205
皋兰县	0.142	陇西县	0.167	化隆县	0.136
白银市	0.434	广河县	0.111	循化县	0.137
兰州市	0.917	通渭县	0.110	平安县	0.173
会宁县	0.145	大通县	0.267	榆中县	0.179
永靖县	0.160	互助县	0.209	积石山县	0.150
安定区	0.187	湟中县	0.161	临夏市	0.202
临洮县	0.158	湟源县	0.133		
东乡县	0.111	康乐县	0.091		

5.3.2.1　人口经济在城镇化空间格局形成中起着决定作用

人口的空间分布对城市化空间格局的影响起着决定性的作用，同时，城市化空间格局对人口流向和空间聚集产生“引力”。人口为城市建设活动和各项城市内部产业发展提供足够的劳动力，同时，一定量的人口规模是城市内部第三产业，特别是零售业、餐饮业等运行的基础和门槛。

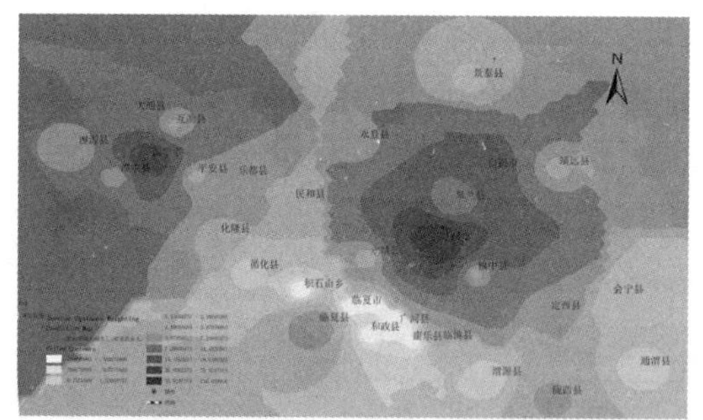

图 5-3-6　1987 年非农业人口空间分布

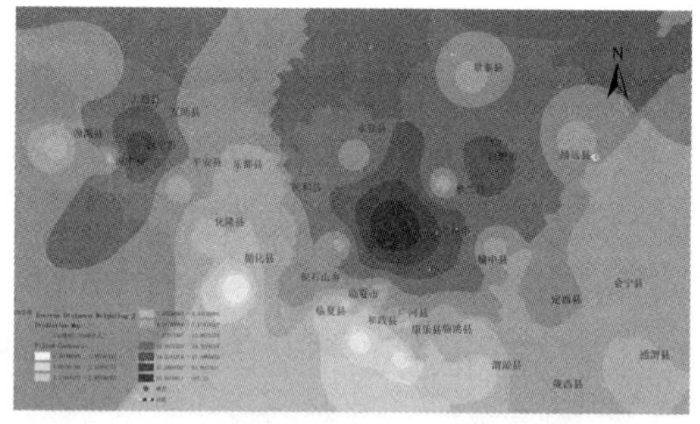

图 5-3-7　2009 年非农业人口空间分布

（1）非农业人口（非农化率）对城市化空间格局的影响高于总人口规模对城市化空间格局的影响。总人口、非农化率、生产总值、第二和第三产业比重、财政收入、财政支出、城乡居民储蓄存款、城镇固定资产投入、社会销售零售总额 9 项指标对城镇化水平的贡献程度（权重大小）：非农化率权重值最大，其值为 0.152，年末总人口规模权重值为 0.100，表明城镇化水平高低主要由非农化率决定，特别是从事第二产业和第三产业的长期居住在城市中的人口比重决定城镇化水平的空间格局。

（2）人口空间分布的“双核心”结构，决定了城镇化空间格局的“双核心”结构。1987 ~ 2009 年的 23 年间，兰西区非农业人口空间分布聚集性加大，空间上始终呈双核心分布，即西部出现以西宁为中心的人口密集区，东部出现以兰州为中心的人口密集区。人口的“双核心”奠定了城镇化空间上的“双核心结构”。

5.3.2.2 经济总量高低，决定城镇化空间辐射范围大小

城镇化水平的高低，通过城市对周围地区的投资区域选择、市场分配、信息交流、人才流动、产品流通、技术转让、产业扩散等多种经济因素共同作用表现出来，即城镇化影响区域反映城镇化实力和区域城镇化空间结构。目前，划分城市影响区的方法有断裂点模型等，可以给出任意两个邻域城市间的吸引力分界，但是对多个城市的影响范围的确定比较繁琐复杂。本研究通过 ArcGIS9.3 平台中的 Geostatistical Analyst → Explore Data → Voronoi，计算兰西区域 31 个市县之间的城镇化和城市经济规模影响区（图 5–3–8、图 5–3–9）。

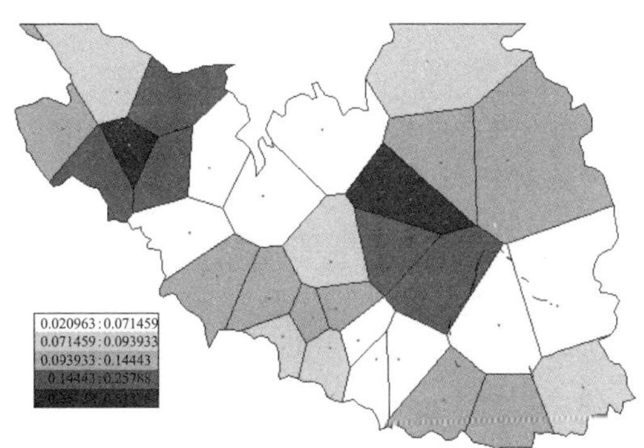

图 5–3–8 2009 年 31 个市县城市化 Voronoi 图

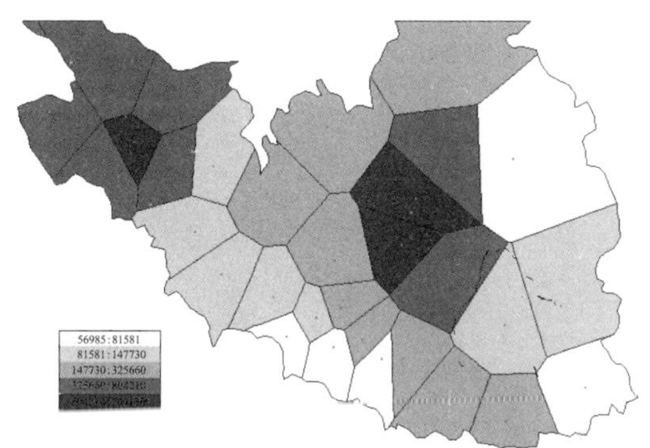

图 5–3–9 2009 年 31 个市县经济总量 Voronoi 图

通过图 5–3–8 和图 5–3–9 发现城镇化辐射范围和城市经济辐射范围两者基本相同，即在兰西区域东部和西部分别形成兰州为核心、西宁为副中心的城市影响区域。东部城市经济辐射范围比城镇化辐射范围更均匀，西部城镇化辐射范围比经济辐射范围更均匀。

西宁城镇化辐射范围和经济辐射主要包括大通、互助、平安和湟中四县，其中西宁与平安之间经济联系程度比西宁与其余三县联系程度紧密。主要原因是西宁的高新技术产业开发区位于西宁市区东端，湟水河下游，紧邻平安县。兰州城镇化辐射范围和经济辐射范围包括皋兰、永靖、临洮和榆中四县。兰州市城镇化对临洮县和皋兰县的影响比永靖县和榆中县要高，表明了城镇化的方向性，即兰州市对周边城镇化影响程度南北方向比东西方向大。兰州市与周围各个城市经济之间的联系和影响程度表现出同等性。

5.3.2.3 产业结构和经济技术开发区加快城镇化空间格局演化

1）产业结构与综合城镇化水平的直接相关性

兰西城市群区域是农耕业和农牧业交汇地带，属于农耕经济和畜牧业经济的混合地带。

以第一产业为主的产业结构，决定了该区域综合城镇化水平相对较低。另外，该区域内不同的生活和生产结构，形成了不同的城市经济实力，进而形成了兰西城市群区域 31 个市县城镇化的空间格局。

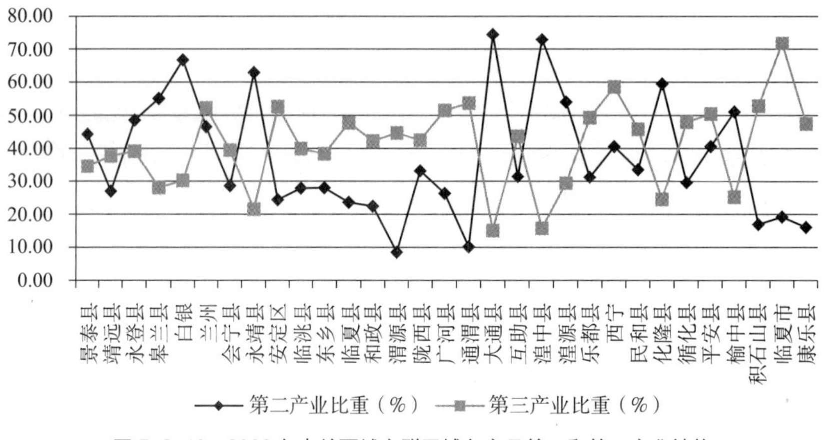

图 5-3-10　2009 年末兰西城市群区域各市县第二和第三产业结构

2009 年末，区域内第二产业产值比重占到总产值比重 45% 以上的有白银、兰州、永靖、大通和湟中等 11 市县，比重达 35.48%；第二产业和第三产业比重占生产总值 80% 以上的有白银市、兰州市、西宁市和临夏市等 13 市县，比重达 41.93%，其中兰州市、定西市、广河县、通渭县、西宁市、平安县、积石山和临夏市 7 市县第三产业比重超过了 50%。产业结构与区域范围内综合城镇化水平呈现出明显的相关性。

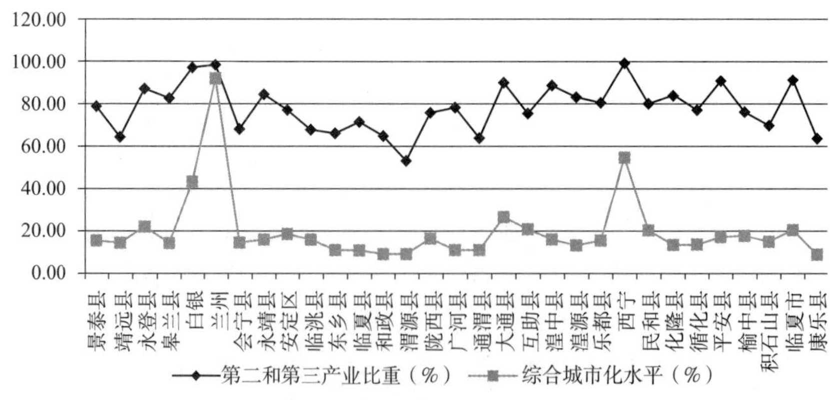

图 5-3-11　2009 年末兰西城市群区域各市县综合城镇化水平与第二、三产业结构之间关系

2）经济技术开发区拉大和改变城镇化内部空间结构

2009 年，全国 54 个国家级开发区实现地区生产总值（GDP）17730 亿元，工业增加值

12482 亿元（工业增加值占 GDP 的比重为 70.4%），工业总产值（现价）51271 亿元，税收收入 3145 亿元，实际使用外资金额 204 亿美元。全国经济技术开发区数量呈现东部密集、西部稀疏的特征，从东到西开发区的数量呈递减趋势。东部地区不管是国家级开发区还是省级开发区的数量都处于领先地位，这与其作为改革开放前沿地带和国家对外开放政策的先导区的地位是分不开的；西部地区虽然在开发区总量上处于劣势地位，但国家开发区的数量却要多于中部地区，这与国家实行西部大开发的政策具有相当紧密的联系；中部地区处于东部和西部的过渡地带，虽然开发区数量上也呈现出中间层次的特点。经济技术开发区的布局与全国城镇化水平空间分布呈正相关关系，并且从对区域城镇化空间结构发展演变的影响来看，开发区通过带动居住、仓储、交通用地向外扩展，成为了城镇化内部空间结构拓展和演变的主导因素，决定了城市用地的扩张速度与方向，影响着城市用地的结构与形态。

在全国 54 个国家级开发区中，兰西城市群区域有西宁经济技术开发区和兰州经济技术开发区两个。其中兰州经济技术开发区（2002）东起 580 号、581 号规划路，南至 516 号、571-1 号规划路和甘肃农业大学北侧，西至 530 号规划路，北至 502 号、511 号规划路，总用地 9.53km^2，是以高科技产业、总部经济、行政办公中心及高尚住宅区为一体的“兰州浦东”。兰州经济技术开发区通过产业聚集、企业集群形式，进行产业横向和纵向联系，沿兰州至西宁的高速公路两侧向北延伸与中川空港循环经济产业园连接，向南与兰州石化城对接，接纳其下游产品的辐射，带动兰州市安宁区的发展和空间形态演化，与西固、七里河在空间形态上相连，从而组成带状多核的城镇化空间结构模式。兰州经济技术开发区在调整经济结构的同时，进一步拓展农业发展空间。开发区以安宁堡农业生态园为重点，依托万亩桃园，实施“上山、进沟、占滩”工程，扩大桃林面积，植树养山，并将开发区的特色农业与高科技嫁接，实现工厂化的生产和科研，充分开辟都市农业新的发展空间。

然而，兰西城市群区域经济的主体仍是农业，非农经济居次要地位，且规模小、水平低，多以简单的农产品加工和中药材加工以及地方资源的小规模采集和初级加工为主，能够带动全市乃至周围区域经济发展的主导工业部门或能够为城市社会经济发展迅速积累资金的支柱行业基本上没有形成，导致该区域形成了以兰州、西宁为核心的双核心城镇化空间结构。

5.4　政策体制及规划调控对环境响应的加速及减缓

城镇化空间演化过程是一种自下而上（buttom-up）的自组织过程，但是中国城镇化却常常伴随着自上而下（top-down）的行政干扰[141]，包括城镇化率的异速提高、城市空间成倍扩张、城市生态环境发生突变等现象，而这种现象在兰西城市群区域城镇化过程中也不例外。

5.4.1　城镇化道路和产业布局政策加速了环境恶化

城市建设及其城镇化发展的有利条件一般包括：①满足城市基本功能的工业和服务业，

且城市能满足工业集中布局的需求；②满足工业生产和居民生活的适宜用水，即水源充沛；③能够满足工业集中和人口集中过程中需要建设水、电、路、通信等基础设施及其厂房、住宅、医院、商场等建筑物的平坦用地；④利于工业发展需要的国际市场，即为节约对外贸易的运输成本，工业大规模集中布局之处要求选择在沿海地区。西北地区，特别是甘肃省和青海省等区域，有利于城镇化发展和建设的有利条件都不具备，城镇化道路以“自上而下”型为主，即国家有计划地投资建设新城或扩建旧城以实现乡村向城市的转型，表现出民营经济在经济总量中比重低、规模小、实力弱、进入门槛高，以国有经济实体和企业为主，城镇化的进程、方向、规模、布局等都是政府直接调控的结果。

在“一五”期间，全国安排了限额以上的 7 个工业项目，兰州就占 3 个，包括在兰州市区建设的“兰炼”、“兰化”、兰州石油机械厂等大中型企业。今后的“二五”或“四五”又相继在永登建立水泥厂，在白银建立有色金属企业，在靖远建设了煤矿、稀土工业、铅加工工业。另外，在西宁布局了矿山机械厂、汽车制造等，还有大通煤矿（位于达坂山南麓），化隆拉水峡镍矿，同德穆黑沟汞矿等。以后的几个五年计划中，兰州相继开发了一批工业项目，包括重工业和轻工业。这些项目建设，扩大了市县建设用地规模，推动了市县城镇化空间拓展。但是，在行政区划背景下，各城市政府从自身和本行政区域利益的角度出发，把各种生产和生活的环境“外部不经济性”转嫁到其他行政区，即总是把污染大的企业放在本行政区河流的下游或者主导风向的下风向，因此，上游工业和经济发展无形中掠夺了下游生态环境资源，而没有进行生态成本的补偿，即政策的实施往往通过不同规划（城镇规划、工业园区规划、土地利用规划、环境保护规划等）的法制化、程序化来保障。各种工业园区的规划内容和侧重点，特别是环境效应评价结果如何，往往对本区域或者流域生态环境的恢复和退化起到加速和延缓作用。

5.4.2 “退耕还林还草”政策恢复生态环境

从 1973 年第一届国家环境会议成立环境保护政策指导方针，建立地方级、省级与国家级的环境管理部门开始，到 1979 年 9 月第五届全国人民代表大会通过并试行的《中华人民共和国环境保护法》及后来的《中国 21 世纪议程》、《中国环境保护行动计划》、《国家“九五”环境保护计划和 2010 年环境保护目标纲要》等政策，为生态环境保护工作提供了制度保障。为落实国家环境保护法及其相关政策，分别实施了三北防护林工程、治沙工程、小流域治理、草地建设、生态农业、山川秀美工程及天然林保护工程等具体措施，推动了生态环境的保护和恢复。在这些政策和措施中，退耕还林（草）政策对兰西城市群区域影响较大。

退耕还林（草）是指在水土流失严重或粮食产量低而不稳定的坡耕地和沙化耕地以及生态地位重要的耕地，退出粮食生产，进行植树或种草（下文简称“退耕还林”）。这是国家在过去 10 多年西部大开过程中为合理利用土地资源、增加林草植被、再造秀美山川、维护国家生态安全、实现人与自然和谐共进而实施的一项重大生态工程。这项工程的实施既扩大了森林面积，提高了森林覆盖率，有效减缓了水土流失，使得生态环境得到明显改善，营造了良好的人居环境，又让农民从单纯的农业生产向第二、三产业转移，带动了农村旅游业和地方工业的快速发展，实现了生态效益、经济效益与社会效益的统一。

截至 2008 年年底，甘肃省累计完成退耕还林建设任务 2618.3 万亩，其中退耕地还林 1003.3 万亩，荒山荒地造林 1485 万亩，封山育林 130 万亩。退耕还林不仅有效地遏制了生态环境恶化，而且增加了农民收入，农民贫困状况有所减轻。统计数据显示，2000 年，西部地区农民人均纯收入为 1685 元，到 2006 年，增加到 2588.37 元，增长了 53.61%。许多地区抓住退耕还林的契机，大力发展后续产业和特色农业，注意选择经济效益比较好的树种、草种，集中连片开发种植，带动了畜牧业、林（竹）果业、草产业、中药材产业的发展，推动了农业的产业化经营，促进了地方经济发展，增加了农民收入。龙头企业依靠基地和资源活跃于市场，盘活和巩固了生态建设成果，也让农民的“钱袋子”鼓了起来。

那么，如何推进城市合理安排和组织人类进行有序的生产和生活活动呢？主要包括：运用行政管理、宣传教育、法律法规等手段，提高人们的环境意识；改变旧有的宇宙观、资源观、价值观和发展观；建立正确的生产方式、生活方式和消费方式；加强能力建设，依赖科学技术，尤其是高新技术的发展，以便能够观测、认识到自身活动给生存环境带来的影响。“十三五”建设以及西部大开发今后十年的发展，仍然需要依据生态经济系统结构—功能—平衡—效益原理，调整、优化系统结构，维护、改善系统功能，协调好生态环境建设与经济发展的关系，彻底摆脱脆弱—贫困—脆弱的恶性循环，达到生态环境与经济发展的双赢，实现经济效益、社会效益和生态经济效益在内的综合效益，使生态经济系统功能最大化，实现区域的可持续发展。

当城市能合理安排和组织人类的生产和生活活动时，自然环境就能在长时期、大范围内不发生明显退化，甚至能持续好转，同时，又能满足区域和城市社会经济发展对自然资源和环境的需求。

5.4.3　区域和产业政策等引导城镇化的空间格局形成

兰西城市群地处民族核心区（以中原汉民族为主）和边缘区（以周围少数民族为主）的交接过渡地带。区域范围内有汉、藏、回、蒙古族等不同民族类型，因民族文化和生活习惯风俗不同，在历史上，民族之间经常发生摩擦，因政治军事需要，河湟地区在古代出现了“设治而城兴，撤治而城衰”的现象。现代随着经济持续化、生态友好化、社会和谐化发展，国家西部大开发政策的出台，大大推进了兰西城市群区域城镇化的进程，特别是国家和省市经济技术开发区建设以及资源的开发等重点建设项目在兰州、西宁、白银等城市布局，导致了大规模人口、资金、技术及相关产业的集聚，推动了城市建设用地和人口规模的扩大，拉大了城镇化内部空间，重构了区域范围城市体系结构。

5.4.3.1 产业政策及开发区建设对白银市城镇化空间形成演变的加速作用

甘肃省人民政府为了开发白银市本地矿产、农产品和中药材资源，利用区位优势，于1998年在白银市区成立了白银西区经济开发区❶，是甘肃省首次批准设立的五个省级开发区之一，它东连白银市区、西接白银西火车站、南邻109国道、北至白宝铁路，总规划面积20km^2，推动了白银市城市空间向东的发展。2001年白银市政府与中国科学院共同组建中国科学院白银高技术产业园❷,园址选在国道109线以南,白兰高速公路南北两侧,东西长4.2km,南北宽2.4km，总规划面积10.08km^2，起步期规划面积为2km^2。园区路网以高速公路为骨架，建设四纵五横园区通道。园区中心设绿地广场，道路两侧设绿地花坛，公共绿地占总面积的30%。沿主次干道地下布设上下水网、电网、通信网络及供暖、供气管网。另外，白银平川经济开发区位于平川区城市规划中心地带，东与靖远煤业公司、区政府相接，西与靖远电厂相连,刘白高速公路平川出口和开发区1号路连接,整个开发区东西长2.4km,南北宽约1.8km,占地5.7km^2，约8550亩，先期开发4254亩。相应地，为了适应建设需要，2006年市政府决定对《白银市总体规划》进行局部调整，即在原总体规划用地范围南面拓展一片工业用地，工业用地的面积为7.06km^2，即总体规划确定的用地范围需向南延伸，扩大7.06km^2。与市区发展相伴，各县域开发小区也以中科院白银高技术产业园为中心，充分发挥园区的辐射带动作用，实行梯度开发，进一步推进沿城、沿路、沿河地区的发展，以线串点，由点到面，整体发展，加快了县域开发小区的滚动开发，包括平川中区、会宁桃花山开发区、靖远银三角开发区、景泰上沙沃开发区。这些国家、省市县相关政策有利于集聚产业规模，拉动农业人口向城市中流动，构架城镇化的空间框架，推动本区域城镇化进程。

5.4.3.2 区域发展政策及管治框架方向

兰西区域，水系具有流域的一致性，由西陇海铁路、京藏高速、青兰高速和连霍高速等将31个市县的经济、商贸、信息等紧密联系在一起，具有整体性，今后区域发展政策需要从区域一体化方面入手，进行产业一体化、基础设施一体化、空间一体化发展，特别要综合考虑区域生态环境要素和城镇发展现状，进行流域范围生态一体化发展，另外，在管治方面，从不同空间层面和要素上进行统筹管治。

1）生态一体化

（1）生态要素

兰西城市群区域范围内的山山水水对该区域生态环境有着重要作用，主要体现在（图5-4-1）：①祁连山地和达坂山的森林是三大内陆河水系的涵养地；②太子山、子午岭的森林为黄土高原的绿色屏障，在涵养水源、保持水土方面发挥着重要作用；③太子山是大夏河、

❶ 开发区以有色金属精加工、绿色食品和农产品深加工、中/藏药材加工、贵重稀有金属开发利用等五大产业为主，着力引进和发展高新技术产业和新兴技术产业，向低投入高附加值的产业发展。

❷ 中国科学院白银高技术产业园，是中科院在全国设立的第二个产业园，也是中科院与地方政府合作成立的第一个产业园。园区将重点发展精细化工、有色金属新材料、新能源技术、生态恢复材料与技术、环保材料等五大高新技术产业。

洮河和渭河的水源补给区，子午岭林区是泾河水源的涵养区；④岷山、迭山一带土地条件好，林地面积大，是白龙江、洮河补给水源；⑤荒漠草原分布在河西、兰州以东的黄河两岸以及陇东北部的干旱、半干旱地区。区域内湟水河、大通河、黄河干流、大夏河、祖厉河及洮河是兰西城市群区域工农业用水的来源。

另外，森林公园在整个区域的自然环境和经济发展中具有改善小气候、提高水质、净化大气、保护生物多样性、改良土壤、防止水土流失等方面的重要作用，环境效益较大。一般该区域由地方政府划出，给以特别的保护和管理，并主要用于开发以精神、教育、文化和娱乐为目的的旅游活动。兰西城市群区域范围内主要有 6 个森林公园、4 个地质公园(图 5-4-1)：大通察汗河国家森林公园、北山国家地质公园、北山国家森林公园、吐鲁沟国家森林公园、景泰黄河石林国家地质公园、坎布拉国家地质公园、坎布拉国家森林公园、刘家峡恐龙国家地质公园、石佛沟国家森林公园、松鸣岩国家森林公园。

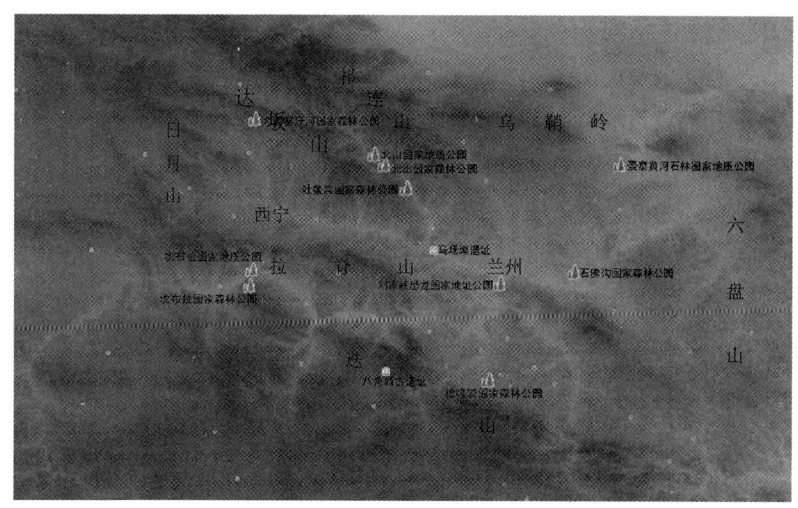

图 5-4-1 兰州西宁区域主要山系和国家公园空间分布

（2）城镇发展要素

兰西区域是青海省和甘肃省工业化和城镇化的重点区域，支撑着甘肃省和青海省的经济持续发展，支撑着两省经济发展和人口聚集的空间载体，同时又是两省的商贸服务中心和综合交通枢纽，特色资源加工和特色农牧业也主要集中在这里。

目前，兰西城市群区域城镇人口总体上是倒“丁”字形的规模等级结构，“Y”字形空间结构，并且 2004 ~ 2009 年城镇化不平衡性在增大，城市在区域中的极化作用加强，而空间关联性较差，城镇化“热点区”主要分布在兰西城市群区域的北部。经济在空间上形成第二和第三产业的“热点”和“冷点”区，其中“热点区”分布在西宁周围以及兰州的西北区域，“冷点区”分布在临夏市的东南部。

（3）生态环境一体化发展

生态环境是人类生存和发展的基本条件，是经济和社会发展的基础，根据兰西城市群区域生态环境现状进行整合发展，统一进行生态环境保护规划，有利于维护国家生态安全。[142]兰西城市群区域处于一个相对完整的自然地理单元和生态单元。同属于黄河上游地区，黄河干流及黄河支流——湟水河形成串连全区域的主要框架。城镇和主要交通线路均沿黄河及其支流——湟水河分布于其河谷阶地。但是，该区域在甘肃省和青海省属于经济密度和人口密度最大、城市集中、交通通信条件最为便利、经济社会相对发达、生态环境相对优越的精华地段。生态环境问题不仅制约着该区域的经济社会发展，而且对东中部地区，特别是黄河下游乃至首都圈的生态安全和环境质量构成严重威胁，是国家限制开发和禁止开发区域比重较高的地区。为了避免相邻行政区域工业和企业布局中的“环境不经济性”和环境成本转嫁现象发生，必须对整个区域统一考虑，进行生态环境的综合协同治理和生态环境保护。避免只顾经济利益，忽视环境效益，只顾本县经济利益，损害邻边经济效益，只顾当代利益，牺牲下代利益的现象发生。以生态化为理念，通过调整生产力布局、优化产业结构，发展循环经济和低碳经济，注重节能减材，建设和保护并重。

据区域生态环境要素、生态环境敏感性及生态服务功能的差异，把区域划分成不同的生态功能区（图 5-4-2），确定不同区域的生态环境保护目标、生态环境建设与发展方向，确定区域限制、鼓励或禁止哪些产业发展，从而维护区域生态安全、资源合理利用，最终为工农业生产布局等提供科学依据。

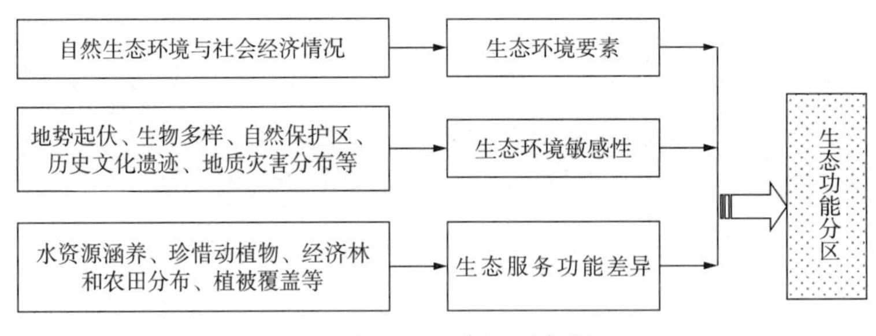

图 5-4-2　生态功能区划流程图

2）产业统筹发展

区域经济发展与城镇产业结构调整是互相依存的，区域经济发展过程中必然伴随着城镇产业结构的升级和优化，经济的增长实质是城镇产业结构升级和优化的结果。

（1）产业经济统筹发展现状和原则

兰西城市群产业发展，以比较优势明显的产业为重点。其中兰州发展石油化工、有色冶金、装备机械、生物制药产业；西宁市是区域性中心城市，青藏高原最大的商品集散地和贸易中心，西北地区重要的交通枢纽，内陆旱码头功能凸显。工业主要发展机械制造、化工、冶金、电力、轻纺、食品等轻、重工业。其余 70% 的市县以农畜产品加工为主要职能，职能比较单一，工业实力非常薄弱，有 1/3 的市县以第二产业为主，职能仅有农副产品加工，且工业和园区空间布局相对零散，发展自己的经济的同时，对邻区生态环境产生了影响，单个市县经济提高，31 市县整体经济却不见增加。因此，兰西城市群区域需要从整体上的资源、环境、经济和社会发展大系统角度，进行产业选择。具体考虑：①兰西城市群区域生态资源、矿产资源等资源禀赋，避免“资源劫难”，即资源的“比较利益陷阱”或“比较优势陷阱”——资源贫乏的区域（国家）的经济增长通常优于资源丰富的区域（国家）。②在承接东部转移产业的过程中，尽量避免劳动密集型和资源密集型产业。考虑到湟水及黄河上游地区生态环境的脆弱性和生态保护的重要性都远远大于下游地区，保护该生态环境成为黄河流域及全国的生态公共产品。片面强调发展传统产业的经济效益，忽视产业发展的“环境成本”的粗放式发展模式，也是不可取的。因此，兰西城市群区域经济的发展不能完全依赖于优势区域的转移产业，而应有选择地引进中东部地区的科技含量高的无污染产业。③避免“大而全”的产业结构。“大而全”，即不顾区域发展的实际，认为产业结构越大越好、越全越好。“大而全”反映出地区经济发展的封闭性、狭窄性和趋同性。该经济增长方式具有高投入、高消耗、低产出、低效益的特征，易造成资源浪费、环境污染等问题，严重阻碍经济增长方式向集约型、质量型、效益型的转变。

（2）产业统筹布局

兰西城市群区域产业发展，围绕着特色农业、民族工业、农畜产品加工业和中药材产业，以生态化理念为导向：①空间上以黄河干流、支流为产业经济纽带，优化川塬沟壑区产业布局，在城镇集中布局不污染环境的农产品加工业和科技含量、增值大的制造业、电子信息产业等。②产业内部形成区域性产业结构，按照流域的上游和下游关联性、一致性及产业互补性，加强产业的纵向和横向联系，以求在产业转型中加强产业融合。考虑区域产业发展基础和资源禀赋条件，突出区域优势，注重特色和优势产业，改变重复建设和产业同构现象，发展形成多层次、网络型、城市功能紧密联系、产业分工协作有序的新型工业化产业布局体系。③强化省会城市的带动和组织作用，整合兰州、西宁双核心城市的资源、人才和技术优势，依托兰州和西宁两个国家级经济技术开发区，优化空间布局，升级产业结构，推行现代企业技术，执行现代管理制度，强化兰州和西宁的辐射带动作用，将兰州市建设成为区域性国际化城市。[143]通过以上发展，兰西城市群区域产业在空间上形成了 4 个产业带，即：①兰州—白银的石化、冶金、能源、机械制造产业带；②兰州—永靖—临夏的建材、水电能源、农副产品加工、旅游产业带；③临夏—海东—西宁的特色农业、农畜产品加工、旅游产业带；④兰西城市群的交通运输、商贸服务、农产品加工、综合经济产业带。包含综合型城市、旅游型城市、资源型城市、交通型城市、农贸型城市。[144]

旅游产业发展，充分利用该地区自然风光、宗教文化和民族风情的魅力，加大开发和宣传力度，统一规划塔尔寺、唐蕃古道、兴隆山、孟达天池、刘家峡、李家峡、黄河四十里风情线、吐鲁沟等景点，实行区域联合，提高层次，整体协调，打造“黄河之都”、“中国夏都”、“黄教圣地”三大旅游文化品牌，形成黄河上游集文化遗存、民族风情、自然风光、宗教文化和人文景观于一体的国家级旅游名胜之地。

通过产业一体化，重点发展兰州市、西宁市两大城市，加速周边中等城市和小城镇的发展，实现交通、信息、工业等产业相互联系、相互影响的一体化发展，实现区域整体产业特色突出、优势明显、规模经济最大、环境外部经济性最小的产业发展目标。

3）基础设施一体化

基础设施一体化是树立区域观和一体化发展的重要保障体系和支撑作用。在快速、便捷、通达、高效、开放的城市网络结构体系中，交通与信息渠道是城市与城市之间联系的基本手段，为区域空间结构的优化及产业布局带来新的可能性，为此，应积极推动公路、铁路、航空、电网等重大基础设施统筹规划建设，重点构筑现代化的综合交通网络，加快交通一体化进程。该区域交通运输网络建设要坚持大市场、大交通的观念，寻求基础设施建设融资渠道和股份化投资机制，全面突破行政分割，做好规划协调，共建共享基础设施。[145] 以兰州、西宁两省会城市为中心，以河流和沟壑为延伸方向，以其余城市为枢纽，以辐射带动四周城镇发展为途径，以加强和方便区域内城市与城市之间、城镇与乡村之间的人流、物流、信息流为目标，形成铁路、公路、航空、电网和电信等级分明、信息化和一体化的联动发展。

根据区域空间定位，尽快推进西兰复线、兰新双线、包兰复线、兰渝线、兰州经中川至张掖城际等铁路线的建设，使兰州由区域性枢纽转变为现代化的路网型枢纽。提升 109 国道，推进兰州—刘家峡、西宁—大通等高速公路及连接白银、中川、永登、永靖、临夏等城镇的环兰州高速通道工程的建设，形成兰州都市圈和西宁都市圈的交通网络。

4）管治框架体系架构

伴随着兰西区域城镇化、城市区域化及兰州市大城市国际化，中小城市空间呈现为点轴和带状布局，规模等级分异加剧，同时，政府为了政绩、企业和生产单位为了利润最大化，园区数目和用地规模更是急剧扩展。城市和区域之间以及城市区域内部，资源相互争夺，生态环境和人居环境恶化，城市开发和建设无序，针对如何处理保护与开发并举、自然与人文和谐、本土化和全球化共赢、市场与政府互补、规划权威与市民参与共治等关系，本研究从管治的空间层次、管治的要素、管治机制和管治绩效评价方面进行兰西区域城市开发与建设的管治框架研究（图 5-4-3）。

（1）管治层次

不同的城市等级规模，市域、县域及城市建成区不同的空间尺度、不同的区域背景下规模等级各异的城市，其管治的内容和侧重点不同。一定区域背景下的城市不可能抄袭或者克隆其他城市的管治内容和管治模式。其中区域开发建设管治是根据区域开发的共同性原则，制定有别于其他区域，但在该区域值得共同遵循的建设原则和相关政策措施。主要作用是在兰西城市群区域开发共同的原则和措施指导下，加强区域发展行为的统筹协调，实现区域的

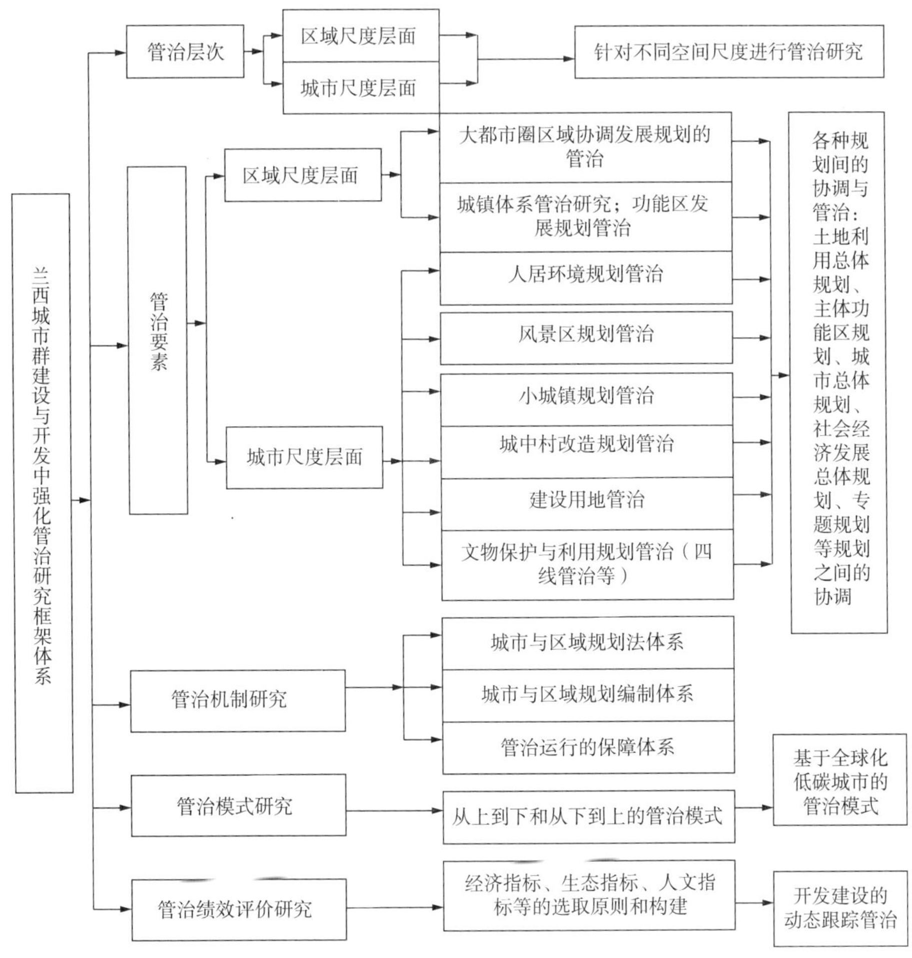

图 5-4-3　兰西城市群管治体系构架

整体最优发展。城镇开发建设空间管治是针对不同的城镇空间组织模式提出相应的城乡建设、生态保护、产业发展、资源开发等方面的措施与策略，引导和控制区域开发建设活动。管治的目的是保护空间资源，保护生态环境，促进经济开发，实现城镇可持续发展。具体分为城镇群和都市圈两类。

在市域范围这个尺度范畴之上，按照城市规划中不同地域的约束强度来划分规划与管治层级，具体管治层次包括优先发展区管治、引导发展区管治、疏解振兴区管治、调整拓展完善区域管治、协调过渡区管治、限制发展区管治、备用发展区域管治、生态保护区管治、开敞区管治、生态隔离区管治等。

优先发展区的规划与管治：发展潜能比较大的区域，符合国家产业政策、区域政策和城市开发政策的区域，基础设施配套完善、已有开发商投资意向的发展地区，近期被国家列为重点开发区的区域，主要包括西宁市和兰州市等。

引导发展区的规划与管治：通过政府引导，启动龙头项目，激发用地活力，保留置换能力，限制短视开发，带动城市发展，主要是白银地区。

疏解振兴区的规划与管治：以旧城改造的区域为主。依托城市综合实力和项目带动，逐片进行改造，逐步疏散中心区的压力，使旧城换新颜，如城市规划中的旧城改造地区、城区城市土地置换区、“城中村”改造等。

调整拓展完善区域的规划与管治：主要指各城市的城市建成区，要通过优化内部结构，增强自身实力和凝聚力，进一步扩大辐射范围。

协调过渡区规划与管治：位于城市建成区之间的过渡地带，应重点抓好基础设施的衔接，以绿色空间隔离城市新区，以生态组团引导城市的可持续发展，使城市发展步入良性循环。

限制发展区规划与管治：耕地保护区、农田保护区、林地保护区、生态环境极端脆弱区、水源地保护区、国家级风景名胜区、国家森林公园、名胜古迹分布区、有严重地质灾害的地区、有项目重复建设的地区等。

备用发展区域规划与管治：为城市未来发展留有余地的后备发展用地。

生态保护区规划与管治：重点保护、严格控制开发的绿色生态空间，如自然保护区、水源地保护区、湿地保护区和河流、湖泊等水域。还包括控制开发的边缘型生态空间，如大面积的乡村地区空间，包括乡镇驻地、农村居民点、道路、小型生产型建筑以及不允许发展工业的地区。

开敞区规划与管治：融城市、村庄、农田于一体的城乡一体化区域。这一区域应主动接受中心城市的辐射带动，不断增强自身实力，最终能承担起缓解城市郊区化的压力。

生态隔离区规划与管治：城市的主要绿化景观走廊。这一区域应该通过加强生态建设，对城市进行生态隔离，增加城市的景观多样性。

（2）管治内容

城市开发建设过程管治的要素主要针对城市发展的要素而言，主要包括自然生态要素和历史人文要素两方面。其中自然生态要素管治有风景区规划管治、城市建设用地管治，历史人文要素管治主要包括人居环境规划管治、城中村改造规划管治、文物保护与利用规划管治。

人居环境规划管治：城市人居环境是人们在城市居住生活的自然的、经济的、社会的和文化的环境的总称。城市人居环境包括城市、社区和建筑（居住）环境三个层次，可分为人居物质环境和人文环境。规划管治内容主要包括：①将科学发展观落实到空间发展上；②通过城市空间的整合及其相互协调，达到城市空间绩效最大；③如何实现城市居民与城市环境之间的和谐及市民之间的和谐；④自然生态的保护、治理与发展；⑤如何通过城市文脉的继承和发扬以及文化生态的保护、发展与复兴等，提升城市精神。

风景区规划管治：城市搞好风景区的各项工作“前提是规划，核心是保护，关键是管理”。对于风景名胜区的建立、开发与保护，国家已有一系列法规，风景区的规划管治是保护好、建设好、管理好风景区的重要手段和必要前提。特别是风景区的自然风景资源和人文风景资源管治、风景区的生态环境管治研究显得尤为重要。

小城镇的规划管治：作为从农村到城市的过渡形态，小城镇的规划管治是一个深入调查、科学决策、严格管理和有效实施的过程，我们需要充分认识其优势和缺陷，并且有效合理地扬长避短，为我国经济结构矛盾的解决创造有利的条件。广大规划管治人员要不断提高规划管治水平，协调好各方利益，严格按照有关法律法规开展工作，优化配置各项资源，根据小城镇的生态环境容量和土地承载能力，对小城镇人口规模和工业用地进行合理管治，特别是小城镇文脉的继承，避免“千镇一面”。

城中村改造的规划管治：在城中村改造的规划管治中，居住环境的改善至关重要，要体现出原城中村的风貌。特别是道路系统的分级要依其交通量来确定，不能机械套用城市道路系统等级，但干路与城市相接时要尽量与城市道路等级相同；通达性保留，但旧式的自然生长的道路需要梳理，既提高效率又保证犯罪空间不再产生；商业功能等产业的布点不能过于零散，因为周边城市的服务业发达，所以也应该适当减少城中村的原有小作坊式产业的发展；城中村的历史文化遗产保护工作是重点，规划建设后，城中村应该更像城中村，“村性”不能消失，城市的元素也只能渗透其中，不能张扬外露。同时，按照法律所要求，对其仅存的基本农田要进行绝对的保护，防止以基本建设和行政命令的方式强行推进城中村开发和建设。

城市开发与建设中规划建设用地的管治：城市建设用地的控制是一个十分复杂的系统，而目前对于这个问题大多是定性的研究，缺乏足够的定量和实证基础。因此，在城市开发与建设中，对不同区域背景下的城市居住用地、公共设施用地、工业用地、仓储用地、对外交通用地、道路广场用地、市政公用设施用地、绿化用地、水域、特殊用地和其他用地等进行定量分析，对土地属性和功能合理化进行管治，实现城市建设用地的产出、空间绩效、综合效益最大化。

文物保护与利用规划管治：世界遗产工作在国际上已比较成熟，有一套完整的体系，而我国在体制和法制上都不够完整。按照国际惯例，应从各部门抽调相关专家成立“中国世界遗产委员会”。中国世界遗产委员会是文化遗产保护与利用中“管治”的核心部门，它在分析协调文化遗产相关组织及部门的利益后，在有利于文物保护和可持续发展的基础上，负责世界遗产的评价、检测并审批所有关于世界遗产的保护及建设性的开发。法制方面，已经有了《中华人民共和国文物保护法》等法律法规，但还缺乏专项的法规。因此，管治过程中需要强化：①成立研究机构为城市文化遗产培训专业技术人员，组织专业管理人员；②加强对城市文化遗产保护的执法力度，提高监测水平；③全面认识，广泛、深入、持久地宣传文化遗产。

小结

人—地复合系统，一方面具有整体性、复杂性、非线性及各圈层之间相互作用与影响，另一方面，也表现出在外界因素作用下的可维系与可调控性。城市作为一个综合系统，城市环境与城镇化之间也表现出人—地相互作用的复杂性和整体性。本章从自然环境——“地”对城镇化发展的基础作用和可能性、城市经济——“人”对城市生态环境的作用和影响以及政策三个方面分析了城镇化空间格局与环境之间的胁迫机制。

“地”：兰西城市群区域处于青藏高原和黄土高原的交接过渡处，属于环境变化的敏感带和生态环境脆弱带。生态环境下垫面对环境的变化起着主导作用，即土地利用类型的变化，影响改变着生态环境空间格局变化，其中，半干旱地区水对环境的变化起着重要作用，表现出河流量大小和河流密度与生态环境承载力在空间上的强相关性。

“人”：区域的地形地势决定了交通干线布局的方向性和局限性，因此，在人文经济要素中，交通干线对生态景观格局、土地利用类型及土地利用强度的影响也较大。借助景观生态学相关理论和方法，通过 RS 和 ArcGis9.3 技术支撑，采用最大缀块指数、平均缀块形状指数、景观分割度指数、缀块分割指数、聚集指数等指标，研究发现交通干线在 5km 范围内对建设用地的分割程度最大，10 ~ 20km 之间对林地影响程度最大。另外，城市经济发展过程中，因不同的产业结构和发展模式对生态环境要素的影响不同，所以本章通过对区域耗水结构与产业结构之间关系的研究总结出：区域内用水结构的不合理性，以农林牧渔用水为主，集中了甘肃省主要的工业用水，对水环境污染较大的产业集中在采矿业和造纸业。因此，兰西城市群区域水质与城市产业空间分布类型具有较强的耦合性。最后，通过数据统计研究发现，伴随城镇化进程的加快，城市经济规模和城市供水之间的矛盾越来越大。

另外还发现：在城镇化空间格局形成过程中，自然条件（地势、河流等）奠定了城镇化空间格局的基础；人口经济规模在经济基础中起到核心作用，经济总量的高低会影响城镇化空间辐射范围，而产业结构和经济技术开发区建设会加快城镇化空间格局的演化；交通网络体系带动了区域城镇化空间格局的形成，政治和社会因素起到了推动作用。

第 6 章　兰西城市群城镇化空间格局优化

格局是艺术或机械的图案、形状、格式、布局，城镇化的空间格局就是城镇化的局势、态势、结构。城镇群发展格局是基于该城镇群区域范围内的资源环境格局、经济社会发展格局和生态安全格局而在空间上形成的以一个或两个（少数多核心的城镇群例外）特大城市（小型的城镇群为大城市）为中心的等级规模有序、职能分工合理、辐射带动作用明显、城市间内在联系不断加强的空间配置形态及特定秩序。城镇化空间格局的变化、演化、进化和优化与城镇化过程、机制和动力密切相关。城镇化过程直接影响着城镇化格局，城镇发展格局最终受到城镇化的驱动力和城镇化驱动机制影响，并通过体现出来的城镇化过程影响城市发展格局。[148]

6.1　城镇群空间格局优化的原则和内容

依据城镇化空间格局现状、形成过程及城镇化与生态环境的交互过程，该区域城镇化空间格局优化原则包括持续发展原则、效益最大化原则、网络化和紧凑性原则。

6.1.1　“三生”空间优化组合，可持续发展原则

城镇群 PRED 的协调和生态、生产、生活空间的优化组合。生态空间是城镇化空间格局优化的基础，生产空间是城镇化空间格局优化的支撑，生活空间是城镇化空间格局优化的目标。通过城镇化空间格局优化实现该区域人居环境最宜人。通过城镇化空间优化实现资源（R）、生态环境（E）效益、经济效益（D）和人口（P）的社会效应不一定是最大化，但肯定是生态环境得到充分尊重和优化。

生态空间保持山清水秀：区域内山川、河流、湖泊、森林草原得到养育和保护，实现山清水秀、草绿天蓝。实施甘肃省和青海省主体功能区规划，建设和保护好生态功能区，对城镇化地区和农产品主产区也要在增强生产功能的同时，尽可能兼顾生态功能。对重要的生态功能区进行保护，努力做到给自然留下更多修复空间，给农业留下更多良田，给子孙后代留下天蓝、地绿、水净的美好家园。

兰西城市群重要生态保护空间 **表 6-1-1**

名称	位置	保护对象
青海孟达自然保护区	循化	森林生态系统及珍稀生物物种
大通北川河源区自然保护区、老爷山、宝库峡、鹞子沟风景名胜区	大通县	森林生态系统；自然景观和人文景观
北山国家森林公园、北山国家地质公园、佑宁寺风景名胜区、南门峡省级森林公园、互助松多省级森林公园	互助县	原始生态森林；“岩溶”地貌景观
群加森林公园	湟中	森林生态系统
峡群寺省级森林公园	平安	森林和自然景观
连城自然保护区	永登	森林生态系统及祁连柏、青杆等物种
兴隆山自然保护区	榆中	森林生态系统
莲花山自然保护区	康乐	森林生态系统
甘肃太子山自然保护区	临夏州	森林生态系统
甘肃黄河石林自然保护区、寿鹿山自然保护区	景泰县	地质遗迹、森林生态系统
黄河三峡湿地自然保护区	永靖县	水生动植物及湿地生态系统
铁木山自然保护区	会宁县	灰雁及矿泉水、古代庙宇等森林生态系统

生产空间集约高效:包括农田、工厂、开发区、矿山、商场、店铺、道路、机场、港口等。按照优化国土空间开发格局的要求，通过转变经济发展方式，合理调整三次产业及其内部空间结构，提高现有生产空间利用效率，严格控制生产空间的扩大。防止工业和服务业随意挤占农业发展空间，过度开山，减少乃至最终停止生产空间对生活空间和生态空间的侵蚀。将关闭或废弃的矿山、厂址和圈地后长期未开发的园区恢复为生活空间或生态空间。

兰西城市群重要生产空间（国家级开发区及重点产业） **表 6-1-2**

开发区	形成的重点产业
兰州新区	支柱产业：石化、装备制造、新材料、生物医药、电子信息、现代物流。着力围绕石油化工、水性材料、装备制造、电子信息、光电制造、生物医药、大数据、现代物流八大产业
兰州高新技术产业开发区	新材料、新能源及低碳环保、先进制造技术、生物技术及新医药

续表

开发区		形成的重点产业
兰州经济技术开发区		先进装备制造、石油化工、机械电子、医药、食品饮品、建材
西宁经济技术开发区	东川工业园	硅材料、光伏产业、有色金属新材料
	甘河工业园	有色金属加工、盐化工
	生物科技产业园区	高原生物制品、中藏药、装备制造和科技孵化产业
	南川工业园区	藏毯、绒纺及相关产业
白银高新技术产业园		化工及精细化工、有色金属及稀土新材料、新能源材料、医药及医疗器械、现代加工制造及特色农副产品深加工

生活空间宜居适度:包括住房、各种消费和休闲娱乐场所等。这类空间要宜居，开发适度。保留城市之间的具有生态调节功能的森林、田园和空地。按照生态文明建设要求，重新审视城市建设理念，真正贯彻以人为本的思想，严格控制城市的市区规模，调整市区的建筑结构和密度，改善布局。

为确保兰西城市群“三生”空间协调发展，必须确定城镇的合理人口规模、用地规模，划定城镇增长边界。根据兰西城市群生态环境基底、水资源承载力、土地承载能力等区域综合容量及相关上位规划，确定该城镇群人口规模及各城市人口规模、建设用地规模。由市县进行城市增长边界等专题研究，差异化地划定城市的生态红线及流域上、下游河流的保护范围。从各个城市的具体特点出发，构建网络化的城市生态廊道，建设复合宜居的城市生态网络，推进以功能混合、空间紧凑、产城融合、三生（生态、生产和生活）共生、经济循环为特征的复合型城市建设，促进城市经济发展与生态环境保护的有机融合，创造良好的人居环境，不断增强城市的可持续发展能力，积极探索城市绿色发展、绿色繁荣之路，将是城镇群发展的重要方向。

6.1.2　城镇发展要素自由流通，效益最大化原则

城镇群发展要素的自由流动，空间经济效率及辐射带动效应最大化。虚拟经济越是快速发展，实体经济地位越是重要，以网上银行、手机银行、电子商务为代表的虚拟经济背后都产生了很大的人流、物流，而这些都依赖于区域间和城市间的交通网络体系。因此，交通网络一方面要保证城镇群与其他区域的连通，又要保证内部不同规模等级和职能特色的城市间循环畅通。

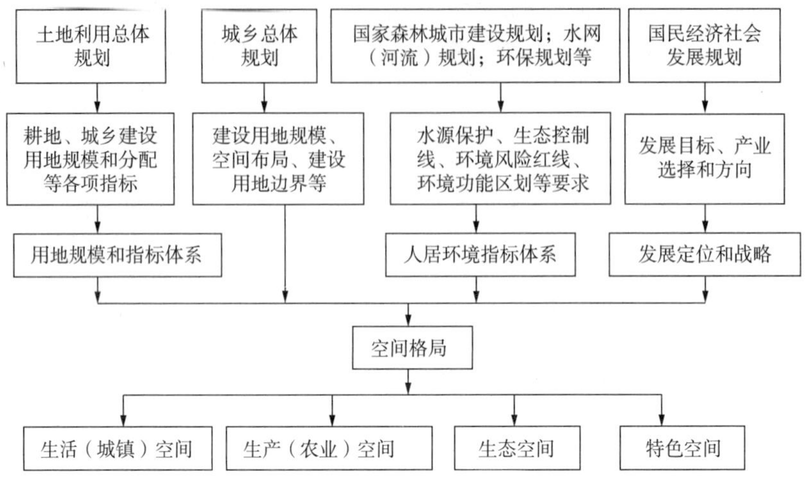

图 6-1-1　统筹现有规划，合理确定三生空间功能

城镇化的空间格局最优化，必须保证社会、经济和生态环境效益的最大化，在生态环境承载力和容量范围内，经济效益和效率最大化，是社会效益和生态环境效益最大化的保障。效益最大化不是牺牲生态环境可恢复能力的经济最大化，而是在生态保护与城镇基础设施建设发展间存在冲突时，城市建设让位于生态保护，GDP 增速让位于结构调整。

6.1.3　城市功能优化和特色化，城镇网络化原则

城镇化空间格局的优化是基于城市的特定功能定位而言，城镇群内中心城市的功能必须是最大化，才能产生辐射和带动作用。中心城市有必要将部分功能疏解到外围城市，外围城市则需要围绕中心城市的互补功能进行差异发展，避免功能同构性的竞争，从而使中心—外围的城市形成资源共享、功能互补，减少对发展资源的相互竞争。

城市功能包括居住、生产、医疗、教育、科研、商业、行政等，从而形成了交通中心、政治中心、文化中心、金融中心、科技创新中心。但是中心城市承担过多功能，容易产生交通拥堵、环境质量下降、资源短缺、城市基础设施超载、房价上升等城市病问题，因此需要确定中心城市核心功能，将与兰州、西宁城市核心功能不对应的服务周围区域的产业和功能，向周围城市转移。

6.2　培育和优化城镇群发展的主要路径

《国家新型城镇化规划（2014—2020）》中指出：中西部城镇体系比较健全、城镇经济比较发达、中心城市辐射带动作用明显的重点开发区域，要在严格保护生态环境的基础上，特别是基本农田，严格保护水资源，严格控制城市边界无序扩张，严格控制污染物排放，

切实加强生态保护和环境治理，彻底改变粗放低效的发展模式，确保流域生态安全和粮食生产安全。引导有市场、有效益的劳动密集型产业优先向中西部转移，加快产业集群发展和人口集聚，培育发展若干新的城镇群，在优化全国城镇化战略格局中发挥更加重要的作用。针对兰西城市群，需要从产业结构、空间结构、交通网络、科技创新等方面进行城镇群的培育和优化发展。

6.2.1　依据城镇生态环境承载力，划定区域功能控制线

新常态下，围绕新型城镇化任务要求，结合国家“多规合一”试点内容要求，构建新的空间体系。将城市建设用地增长边界线与城市规划中的七线（城市红线、城市绿线、城市蓝线、城市紫线、城市黑线、城市橙线和城市黄线）或者五线（红、黄、蓝、绿、紫）结合，将城市蓝线和城市绿线结合，划定城市基本的生态控制线。将城市红线和城市黑线结合，确定重要基础设施控制线等。同时，结合国民经济和社会发展中产业发展的重要载体——工业园区，确定工业区块边界线。

6.2.1.1　功能控制线类型及影响要素

依据兰西城市群内不同城市生态环境容量，按照城镇空间、生态空间和农业空间等不同功能区空间控制线划定影响因素，按照主导因素和因素影响力大小，确定耕地保护控制线、基本生态控制线、城市建设用地增长边界线、工业区块边界线、重要基础设施控制线和历史文化保护线等六线的划定。涉及六线划定的影响因素及相关上位规划如表 6-2-1 所示。

六线划定因素　　　　**表 6-2-1**

控制线类型	要素	上位相关规划
耕地保护控制线	一般农田、基本农田、永久性基本农田；自然村等	土地利用规划；农业布局规划；镇街道总体规划
基本生态控制线	水系控制线和绿化控制线：自然河道、水库、湿地、水源地、公园、城市防护林等	水网（水系）规划；城市绿地系统规划；环境规划
城市建设用地增长边界线	建设用地、城镇空间形态和发展潜力等	城市总体规划；城镇总体规划和空间发展战略规划
工业区块边界线	工业（企业）区、工业类型及环境影响	工业园区规划；环境影响评价
重要基础设施控制线	高速路、高铁、城际铁路；污水处理厂、变电站（220kV 以上）等	城市总体规划、城镇总体规划、专项规划等
历史文化保护线	文物保护单位、文化街区等	城市总体规划、历史文化名镇村保护规划等

6.2.1.2　六线划定

统筹兰西城市群内现有多种规划，采用系统分析、综合分析等方法确定其空间功能和发展目标。在生态敏感度划分、承载能力和发展战略及目标研究基础上，采用 ArcGIS 技术的空间分析、缓冲区分析、叠加分析等确定城市建设用地增长界线、基本生态控制线等，形成城镇群内城市的生态空间、生活空间、生产空间和特色空间。一方面，有利于对城镇群内城市的生产、生活和生态等进行空间指引，包括控制等级、宽度、范围、结构规模等；另一方面，对今后城镇群内城市城镇建设、土地利用规划、产业布局规划等提出引导。具体工作方法如下：

1）耕地保护控制线

依据土地利用规划，涵盖一般农田、基本农田、永久性基本农田等，考虑村庄、居民点的建设用地变化，确定 2020 年耕地保护范围，划分为一、二、三级控制线，进行耕地数量保护，耕地质量保护，耕地生态保护。

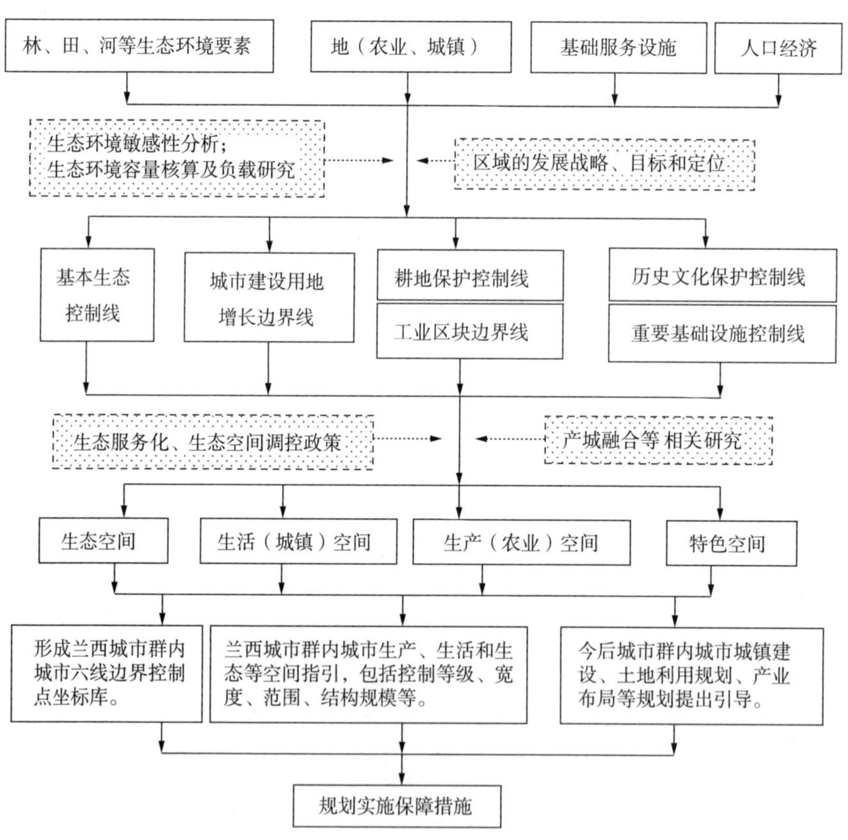

图 6-2-1　六线控制及控制的指标和内容

2）基本生态控制线

包括水系控制线和绿化控制线。

水系控制线：考虑防洪、水源地、生态涵养、生物多样性保护及绿化景观等功能需求的宽度和范围，划定水系控制线（城镇地区与河岸栖息地有关的天然游荡性河道的河流所要求的土地范围划分为河流廊道的最小范围，包括沿河的植被和栖息地、蓄滞洪区、湿地等按不同保护目标的一系列开阔地）。

绿化控制线：依据现有山体绿化、水网沿线生态绿化带、防护林带、农田间、林地和城市绿地、水源涵养林、农田防护林等功能所需求的宽度和范围，构建大生态格局，加大生态控制。

3）城市建设用地增长边界线

根据城市总体规划和城市周边街道、独立街道总体规划，通过水、地形、湿地、植被、灾害风险等因子，综合评价生态敏感性等级类型和范围，结合城市发展战略、目标、空间增长方向等，划定 2020 年城市建设用地的刚性增长边界线和弹性增长边界线。

4）工业区块边界线

为统筹工业布局，按照企业发展需求、不同类型工业项目对环境的影响程度进行分类控制，划定国家级、省级、市级工业区块边界线。

5）重要基础设施控制线

对已经确定成熟的重要基础设施和未来即将建设的重要基础设施［高速路、高铁、城际铁路；污水处理厂、变电站（220kV 以上）等］，依据不同功能需求及对周边人居环境的影响程度划定重要基础设施控制线。

6）历史文化保护控制线

依据国家、省、市确定的历史文化街区、文物保护单位的规模、保护等级等，划定历史文化保护控制线，确定保护范围、建设控制区等。

6.2.2　扩大中心城市规模，提高中心城市辐射带动力

6.2.2.1　大兰州都市圈建设

推进以兰州、白银主城区和兰州新区为核心的都市圈建设。辐射区包括兰州市红古区、榆中县、皋兰县、永登县，白银市平川区、靖远县，定西市安定区、临洮县，临夏州临夏市、永靖县，共有 15 个县（市、区）和 82 个建制镇。2012 年核心区城镇人口 206.54 万人，地区生产总值 1591.4 亿元，城镇化率为 87.8%。

优化兰州老城区和白银主城区空间开发结构，加快兰州新区和白银工业集中区建设，合理调整城市人居、产业和生态空间布局。依据城市发展的布局要求，引导企业出城入园和承接产业转移，促进产城融合发展。完善城际间交通等基础设施，加大城市大气污染和黄河兰白段水环境治理，实施沿黄生态修复工程，扩大城市绿地覆盖面，推进资源型城市转型，提升城市服务功能和改善人居环境，建设国家战略性石化基地和有色金属深加工基地，大力发展商贸物流、金融等现代服务业，将兰白都市圈建设成为西部地区科技研发创新基地、西北交通枢纽及物流中心、承接中东部产业转移和向西开放的战略平台、引领全省新型城镇化发

展的核心区，增强和提升中心城市的聚集、支撑、带动、辐射作用，在更高层次上参与国际合作和区域竞争。

其中兰州新区包括现代农业示范园区、空港物流园区、临空产业园区、装备制造业园区、新兴产业园区、循环产业园区、生态休闲区等10个园区。重点发展十大主导产业，包括战略性新兴产业、高新技术产业、石油化工、装备制造、新材料、生物医药、现代农林业、现代物流仓储和劳动密集型产业等。其中，综合产业片区：依托现有吉利汽车等企业，发展汽车与机械制造产业，在其南部，依托产业升级发展以信息技术为主的高新技术产业。石化产业片区：位于新区北部，结合国家石油储备库和西固石化产业扩能，重点引进与石化产业相关的项目类型。装备制造产业片区：在兰石集团、兰州电机公司、兰通厂、长征机械等项目的带动下，引进相关产业类型，形成以高端装备制造为主的产业组团。临空加工制造与物流产业片区：通过对机场航站楼周边用地进行改造，形成临空特色商贸物流区。

6.2.2.2 大西宁都市圈建设

大西宁都市圈建设以西宁为核心，辐射周围150km左右的区域，形成中心城市、内圈层、中间圈层和外圈层的结构模式。①中心城市，通过促进西宁市区向多中心、组团式发展，大力提升西宁的综合实力，把西宁打造为一个强大的区域中心。②内圈层，包括大通、湟中、平安三县，以发展西宁卫星城镇为导向，建设西宁“半小时经济区”，明确产业分工，接受主城区工业外迁。其中大通以能源、建材、冶金为主的先进制造业基地、农副产品基地、休闲旅游基地，是西宁北部发展的区域中心。大通北部是都市区的水源地和生态涵养林，应该限制向北发展，引导建设用地向南拓展。平安是青海省东部枢纽城市，新兴产业和物流新城，具有古驿文化特色的商务休闲城市和高原生态城市。平安城镇空间沿湟水河拓展，中心城区融合空铁新城和平东工业园区，承接中心城区部分城市专业功能疏解，与西宁共建曹家堡临空经济区。③中间圈层，以乐都、互助、湟源、贵德为主，是西宁辐射的中间站。其中，乐都、贵德两县地理位置、交通设施相对较好，发展城镇化条件最为优越，应建设为都市圈内的次中心城市。互助是具有土族特色、高原田园风光的旅游休闲度假名城和酿酒名城，北部是北山国家自然保护区、地质公园和森林公园，是都市区重要的生态涵养区，控制向北发展，主要向东和向南拓展。湟源是湟水源头文化古城，唐蕃古道商贸重镇，高原河谷旅游休闲城镇。湟源以湟水河为城市发展带，老城区融合五大片区形成组团发展，中心城区以向西和向南跨河发展，强化与西宁之间基础设施的连接和共建，促进城际轨道交通一体化发展。④外围圈层，由门源、海晏、共和、尖扎、循化、化隆、民和构成，把这些城镇培育成县域增长极，使他们在推动西宁地位提升的同时，把西宁的经济能量扩散到周围腹地，带动整个区域优化和发展。

6.2.2.3 兰州西宁城镇群的双轮驱动，沿轴线向外辐射

河湟谷地地形不开阔，受地貌影响较大，城镇沿着河谷两岸呈狭长带状扩展。交通成为制约城镇发展的重要问题，城镇建设依托本地区生产力布局的现状特点，因地制宜，稳步发展，

形成以兰州、白银、兰州新区为都市圈的右中心，西宁都市圈为左中心的双轮带动作用。

左轮是西宁都市圈，重点以西宁市建成区为核心，统筹周边城镇，重点建设 3 个城镇群：①互助县城（威远镇）、丹麻镇、大通县城关镇、塔尔镇、东峡镇、桥头镇城镇群；②湟源县、城关镇、大华镇、湟中县城、鲁沙尔镇、上新庄镇、多巴镇、西堡镇、李家山镇城镇群；③平安县城、三合镇、平安镇。其中塔尔镇按照“以设施农业引领一产，以资源开发做强二产，以发展商贸搞活三产”的思路，共谋经济与社会全面发展。鲁沙尔镇重点建设四个农业基地：①以阿家庄村为主的 13 个村万亩油菜示范基地；②以下重台村为主的 3000 亩露天蔬菜基地；③以白土庄等 10 个村为主的 2300 亩马铃薯种薯繁育基地；④以朱家庄等 5 个村为主的 10000 亩燕麦种植基地。东峡镇位于县域空间发展框架中的东部生态观光区，是产业发展区中的东峡发展区，作为大通县东北部的经济、文化、商贸中心，东峡镇是以旅游业和商业贸易为主，农副产品加工为辅的旅游商贸城镇。湟源城镇以旅游服务业为主导，实施旅游驱动，以打造青海文化旅游名县为目标，确立旅游业为主导产业，围绕旅游业构建产业链，带动民族特色加工业发展。

右轮是兰州都市圈，重点以兰州城区、兰州新区、白银市区为核心，统筹周边城镇，重点建设一区二群。其中一区是兰州新区，包括中川镇、秦川镇等 10 个园区。二群分别是：①白银—皋兰—兰州市区—榆中—靖远城镇群，重点建设青城镇、石洞镇、忠和镇、什川镇、和平镇、定远镇、金崖镇等；②积石山—临夏—和政—康乐城镇群，重点建设大家河镇、官亭镇、马集镇、土桥镇、枹罕镇、马家堡镇、松鸣镇、苏集镇、洮阳镇等。形成“一城一特，几镇一特”的城镇群建设。其中定远镇发展高原夏菜。高原夏菜产业，已经形成一次性库容量 7.5 万吨，年蔬菜外销量 8 亿公斤，实现销售收入 8 亿多元，解决农村富余劳动力 1.5 万人以上的蔬菜冷鲜库群，销售范围已发展到全国 60 多个蔬菜批发市场，形成了西北最大的高原夏菜集散中心。二是特色农业，目前已经形成以猪咀岭、歇驾咀为主要区域的鲜切花卉、盆景种植基地。加快推进土地适度规模经营和农业产业化经营，积极探索新型经济组织，推进“一村一品”发展模式，建立以农业合作社、“农家乐”、种植为主导的村级集体经济发展基地，打造可持续发展的“后花园”。榆中城关镇：一是准确定位，明确发展思路。依据镇的区位特点，制定镇的 1237 发展思路（全面贯彻落实党的十八大精神和科学发展观，围绕县委“工业强县、产业富民”两大主体战略，以城乡统筹发展为目标，实施县城区域中心带动、产业带动，以宜居县城、产业园区、旅游村镇三大承载板块建设为重点，统筹抓好项目建设、农业主导产业建设、基础设施建设、生态环境建设、文化建设、平安城关建设和基层组织建设）。二是注重招商引资，狠抓项目建设促发展。近年来，共实施重大项目 45 个，过亿元项目 10 个。三是致力于城区开发，提高跨越发展承载力。加大征地拆迁力度和协调解决矛盾纠纷的力度，积极探索违法违章建设管理的新办法和途径，对城市规划区内农宅翻建和商铺建设加强管理。按照县城总体规划，新建盆地大道和环城东路。四是致力于扶贫攻坚工作，促进贫困人口增收致富。

通过兰州都市圈和西宁都市圈建设发展，人口和经济的集聚，促进工业化和城镇化互动发展，引导甘肃省和青海省生产要素向兰—白—西城镇群区域集中。然后沿着河流、高速公路、省道与周围城镇群进行协调发展，形成兰州、西宁为区域中心城市，白银、定西和临夏市为次区域中心城市，以白银为节点，沿包兰铁路及 109 国道轴线协调带，以海东地区为节点，青藏线和兰青公路线及 109 国道轴线协调带，以安定区为节点，陇海铁路、巉柳高速公路和 312 国道轴线协调带，以临洮为节点，兰临高速公路、212 国道轴线协调带，以临夏市为节点，兰刘（刘家峡）公路和 213 国道为轴线协调带。

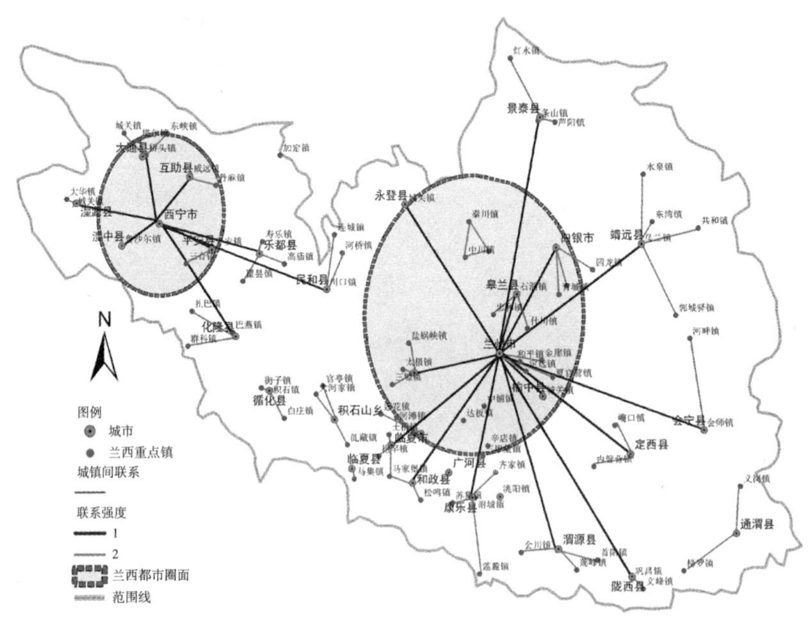

图 6-2-2　兰—白—西城市群“双轮联动”及城镇群结构

1）北向发展轴线的协调

以白银为节点，以包兰铁路、兰白和柳忠高速公路及 109 国道为纽带。

近距与中卫、银川协调：加强兰州与陇东地区、宁夏的交通联系，强化兰州与中卫、兰州与银川间的基础设施建设。联合建设黄河兰州至中卫段沿岸生态保护工程，协调以黄河为水源的区域供水和黄河排污。

推进包兰铁路沿线地区城镇合作，密切甘肃的兰州、白银与宁夏的吴忠、银川等地的联系，加强信息、物资、技术交流，推动沿黄河经济带的崛起。联合开发沿黄河旅游资源优势组合，打造大区旅游精品工程。

远距与内蒙古协调：协调基础设施建设时序及位置，完善区域道路系统。强化沿交通通道地区的生态环境保护协作，开展沙漠化治理。协调市场体系和联系度，积极开展技术合作，联合发展产运销一体化。通过包兰铁路和 109 国道，积极强化兰州、白银与乌海、包头、呼和浩特等地之间的经济联系，联合打造“黄河经济带”。

2）西向发展轴线的协调

以连海为节点，以青藏线和兰青公路线及 109 国道为纽带。

近距与海东、西宁协调：协调两省衔接地区城镇发展、产业布局、市场体系、基础设施建设，共同建设与保护跨省域的生态环境，发挥各自优势，联合发展区域旅游业。

兰州红古区与海东地区为近邻，亟待进一步密切合作，协调职能分工，优化产业组合。要加强湟水河上游河流与城市环境保护工作，保证进入兰州都市圈的河流水质达标。依托青藏铁路的纽带作用，积极与西宁合作，把兰州都市圈打造成服务青藏高原的门户地区。

远距与青藏的协调：兰州作为进出青藏的重要门户，需充分发挥西北区域中心的作用，积极支持青藏铁路的高效运行和沿线地区的发展；依托铁路集装箱中心站、铁路编组站、公路集装箱中转站的建设和青藏铁路的开通，建设集仓储、加工、配送、期货、信息、综合服务为一体，汇集物流、信息流、资金流的西部大型物流园区——青藏物流园区，以黄河为水源的区域水厂应统一协调，进行永久性水源地保护，加强生态环境保护协作，共同开发青藏线旅游资源，共推新世纪兰州—拉萨国际旅游热线，推动甘青藏三省区的合作发展。

3）东南向发展轴线的协调

以安定区为节点，以陇海铁路、巉柳高速公路和 312 国道为纽带。

近距与天水、陇东地区协调：完善定西—天水城际交通通道，强化定西与天水的交流与合作。积极利用定西与天水的交通纽带，加快兰州都市圈东向的物流发展。依托定西的辐射作用，与陇东地区开展技术、经济等方面的合作，带动陇东地区发展。

远距与陕西以及川西北地区协调：尽快合作构建兰州都市圈与陕西之间的高速公路或高等级公路网，利用陕西省的区位优势，促进兰州都市圈向东开放。合理引导城镇沿交通通道聚集发展，加强城市间的协作。依托西陇海—兰新经济带，加强与关中都市群在经济、科技、信息和金融等方面的合作与交流，带动兰州都市圈的快速发展。

协调基础设施建设时序及位置，完善兰州至川西北地区道路系统。充分利用甘川的交通联系，发挥兰州都市圈南部的农业优势，加强两地在农产品和物流方面的合作。协调建设和保护国家森林公园、风景名胜区、休闲旅游度假区等，合作开发旅游线路。

4）南向发展轴线的协调

以临洮为节点，以兰临高速公路、212 国道为纽带。

远距与四川西部的协调：协调交通基础设施的开发时序及位置，完善区域交通网络，为两地经济和文化交流提供便利条件，协调保护区域生态环境资源。

积极利用地方资源和特色，合理分配职能，密切产业协作。充分利用临夏地区与川西的自然联系，发挥临洮地区在农业方面的优势，加强商贸、物流等方面的合作。协作开发区域旅游资源优势，联合打造临洮至川西特色生态旅游线路。

5）西南向发展轴线的协调

以临夏市为节点，以兰刘（刘家峡）公路和213国道为轴线。

近距与甘南地区的协调：协调基础设施建设，完善两地交通网络。合作建设沿交通通道生态廊道，保障城市与区域整体生态环境质量。协调保护和开发临夏州与甘南地区草场资源。

协调市场体系。充分利用临洮节点的辐射作用，充分发挥民族地方特色工业和生态农业优势，加强与甘南地区的资源开发和区域合作。加强两地的文化交流，挖掘区域旅游特色，联合开发邻域少数民族旅游资源。

6）西北向发展轴线的协调

以永登为节点，以兰新铁路和312国道为纽带。

近距与金武城镇群协调：协调兰州—武威、兰州—金昌城际重要交通设施建设的时序、标准和位置。重点保护黄河支流生态环境，支流廊道沿线水质应严格控制在Ⅲ类水质标准以内。积极利用兰新线铁路通道的优势，加强两地的科学技术合作和文化交流，明确产业优势，协调职能分工，合理引导城镇、产业沿交通通道集聚发展。

远距与河西西部及新疆协调：强化沿通道建设，协调省际高速公路、国道、铁路建设。合作建设沿交通通道防护林带，城市外围生态廊道，保障城市与区域整体生态环境质量。重点协调市场体系，强化区域间商贸和物流合作。发挥兰州都市圈在石油化工技术、冶金技术与机电等技术方面较为先进的优势，促进区域的石油天然气与矿产资源的开发利用。

6.2.3 重点培育规模以上重点镇和特色镇的建设发展

城镇群对城市群的形成和发育有着重要作用。从城镇群与城市群的关系来看，城镇群的人口数量和经济总量有严格的要求和标准，有相当的体量，城镇群只要三个以上城镇集聚到一起彼此发生经济技术联系即可，从相互关系来看，城市群可包括若干个城镇群，但城镇群不包括城市群。因此，城镇群建设对培育城市群发展起到至关重要的作用，特别是重点镇和特色镇的建设发展。

伴随经济全球化趋势的进一步加强、市场经济体制的进一步完善和国家城市体系的重组、巨型与超巨型城市的形成，城市群辐射范围将进一步扩大，中国城市群将按照点—轴—面的空间结构模式形成国家城镇群空间结构体系。[6] 伴随新型城镇化的推进，小城镇如何融入城市群的“网络+等级”、“竞争+合作”的演化趋势，对城市群的健康持续发展起到重要作用。通过三大城市群内小城镇规模等级体系、空间分布、主导产业和城镇建设管理水平等方面的分析，结合三大城市群针对城镇群内小城镇的发展，兰西城市群的建设发展需重点做好以下方面：

6.2.3.1 加大城市群内小城镇规模等级体系建设，引导大镇和特大镇的发展

城镇群发展的网络化和等级化越来越明显，根据全国不同城镇群内小城镇人口规模、经济总量和建成区规模等研究和划分兰西城市群内小城镇等级体系，每一个市县重点建设和扶持发展2～3个大镇和特大镇发展，合计80多个重点镇。大镇和特大镇在规模和形态上与

城市接近，但在等级化的城市管理体制中，大镇、特大镇处于行政等级的最基层，不能享受与经济和人口规模相对应的资源配置地位。因此，针对兰西城市群内大镇和特大镇的发展，一方面，可对条件成熟的大镇和特大镇进行“撤镇设市”，改革“镇财政管理体制”，增加特大镇“建设用地指标”，下放大镇、特大镇管理权限，重点通过拉大特大镇建设空间，完善相应的基础设施，为承接核心城市和大城市转移的人口和产业，提供足够空间；另一方面，依据核心城市和中心城市空间功能结构，引导大都市周围大镇和特大镇的合理分工和持续发展，在大都市与大镇及特大镇之间适当保留绿色保护带等，避免大都市区继续向外蔓延拓展。

兰西城市群重点建设发展的小城镇一览表　　表 6-2-2

序号	市县	重点镇	序号	市县	重点镇
1	景泰	芦阳镇、红水镇、条山镇	16	广河	齐家镇、三甲集镇
2	白银市区	水川镇、四龙镇	17	和政	马家堡镇、松鸣镇
3	会宁	郭城驿镇、河畔镇、会师镇	18	东乡	达板镇、河滩镇
4	靖远	东湾镇、乌兰镇	19	临夏	枹罕镇、莲花镇、马集镇、土桥镇
5	平川区	共和镇、水泉镇	20	积石山	大河家镇、吹藏镇
6	通渭	榜罗镇、义岗镇	21	永靖	刘家峡镇、盐锅峡镇、太极镇、三塬镇
7	陇西	巩昌镇、首阳镇、文峰镇	22	互助	丹麻镇、加定镇、威远镇
8	渭源	会川镇、莲峰镇	23	乐都	高庙镇、瞿昙镇、寿乐镇
9	临洮	洮阳镇、中铺镇、辛店镇	24	平安	平安镇、三合镇
10	安定	内管营镇、巉口镇	25	民和	川口镇、官亭镇
11	榆中	城关镇、和平镇、金崖镇、青城镇、夏官营镇	26	循化	白庄镇、积石镇、街子镇
12	皋兰	什川镇、石洞镇、忠和镇	27	化隆	巴燕镇、群科镇、扎巴镇
13	永登	城关镇、河桥镇、连城镇	28	大通	桥头镇、城关镇、东峡镇、塔尔镇
14	兰州新区	西岔镇、定远镇、中川镇、秦川镇	29	湟源	城关镇、大华镇
15	康乐	附城镇、莲麓镇、苏集镇	30	湟中	鲁沙尔镇

数据来源：依据各市县城镇体系规划汇总。

图 6-2-3　兰西城市群内重点建设小城镇分布

按照群落式布局、节点式推进、特色化发展的思路，坚持小城镇发展与培育产业和促进就业紧密结合，突出自然生态特色、民族人文特色、历史文化特色、优势产业特色、城镇风貌特色，因地制宜地发展文化旅游、农副产品加工、物流商贸等产业，加强国家重点镇、历史文化名镇建设。依托交通优势、资源禀赋、产业基础、历史文化和生态条件，建设一批交通商贸型、资源开发型、加工制造型、文化旅游生态型等各具特色的小城镇。

6.2.3.2　借中心城市产业的转移，重点打造一批与中心城产业配套的职能小镇

小城镇在城镇群的产业网络中，既有承接核心城市和中心城市产业转移的作用，同时也可为自己的发展寻得机会。按照国家新型城镇化规划要求，重点打造城镇群内的专业职能小镇，实现重点镇向卫星镇转变，特色资源镇向专业镇转变，远离中心城市小镇向综合镇转变，形成城镇群内分工合理、职能明确的城镇体系和网络结构。《国家新型城镇化规划（2014—2020）》在第四篇“优化城镇化布局和形态”章节中，提出有重点地发展小城镇，特别针对大城市周边的重点镇，具有特色资源、区位优势的小城镇，远离中心城市的小城镇、林场和农场和吸纳人口多、经济实力强的小城镇等提出具体指引（表 6-2-3），同时，提出重点要优化提升东部地区城镇群和培育发展中西部地区城镇群。

《国家新型城镇化规划（2014—2020）》为不同类型小城镇发展指引方向　　　　表 6-2-3

类型	发展指引方向
大城市周边的重点镇	加强与城市的统筹规划与功能配套，逐步发展成为卫星镇

续表

类型	发展指引方向
具有特色资源、区位优势的小城镇	通过规划引导、市场运作，培育成为文化旅游、商贸物流、资源加工、交通枢纽等专业特色镇
远离中心城市的小城镇和林场、农场	要完善基础设施和公共服务，发展成为服务农村、带动周边的综合性小城镇
吸纳人口多、经济实力强的小城镇	赋予同人口和经济规模相适应的管理权

其中西宁市重点发展大通回族自治县的桥头镇、城关镇、塔尔镇、东峡镇，湟中县的鲁沙尔镇。其中桥头镇、塔尔镇工业基础较好，可以承担西宁市转移疏解出的工业；塔尔镇和东峡镇依托较好的农业资源和旅游资源可发展都市观光休闲农业和生态旅游等产业。

6.2.3.3　依托城镇群网络关系，提高基础设施建设和城镇规划管理水平

城镇群建设是一个复杂的系统工程，由水网、电网、路网、信息网和互联网等组成，且相互影响和作用，城镇群网络中个别节点城镇出现的问题，不仅影响自身城镇发展，也对城镇群整体网络建设发展产生影响。依托城镇群内城市与镇之间的关系，加大给水排水、道路交通、电网、热网等城市基础设施的建设，延伸镇区到周围乡村的路网、水网、电网等基础设施的建设，通过小城镇基础设施建设，带动乡村发展，实现城—镇—村统筹发展。

城镇发展的速度和质量，不仅与建设有关，而且与城镇的规划管理密切联系。在城镇规划引领城镇发展方向的同时，加大规划专业人才队伍的建设和发展，依据城镇规模以及建设项目的阶段性，适当增加城镇规划专业人员。

6.2.4　优化城市职能，进行差异化特色化发展

按照区位熵（Location Quotient）和产业贡献率测度城镇群内各城市产业专业化程度和产业对城市经济的贡献程度。

区位熵：

$$Q_i = (d_i / \sum_{i=1}^{n} d_i) / (D_i / \sum_{i=1}^{n} D_i) \qquad i=1，2，3，\cdots，n$$

Q_i 为某一区域部门对于高层次区域的区位熵；d_i 为某区域部门的有关指标；D_i 为高层次部门的有关指标；n 为某类产业的部门数量。$Q_i>1$ 表明该产业在高层次区域中具有比较优势；$Q_i<1$ 则表明该产业不具有区域优势。将区位熵具体细化到服务业产业的各个门类。具体判断某一产业是否构成专业化部门及其产业的集聚程度。

产业贡献率分析资源型产业对区域经济发展的贡献程度，产业贡献率可以弥补使用产业百分比为静态指标的缺点。可以由时间序列反映某产业部门在特定区域经济发展中的比较优势和贡献大小。

$$G_i = Q_i \times F_i$$

其中，G_i 为某区域 i 产业的产业贡献率，Q_i、F_i 分别为该产业的区位熵和产值百分比，某产业的 G_i 越大，则对特定区域的经济发展所起到的作用越大。结果显示如下：

（1）兰西地区主导产业：第一产业。特色种植业和畜牧业，具有一定的地方特色和优势。其中，在临夏、白银、定西，第一产业具有明显的比较优势。临夏的林业区位熵高达6.6，林业产值占甘肃省林业总产值的10.25%，具有明显的集聚效应。定西、临夏的农业区位熵均超过2，产业优势和集聚效应非常明显；牧业区位熵均高于1.5。第二产业有能源、冶金、石油、化工、纺织、医药、建材、烟草、食品、机械，除了民族用品加工业、农畜产品加工业具有一定特色之外，其他主导产业部门均是一些传统资源型产业，高附加值、高技术的产业和产品比重偏低，没有明显的优势。第三产业有交通、商贸、旅游和社会服务业，仍是传统产业为主导，信息、科研、房地产这类有发展潜力和较高层次的行业和企业在国民经济中所占比重较小，带动作用有限。其中，兰州作为西北地区枢纽和西北地区经济文化中心，人才、物质、资金、贸易、科技等在此汇聚，科研技术、工业、住宿餐饮业、批发和零售业、交通运输、仓储和邮政业、金融业等方面明显具有优势。西宁在金融业、信息传输、计算机服务和软件业、批发和零售业等方面具有一定的优势和集聚现象。

（2）兰州、西宁两个中心城市第三产业比较突出，兰西地区设市城镇均为省区或地区性的交通枢纽或要道，交通区位优势明显，基础设施配套比较齐全，交通运输方便、信息灵通，金融、文化、科技、信息交流体系也逐步建立，大部分第三产业部门成为主导产业。相反，白银、临夏、海东第三产业比重低，规模较小，发展缓慢，没有产业部门成为带动经济发展的主导产业。

（3）临夏回族自治州、海东地区特色农业、农畜产品加工业前景广阔。临夏回族自治州民族特需用品制造业发展迅速，民族工业特色十分显著，独特的民族风情使旅游业也发展成为地区主导产业。这两个多民族聚集地区的主导产业具有明显的地方特色和优势。

（4）兰州、白银两市工业优势较为明显。工业基础比较雄厚，电力、有色冶金、黑色冶金、石化、建材以及机械等行业基础雄厚，技术区位条件优越，企业整体效益较为显著，已成为全国最大的铝生产基地和硅铁、铅、锌、稀土、碳素制品的重要生产基地。但现有工业大多数为资源和劳动密集型行业，工业结构以重工业、机械、能源和原材料等传统工业为主，消费品工业和高新技术工业的比例较低，与东部城市区域有很大差距。

兰西地区主导产业与职能结构　　表 6-2-4

地区	优势职能	显著职能	主导产业部门	职能等级
兰州	建筑业、商业	采掘业、工业、科教文卫、金融、行政、交通、服务业	石油化工、机械电子、烟草、交通、批发零售餐饮、社会服务业	大区级、特大型、综合性
西宁	交通、服务业、	采掘业、工业、建筑业、金融、科教文卫、行政	有色冶金、能源电力、医药、农畜产品加工、交通、服务业	大区级、大型、综合性
白银	采掘业、工业	交通、服务业、行政、科教文卫	有色冶金、能源电力、采掘业、金属制品业	地区级、中型、专业性
临夏	服务业、行政	科教文卫、商业	特色农业、农畜产品加工、电力、民族用品加工、食品制造	地区级、小型、专业性
海东	行政	科教文卫、金融	特色农业、农畜产品加工、非金属矿产制品业、黑色冶金、饮料制造	地区级、小型、专业性

6.2.5　统筹城市群内各城市规划的协调性发展

兰西城市群区域每个城市都有土地利用规划、城市总体规划、环境规划、国民经济与社会发展规划等，但规划之间存在差异和以下问题：

6.2.5.1　多规的差异性

多规在内涵上存在较大差异。其中发展规划原为国民经济与社会发展五年规划，主要确定行政区域经济和社会发展的总体目标以及各行各业发展的分类目标、发展战略、项目建设，同时包括党建、政治、社会事业等发展规划，目标性、结构性、综合性强，期限为 5 年。主体功能区规划是确定国土空间主体功能，明确开发方向，控制开发强度，规范开发秩序，完善开发政策等，强调人口、经济、资源环境的协调，期限一般为 10 ~ 15 年。城乡规划是以空间资源配置与导控为重点的综合发展规划，多由城市总体规划及控规等组成，期限一般为 20 年，从需求的角度编制规划。土地利用总体规划强调对土地资源的保护，从供给的角度编制规划，以供定需，实施自上而下的控制，实现土地利用规划指标层层分解。生态环境功能区规划从环境准入的角度将区域划分为禁止开发、限制开发、重点开发和优化开发等四类生态环境功能区，明确各类功能区的生态环境保护目标、污染物总量控制要求和建设开发活动的环保准入条件等，实现对有限生态环境资源的合理利用和有效保护。

多规在规划的核心内容等方面存在较大差异。发展规划、城乡总体规划、土地利用规划等多种规划的规划主体、技术标准、编制办法、行政许可和监督机制不同，规划期限、规划目标、规划战略、时序布局有差异，地图及坐标体系不统一。其中，国家发展和改革委员会具有综合协调发展职能，但其空间规划技术力量与管理基础相对薄弱，行使区域规划职能力不从心，无法解决空间结构合理组织的全部问题，不能替代同层次的空间规划。国土资源部也是一个专业管理部门，但空间规划的技术和管理基础相对薄弱。住房城乡建设部主管的城市规划最具有技术和管理实力，但住建部属于专业管理部门，城市规划在综合作用的发挥上受到较大制约。土地利用总体规划是以耕地保护为主要约束条件的单一目标规划体系，难以在快速工业化、城镇化进程中发挥各项用地供需之间的综合协调作用。

发展规划与相关规划比较一览表 表 6-2-5

规划名称	核心内容	管理和实施
国民经济和社会发展规划	发展目标：发展战略、发展目标和指标体系（预期性指标和约束性指标） 近期任务：发展重点、相关政策及规划实施的保障措施	发展和改革委员会
土地利用总体规划	指标确定：耕地保有量、基本农田保护面积、建设用地规模和土地整理复垦开发面积等 用途管制：明确土地利用结构，基本农田、建设用地分区 建设用地空间管制：明确三界（规模边界、扩展边界、禁止建设边界）和四区（允许建设区、有条件建设区、限制建设区、禁止建设区）	国土部
城乡规划	城镇体系规划、城市总体规划、详细规划	住房城乡建设部
环境规划	规划目标：自然生态环境得到保护与恢复、资源高效利用、空间优化 空间管控：生态控制线、环境风险红线、环境功能区划 配套政策：法制保障、行政保障、组织保障、资金保障和技术保障等	环保部
主体功能区规划	四类主体功能区：数量、位置和范围，明确定位、发展方向、开发时序、管制原则等 配套政策：完善财政、投资、产业、土地、人口管理、环境保护、绩效评价和政绩考核等区域政策	发展和改革委员会

6.2.5.2 多规的问题

市县多规存在问题主要在以下方面：①规划数量过多，城镇规划、国土规划、生态规划、专项规划等，一些市县领导自己天天在批钱，要编制各种各样的规划，每年经费几千万，钱花费的不少，真正实施的不多。②内容交叉重复。现有市县各类规划都向综合扩展，城乡规划已扩展到区域经济社会发展方面，土地利用规划包括大量城镇、产业方面的内容，经济社会发展规划也在强化空间布局。③空间分区多样不一。每一类规划都有各自的分区方法，一个市县被划分为几种空间分区，市县管理无所适从，如城乡规划分为已建区、适建区，限建区，禁建区，土地利用规划是允许建设区、有条件建设区、限制建设区、禁止建设区，环境功能规划是聚居环境维护区、生态功能保育区等。④规划矛盾冲突。空间分区上相互交杂，导致规划间相互打架，有的是“城规有规模，土规无规模”，有的是“城规无规模，土规有规模”。⑤规划失效。规划之间不协调，一任领导一个规划，各吹各的调，一方面导致政府管理紊乱，缺乏明确的规划方向，降低政府管理能力，另一方面是发展布局混乱，无法引导市场主体，该发展的发展不了，该保护的保护不住，带来发展无序、开发过度等弊端，造成生态环境破坏和土地资源浪费。

为贯彻落实党的十八大、十八届三中全会以及中央城镇化工作会议精神，全面推动城乡发展一体化，在县（市）探索经济社会发展、城乡、土地利用规划的“三规合一”或“多规合一”，住房和城乡建设部决定开展县（市）城乡总体规划暨“三规合一”试点工作。国土资源部在部署 2014 年重点工作时表明，将选择部分市县试点“三规合一”。国家发展和改革委员会要求在其统筹下开展“三规合一”试点工作。

6.2.5.3　多规融合路径

1）一个文本，一张蓝图

现行规划管理是国家发展和改革委员会、国土部、住房和城乡建设部、环保部依据本部门规定和相关政策，进行相关规划管理，实现“一个文本、一张蓝图”，即：①统一机构职能、编制主体；②建立一套统一标准，包括用地分类、数据统计、目标指标、空间管制、许可管理规定；③绘制一套统一图纸，在叠合、整合发改、土地、城乡建设、交通、环保等部门图件要素基础上，统一底图，重新绘制规划图件，并统一统计有关数据信息。④编写一套规划报告，形成统一文本，将发展规划、空间规划、保护规划、设施规划合成一个报告，并满足各部门行政许可要求。最终实现规划成果一个文本、一套图件、一个管理平台。管理平台内容构成：1+4+X。

2）一张蓝图，形成各表

一张蓝图，形成各表：①成立协调机构，统一口径、工作机制、工作底图。②由各部门按协调机构要求初步编制相关规划，并汇总至协调机构。③在同一工作底图基础上，以空间管制为重点，统一重大功能、项目及要素规划。④根据各部门行政要求与部门规章标准编制各自文本，统计各自数据，并将规划内容在统一底图上形成规划图集。⑤重大项目选址规划符合性方面进行联审联批。

3）四线两网络，推多规“合一”

以四线两网络为载体推进多规“合一”。其中，四线突出空间区块的“合一”，两网络突出线性空间的“合一”。具体做法是：①以空间数据统计为依据，明确统一的指标、目标。在空间数据调查的基础上，统计经济社会、城镇人口、地均产出等各部门相关规划数据，通过发展环境、发展趋势分析，明确未来发展的人口、经济、产出效益等一系列目标、指标。②以城镇空间增长边界为切入线，明确统一的空间形态。以市行政区域作为规划范围，考虑城乡发展趋势和耕地保护要求，综合确定城镇空间增长边界（建设）、永久基本农田保护边界（国土）、生态保护红线（环保）和独立产业园区界线（发改），形成区域各部门统一认可的空间形态。③以城乡用地分类全覆盖为主导，落实统一的用地功能。城乡建设用地以城乡规划部门的用地分类标准为主，非建设用地以国土资源部门的分类标准为主，整合形成城乡统一的用地分类，并落实至底图。④以专项规划为指导，统筹布局各类设施线网。综合分析交通、市政、水利及公共设施等专项规划的要求，预留廊道，统筹布局各类管线设施，分析用地情况。⑤以保护和合理利用为目标，建立统一的空间管制标准与分类体系。各类规划的四区划分概念相似，且各有交叉，易造成混淆，需要形成统一的标准与分类，来指导各部门空间管制。⑥以近期项目为重点，构筑统一的建设时序平台。建议近期规划期限为5年，与一届政府的任期适当结合。"多规合一"重在协调，落在实施，将5年的社会经济发展目标、耕地保护目标等与空间资源合理利用挂钩。

6.2.6 工业化和城镇化互动发展，促进产城融合发展

6.2.6.1 产业化（开发区和园区）与城镇化（城镇）互动的重要性

新型城镇化需要工业化、农业现代化、城镇化和信息化四化融合发展，四者关系表现为：新型工业化是动力、农业现代化是基础、信息化是协调创新、新型城镇化是机会平台。①城镇化与工业化融合：产业园区与城镇建设同规同建，实行产业集聚化和生态化。②城镇化与信息化融合：建设数字城市、智慧城镇，实施城市管网信息化管理和城市灾害实时预警。③城镇化与农业现代化融合：发展都市观光休闲农业和农业服务业，推动农村居民生活方式城镇化。④城镇化与信息化的关系：我国的工业化、城镇化与国外相比起步较晚，但在信息化上与发达国家差距不大，完全可以利用信息化更好地促进城镇化发展。信息技术与城镇化的融合发展，正在给智慧城市、低碳建筑、智能交通、生态环境等发展带来变化，给新型城镇化发展以动力。"四化"的良性互动、协同发展是城镇化进一步健康发展的关键。一是要创新驱动，形成一批新兴产业，同时提升现有产业，提高质量效益，促使一批落后和过剩产业被淘汰。二是大力发展服务业，要发展和提升生产型服务业、生活型服务业和公共服务业。生活型服务业要进一步放开准入，便利人民生活并吸引大量就业。公共服务业要加大覆盖面，逐步实行均等化。三是要形成合理的产业组织机构，扶植壮大一批龙头企业，正确对待广大中、小、微企业，形成一批专、特、精企业，大量生产加工型、劳动密集型的小企业要依托完整的产业链和市场需求，发挥优势以维持、提高竞争力。四是要大力发展农产品加工，延长产业链，共同促进农业现代化。五是以现代信息技术推进经济社会发展，实现工业化与信息化的深度融合，向数字化、智能化方向发展，积极发展生态产业。

开发区是聚集和配置先进生产要素的重要载体，对地方经济发展的拉动作用十分明显。一方面，开发区是推动城市发展、增加就业、集聚企业的重要载体；另一方面，开发区已成为地方产业结构转型升级和项目建设的主战场，对外开放的主平台，集约发展的主阵地，新型工业化和新型城镇化有机融合的纽带。截至2013年3月，沿海到内地，国家级经济技术开发区191家。其中江苏省22家，浙江省18家，山东省13家。另外，边境经济技术合作

区 15 个，合计 206 个。东部沿海地带（包括北京、天津、河北、山东、江苏、上海、浙江、福建、广东、广西和海南 11 个省市）有 90 个，占 43.69%，中部地区 46 个，西部地区 49 个，东北地区 21 个。从国家级开发区来看，每个城镇群（区县）均有多个产业园区和产业集聚区。这些产业集聚区空间形态怎样？有没有关联？产业的集聚对城镇建设的工业用地、居住用地和服务业用地等不同类型用地组合关系产生重要影响，从而对城市空间扩展和形态产生影响，但产业集聚与城市发展融合过程如何？这些问题的回答在新型城镇化背景下对中小城市的城镇化、新型工业化和信息化之间的融合发展有着重要意义。

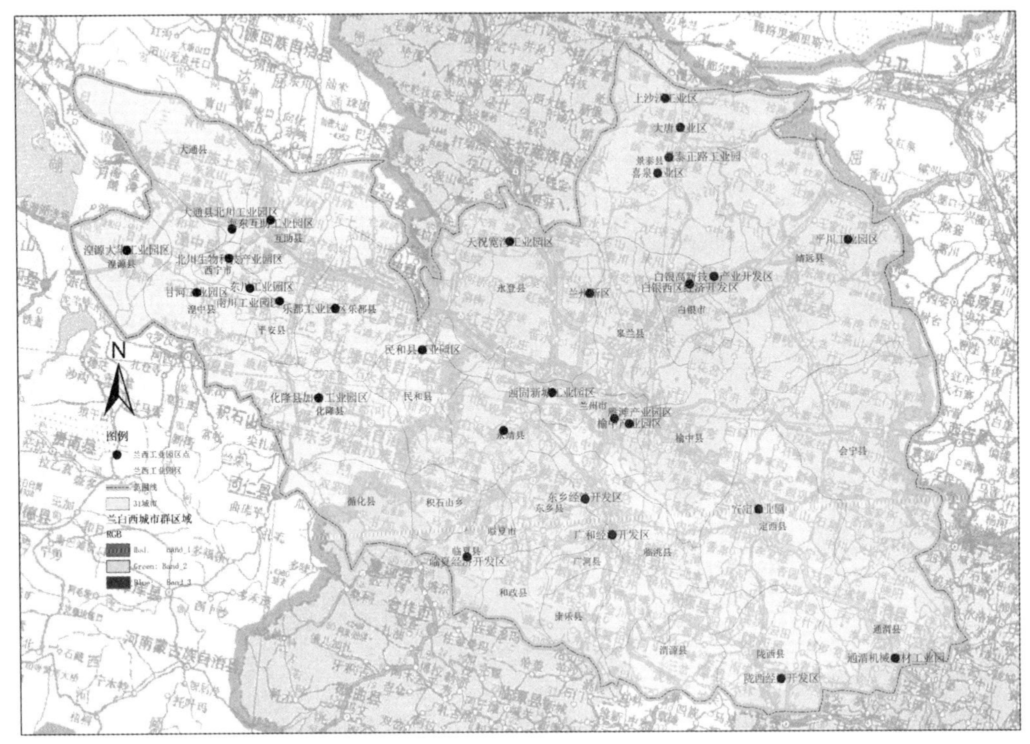

图 6-2-4　兰西城市群区域开发区及园区

工业，特别是制造业是现代城市发展的主要因素，大规模的工业建设带动原有城市的发展，使许多城市进入现代城市的行列，如辽宁大连、湖北武汉、广东广州、重庆、天津和上海等城市。大型的工业企业不仅促进新城市的产生，同时也提供大量的就业岗位，带动其他产业发展，如市政公用设施、各种交通运输设施、配套工业以及各项服务等。但是，工业的布局方式在很大程度上影响城市的空间布局，因工业需要大量劳动力，并产生货运量，对城市交通的流向、流量起到决定性影响。任何新工业的布局和原有工业的调整，都会带来城市交通运输的变动。但是，产业类型不同，生产过程中的“外部不经济性”对生态环境和人居环境的影响也不同，因此，并不是所有的产业均适合“产—城”融合发展。“产—城”不能融合发展的企业，按照河流流向、盛行风向、居住组团的相对位置进行外围布局，特别是工业中的化学工业、冶金工业、纺织和制革业不能与居住区紧邻（表 6–2–6）。

不同类型产业与城市的关系 表 6–2–6

产业		企业位置		
		城外空旷地区	城市工业区中	居住区附近
工业	动力工业	****	**	
	化学工业	****	**	
	冶金工业	****	**	
	机械与金属加工工业		****	**
	建材、玻璃、陶瓷工业	****		
	木材工业	**	****	
	纺织、服装、制革工业	**	****	**
	印刷工业		****	**
	食品工业	**	****	**
服务业	生产性服务业	**	****	
	生活性服务业	**	****	****
	公共服务业	**	****	****

注：**** 为企业通常布局的位置；** 为企业适宜或允许布局的位置。

产业与城市融合的过程，依据产业用地和城镇建设用地的扩张，居住用地与工业及服务业用地的混合程度划分为：产业和城市关系松散阶段；产业支撑城镇发展阶段；城镇为产业发展服务，产业区、生活区、生产生活服务区空间功能复合，配套完善、空间融合的“产—城”一体化发展阶段。具体包括成型期、成长期和成熟期。成型期，工业发展初期往往受到宏观政策、城镇规划的影响，加上土地价格和建设费用等原因，选址往往在城镇外围，形成城市的增长极。城镇建设与工业发展间关系松散。建设 5 ~ 10 年后，工业竞争力提升，工业用地空间和员工规模急需增加，原有用地不能满足用地需求，在城镇其他区位选择新的用地，规模由几平方公里到十几平方公里，带动基础设施和相关配套的其他产业发展。工业与城镇联系日益紧密。10 ~ 15 年后，原有工业规模由十几平方公里增加到几十平方公里，三产快速发展，教育、医疗、超市等生活型服务业日趋完善，工业区承接母城的部分功能，“产—城”融合，带动区域整体性发展。

6.2.6.2　镇区域产业发展

兰西城市群，伴随着一带一路建设和城镇、园区发展，产业发展在农业和第三产业等方面的产业类型和空间分布，呈现以下趋势：

兰州、西宁作为区域中心积极发展第三产业。利用产业优势，兰州大力发展科研技术、信息传输和计算机服务、住宿餐饮业、批发和零售业、交通运输、仓储和邮政业、金融业等第三产业；西宁大力发展金融业、信息传输业、计算机服务和软件业、批发和零售业等第三产业。两地区充分利用省会城市的优势，通过发展服务业为周边区域经济发展提供平台和便利。

打造沿黄农牧业及旅游业经济带。沿黄地区（包括海南州、黄南、海东、临夏、白银）农牧业发展传统和农牧业发展的便利条件使得农产品特色、旅游特色明显，因此，在沿黄地区发展以乳制品、动物毛绒制品、肉类产品及水产品为主的生产加工业和沿黄旅游业，在白银大力发展蔬菜、水果等特色农业，并形成产业集聚态势，打造沿黄农牧业品牌和旅游品牌。

大力发展沿京藏线或包头—兰州—青海铁路矿产、金属产品生产带。充分利用京藏线或包兰青铁路沿线地区丰富的矿产资源，一方面形成海北、海南州、西宁、兰州、白银的黑色金属、有色金属矿采加工业带，另一方面形成兰州、海东、西宁的非资源依赖性产品如平板玻璃、多晶硅、塑料制品、变压器等产品生产区。

联手建设西宁—武威—兰州—定西中药材、中成药种植生产区，形成武威、定西各具特色的中药材种植区以及西宁、兰州、定西中成药生产区。

以武威白酒、葡萄酒、啤酒生产为中心，形成武威、兰州、海东和临夏州酒类生产区，积极发展地区酒类品牌，待形成优势产业后再打造国家级酒类品牌。

大力发展以兰州为中心，白银和海北州为两翼的煤化工、油气化工生产区。

兰西城市群主要产业类型及空间分布　　表 6-2-7

主要产业	主要分布
有色冶金业	铝业分布在兰州连海经济开发区、兰州榆中和平工业园区、西宁经济开发区和白银经济开发区；钢铁分布在兰州和西宁
装备制造业	依托兰石集团、兰州电机厂、兰石研究所、兰州真空厂、兰州宇通、兰州吉利轿车等企业，集中分布在兰州高新技术开发区、兰州经济技术开发区和兰州九州经济开发区
战略性新兴产业	有色金属新材料和稀土功能材料重点分布在兰州高新技术开发区、西宁经济技术开发区生物科技产业园、白银高新技术产业园和兰州榆中和平工业园；中藏药规范化种植、中药饮品加工、中药提取、中药新药研发及产业化等重点布局在兰州和定西
现代物流业	兰州成为西部商贸物流中心、西宁成为区域性物流中心

资料来源：依据资料收集汇总所得。

6.2.6.3 工业园区与城镇关系

梳理兰西城市群内产业园区与城镇的空间位置关系是进一步对产业园区发展进行研究的重要内容。目前，兰西城市群内产业园区主要分布在以下市县（表 6-2-8），基本上每个县城都有自己的产业园区。按照产业园区与主城区的空间位置关系通常主要有"主城包含式"、"边缘生长式"、"子城扩展式"以及"独立发展式"四种形式，其中以独立发展类型为主，表现出工业园区分布于主城区外。

兰西城市群内工业园区与城镇关系 　　表 6-2-8

市县	园区	与城镇关系	级别
大通县桥头镇	大通县北川工业园区	城镇紧邻	市级
湟源县大华镇	湟源大华工业园区	城镇紧邻	市级
湟中县鲁沙尔镇	甘河工业园区	城镇外	市级
西宁市	北川生物科技产业园区	城市内	国家级
	东川工业园区	城市内	国家级
	南川工业园区	城镇交融	国家级
平安县	曹家堡临空经济区	城镇外	国家级
乐都县	乐都工业园区	城镇外	市级
化隆县巴燕镇	化隆县加合工业园区	城镇外	市级
永登县	天祝宽沟工业园区	城镇外	市级
兰州（中川、西镇、秦川镇）	兰州新区	城镇交融	国家级
景泰县	上沙沃工业区	城镇外	市级
	大唐工业区	城镇外	市级
	景泰正路工业园	城镇外	市级
	喜泉工业区	城镇外	市级
白银市	白银市高新技术产业开发区	城镇外	国家级
	白银西经济开发区	城镇外	国家级
靖远县共和镇	平川工业园区	城镇外	市级
兰州市	雁滩工业园区	城镇内	市级
	榆中产业园区	城镇内	市级

续表

市县	园区	与城镇关系	级别
永靖县	永靖工业园区	城镇外	市级
临夏县	临夏经济开发区	城镇外	市级
通渭县	通渭机械建材工业园	城镇外	市级
陇西县	陇西经济开发区	城镇内	市级
定西县	安定工业园	城镇外	市级
东乡县	东乡经济开发区	城镇外	市级
广河县	广和经济开发区	城镇外	市级

资料来源：依据各个市县园区资料整理。

1）主城包含式

产业园区位居主城区内部，被城市其他功能区所包围。在城市早期的发展过程中，产业区可能被设置在城市郊区，随着城市的快速发展，主城区向四周扩张，慢慢将产业区“吞噬”，此类空间形式的产业区可以充分利用主城区现有的公共服务设施、道路交通、水电等基础设施，大大降低了前期建设成本，如西宁市北川生物科技产业园区和东川工业园区，兰州市渝中产业园区和雁滩产业园区就属于这种形式。但往往由于功能分区不明确，工业防护不足，造成生产、生活空间混杂，城市整体环境质量下降，同时还会对产业区、主城区未来空间的拓展造成了阻碍，难以满足长远发展的要求。

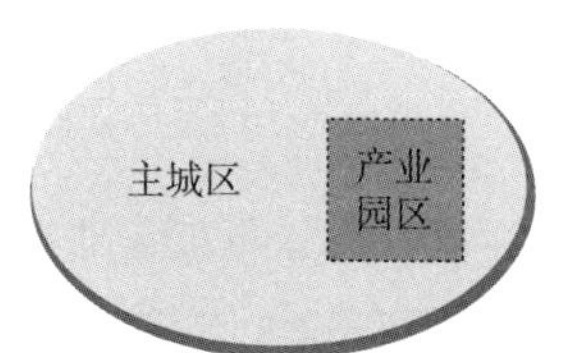

图 6-2-5　主城包含式布局形态

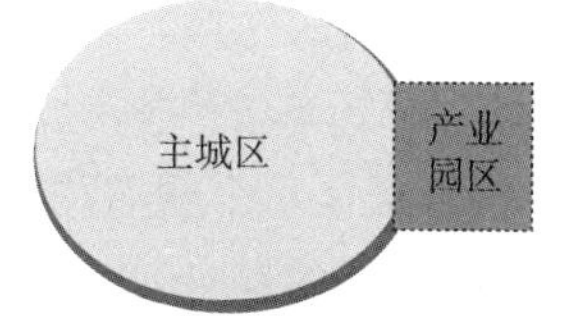

图 6-2-6　边缘生长式布局形态

2）边缘生长式

产业园区位于主城区的内部或者边缘，这种园区空间特点是可以充分利用主城区居住、消费性服务等基础设施和生活服务设施，提供园区缺乏的住宅、商业、医疗等，节约工人的交通成本和时间。它的空间发展将纳入主城区的空间发展轴线，和主城区融合成为一个整体，并将贯穿产业发展带，纳入整体空间格局。但这种空间模式对城市空间及环境造成的负面影响很大，要实现真正的产城融合，关键在于解决它的环境及产业选择问题，如大通县桥头镇的大通县北川工业园区和湟源县大华镇的湟源大华工业园区就属于这种形式。

3）子城扩展式

另一种空间模式是工业或产业园位于主城区的远郊，或者和主城区外的城镇形成相对明确的组团，相当于主城区附近子城的作用，这种空间的特点是主城区和子城相互促进、相互发展。主城区的发展可带动子城的发展，子城可借助交通与主城区联系，成为主城区新的经济增长。在空间发展轴上，子城除了有自身的一套相对独立的空间和产业发展轴外，也要纳入和主城区融为一体的空间体系中。这类型空间模式的关键在于处理好主城区和子城的空间联系，如安国现代中药与健康产业开发区等就属于这种形式。

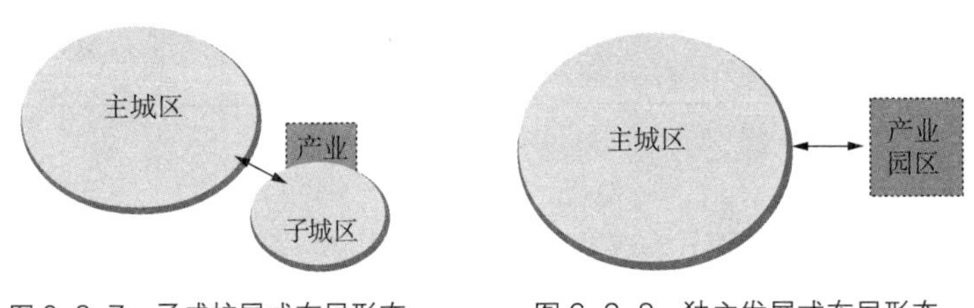

图 6-2-7　子成扩展式布局形态　　图 6-2-8　独立发展式布局形态

4）独立区发展型

独立区发展就是集聚区远离城区独立建设，此类集聚区往往位于城市中、远郊，出现的几率较小。前期需要投入很大的资金进行各项设施建设，其形成规模和发展速度也比较慢，整体效益也需要相当长的时间才能显现出来，但往往此类产业区规模较大，与政府决策联系紧密，常见于大型或特大型城市，根据门槛理论中基本投资与发展规模之间的规律，城市规模达到一定程度，就会出现跳出主城区，另建新区的现象，如兰州新区就属于这种形式。

6.2.6.4　产业园区与城镇融合机制

兰白银城镇群目前形成了每个县城均有园区的发展格局，在新型工业化和新型城镇化背景下，工业园区（开发区）与城镇建设发展相互作用。从园区（开发区）产业发展历程上看，大致可以分为注重产业引导阶段、关键产业发展阶段、产城融合阶段。

第一阶段，注重产业引导阶段：成型期。这个阶段是园区开始设立的时期，资金以外资为主、产业以新技术为主、市场以出口为主，形成我国发展新经济的基底和载体，也是资本积累的主要平台。产业以工业为主导，产值年均增长几乎都在 50% 以上。从空间上看，面积超过几平方公里时，产业园区主要分布在城市外围，与周边城市的关系较为松散。从就业人群方面看，以工人为主，其生活主要依靠工厂宿舍来解决。此时，城市规划中大多将开发区作为城市边缘地区或郊区的飞地，功能单一。

第二阶段，关键产业发展阶段：成长期。这个阶段是园区从单纯的工业区向综合功能区转变的发展阶段。园区完成初期的资本积累过程，逐渐投入到更大面积的基础设施建设和土地开发中。以高新技术为主导的产业结构，开始带动周边产业的发展与产业结构升级；开发区产业规模扩张和结构完善过程中产生对生产性服务业及消费性服务业的内在需求，促进自身产业升级和配套服务产业的发展。从空间上看，这个时期开发区规模扩展到十几平方公里，与周边城市的联系日益密切，并且产生辐射扩散效应。从就业人群上看，高技术产业人群比例增加，就业人群构成逐渐丰富，收入层次逐渐拉开，各类服务设施逐渐完善，建设了工业邻里、职业学校、人才公寓、酒店、产业服务平台等生活性和生产性服务设施。这个时期尽管产生了一定的配套服务，但是仍以产业发展为重点。

第三阶段，坚持产城融合阶段：成熟期。这个阶段开发区已经由一个产业功能主导区逐渐转变为产城融合发展的新城区。开发区的发展由最初依赖政策优势转向依靠自身的体制优势和创新优势。这个时期，资本由追求规模逐渐转变为追求效率，由工业主导转变为发展现代服务业和房地产业。从空间上看，这个时期，规模扩展到几十平方公里甚至上百平方公里，形成了带动区域发展的新城区。从就业人群上看，结构复杂化，出现各个层次不同功能的需求，城市服务设施逐渐完善，配套能级不断增加。此时期是产城融合发展的重点时期，其核心是关注就业人群和居住人群结构的匹配，关注资本需求和空间生产的匹配。从开发区的发展历程上看，功能上经纯工业，到工业和配套功能，再到综合新城的发展历程，空间上经生产空间主导，到生产空间和配套服务空间，再到消费空间主导的发展历程。产城融合的提出是应对产业功能转型、城市综合功能提升的必然要求。

6.2.6.5　兰西城市群产城融合发展模式

依据产业园区与城镇空间关系，产城融合的模式包括：融合提升模式、网络空间拓展模式、点—轴发展模式。

1）产城融合内涵

“产”是指生产及相关的产业园、生产基地或工业区，“城”是指“城市”。产业是城市发展的基础，城市的发展离不开产业的支撑，城市是产业发展的载体，是产业发展的依托。产城融合是指产业发展与城镇发展同步推进、相互促进、互为补充和一体化发展，以产业的集聚发展实现人口的集中，为城镇化提供基础支持，以城镇的服务功能为产业发展、人口集中创造条件。

产城融合包含了产业业态融合和城镇形态融合，产业与城镇是相互独立又相互包容的融合体。产业发展既要求形成与之相配套的城镇功能，又要突出产业的特色；城镇的发展既需要有完善的城镇服务业功能与发展环境作为支撑，又要构建与之相适应的现代产业体系和产业集群。以加快产业发展的形式实现小城镇的产业化发展，完善城镇的综合服务功能，是推动新型城镇化的重要突破口。从目前国内外产城融合的理论与规划实践发展来看，主要针对工业园区产业发展阶段及发展动力进行总结。

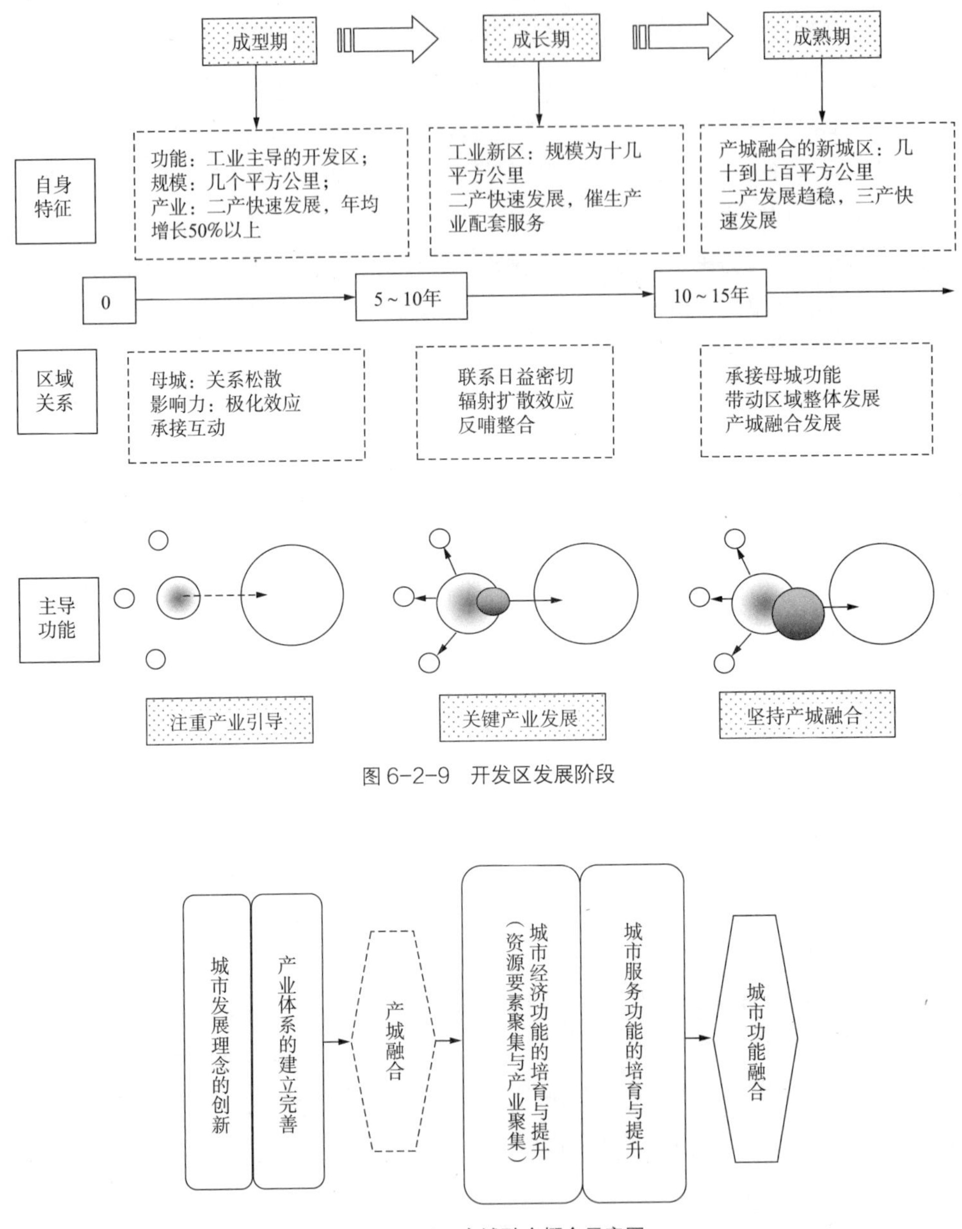

图 6-2-9　开发区发展阶段

图 6-2-10　产城融合概念示意图

2）产城融合模式

产城融合是区域尤其是园区、新城健康持续发展的保证，对工业化和城镇化的协调发展具有重要意义。从区域规划角度，“产城融合”是发展转型的必然要求，是形成以服务经济为主的产业结构的必然选择，是优化城市空间结构、提升城市核心功能的主要手段之一。创造和培育服务经济发展空间，促进了城市居住区与产业区的融合发展和核心功能的提升，在

产业园区发展阶段及发展动力　　表 6-2-9

发展阶段	园城空间关系	园区发展动力
要素集聚阶段	基本脱离（点对点式）：纯产业区，空间上沿交通轴线布局，单个企业或同类企业集聚	低成本导向，低成本吸引生产要素集聚（人才、技术、资本），但要素配置效率低
产业主导阶段	园城相对脱离（串珠式）：纯产业区，空间上围绕核心企业产业链延伸布局	产业链导向，功能相对完整的产业链，关联产业集聚
创新突破阶段	园城互动（中枢辐射式）：产业社区，产业间开始产生协同效应，空间上围绕产业集群圈层布局	技术密集型产业，可能会较快发展成独立新城
产城一体阶段	园城融合（多极耦合）：空间上城市功能和产业功能完全融合	文化创意产业、科技创新产业、高端现代服务业

城市发展上体现为“产城融合”，最终表现为城市核心功能提升、空间结构优化、城乡一体化发展和社会人文生态的协调发展。就目前来看，兰西城市群范围内产城融合主要表现为以下三种形式：

融合提升型模式：这种空间发展模式常见于主城区包含型产业集聚区以及具备一定发展基础的产业园区，建议采取这种模式的产业园区包括西宁市北川生物科技产业园区、西宁市东川工业园区、兰州市雁滩工业园区、榆中产业园区等。从产城融合的角度看，这种空间类型的产业集聚区由于依托主城区的基础设施建设，在设施共享、用地布局上都拥有很大的优势，但其对城市空间及环境造成的负面影响很大，很难实现产城深度融合，结合以上影响产城融合因素的分析发现，环境保护及产业选择已经成为影响产城融合的主导因素。①严格控制现状规模，同时加强环境治理，督促污染企业的污染处理设施的建设，应强化集聚区周边防护绿地的隔离，划定生态保护带。在预留足够的生态防护空间的前提下，加强产业区的环境治理，并对其道路交通、设施配套等各方面的建设统一进行考虑，植入融合因子，最终达到产城空间互不影响、协同发展的目的。②积极引导衰落产业部门的退出，吸引多种类型的服务业和战略新兴产业的企业入驻，将以工业为主导的产业集聚区向服务业转化，最终实现产业集聚区的产业转型，其空间发展将会呈现出原有产业空间逐渐消逝、新的城市职能空间嵌入或者原有产业空间转移的模式，最终实现工业型产业集聚区向商业服务型产业集聚区的转变。

网络空间拓展模式：网络状空间拓展模式主要是针对边缘生长式产业园区，此类园区的位置与主城区较接近，基础设施齐全，同时与主城区交通联系方便，便于利用主城区的公共服务设施和市政基础设施，实现资源共享，降低产业集聚区的基础设施投入成本。适合这种模式的产业园区主要有大通县北川工业园区、湟源大华工业园区、兰州新区等。此空间类型的产城融合主导因素主要为空间结构的衔接、道路交通的组织、用地布局的优化等。最终目的是通过产业集聚区域城市空间各个互动因素的衔接，达到网络状空间协同发展的目的。此类产业集聚区的空间发展往往呈现出与主城区空间共同向四周呈网络状蔓延的趋势，或呈扇形，或呈组团状，影响产城空间融合发展的措施关键在于两种空间内部各功能分区的对接、道路网系统的对接、各项用地布局的对接等方面。

点一轴式发展模式：位于城市远郊的产业园区，借助子城的生活配套及基础设施，园区的建设带动子城的发展，随着园区的发展，与子城区的融合可形成城市远郊的一个经济增长极，同时借助高速公路、省道等交通与主城区形成联系，最终形成“点一轴”式空间发展模式。适合采取这种发展模式的园区为兰州新区、安定工业园区、临夏经济开发区、永靖工业园区、白银西经济开发区、乐都工业园区等。此空间类型的产业园区需要解决两个方面的问题：一是子城区服务能力有限，需要加强自身服务设施的建设；二是处理好与主城区和子城区的空间联系。与主城区的空间联系主要靠道路交通的建设，依托现有公路、高速公路等基础设施，辅助公交系统，在产业园区内布设公交枢纽，方便出行，形成通达的产城交通轴线。产业集聚区服务设施的建设可同时依托子城区，借助子城区现有的生活服务设施进行自身功能的完善，各项用地布局、设施建设与子城区统筹考虑，形成一个整体，相互促进完善。

6.2.7 严控生态底线，持续发展，建设生态城和智慧城

兰西城市群区域城镇建设要综合评价城市所在地资源环境现状、经济社会发展条件，包括土地、水资源、能源利用的状况、生态环境条件等。进行建设用地规模控制，由区县（市）依据规模控制进行增长边界控制。推广低碳生态城镇产业发展、绿色建筑推广、交通和市政基础设施建设、环境治理和生态保护等，建设生态园林城市。

6.2.7.1 生态城镇建设

首先，将生态文明理念融入城镇化建设。这要求城镇化过程中必须尊重自然，保护自然，按照客观规律科学合理地开发、利用自然，在自然承载力范围内推进城镇化。同时，努力构建城镇的生态文化，提高城镇居民的生态意识，倡导社会生态道德等生态文明理念的牢固树立。在时间维度上，生态文明是一个动态的历史过程，城镇化也是一个动态的历史过程。因此，将生态文明理念融入城镇化过程不能只看当前，要看得更加长远。生态文明融入城镇化过程不是一劳永逸的，而是一个不断实践、不断认识和不断解决矛盾的过程，而且随着内外环境的变化，出现的矛盾也会变得越来越复杂和多样，这就更加需要用发展的历史观来认识生态文明指导下的城镇化规律和内涵。具体包括：生态文明要求城镇化过程中形成生态保护意识，保证生态文明理念真正融入城镇化过程；城镇化过程中，要求根据土地空间的自然属性和自身特点，规划土地空间格局，做到合理开发和有序开发；城镇化过程中，合理调整产业结构，要按照资源节约、环境友好的要求，通过新型工业化促进城镇化良性发展。要因地制宜地发展特色产业，探索生态经济发展的新路子；城镇化过程中，注重人的全面发展，要为所有人提供均等的公共服务，促进人的全面发展。

其次，生态文明要求城镇化在资源利用、环境保护等方面做到合理、有效。这就要求

按照紧凑混合用地模式，资源节约和循环利用，绿色建筑，生物多样性，绿色交通，拒绝高耗能、高排放的工业项目等绿色低碳生态原则，进行生态城镇建设，并积极申报国家生态城。生态城镇的建设标准具体如下：①紧凑混合用地模式包括：新城建设用地人口密度不小于 1 万人 /km^3；建成区毛容积率不小于 1.1；职住（就业住房）平衡指数不小于 50%；平均通勤距离不大于 3km（自行车不大于 10 分钟，步行不大于 30 分钟）。②资源节约和循环利用：可再生能源占比不小于 20%；再生水利用率不小于 20%；城市污水处理率 100%；人均综合用水量低于同类地区国家标准的下限；城市生活垃圾无害化处理率 100%。③绿色建筑：绿色建筑比例不小于 80%，其中公共建筑中的绿色建筑比例不小于 100%。④生物多样性：建成后自然湿地等生态保育区净损失不大于 10%；本地植物指数不小于 0.7；综合物种指数不小于 0.5；绿地率不小于 30%。⑤绿色交通：绿色出行比例（步行 + 自行车 + 公共交通 出行分担率）不小于 65%；路网密度合理，每个街区长度不大于 180m；方便自行车安全出行的三块板道路不小于 60%。⑥拒绝高耗能、高排放的工业项目：禁止三类工业的具体政策；二类工业用地占工业用地的比例不大于 30%；工业用水重复利用率不小于 90%。

最后，形成相应机制，提供保障。第一，要以主体功能区战略为指导，制定科学、系统的城镇规划体系，要根据不同区域的资源环境承载能力、现有开发强度和发展潜力，统筹谋划人口分布、经济布局、国土利用和城镇化格局，确定不同区域的主体功能，完善开发政策，控制开发强度，规范开发秩序，形成人口、经济、资源环境相协调的国土空间开发格局。第二，以转变发展方式为契机，促进城镇生产方式转型，要集约使用各种资源，对水资源、土地资源以及矿产资源要制定合理的开发强度，提高资源的利用效率。要注重服务业和战略新兴产业的培育和发展，形成适应市场需求、合理利用资源、可持续的产业结构体系。第三，以生态补偿机制为手段，促进区域城镇协调发展，对于优先开发区域和重点开发区域，应发挥其经济基础较好、资源环境承载能力较强、发展潜力较大、集聚人口和经济条件较好等优势，实现人口聚集和经济聚集的主体功能。对于限制开发区域和禁止开发区域，应发挥其土地生产力较高、生态涵养较好的优势。要建立以生态补偿机制为主、均衡性转移支付和地区间横向援助机制为辅的经济手段，实现不同区域的经济互补和环境互补，推动不同区域城镇化的协调发展。第四，以财政金融手段为引导，提高城镇化发展效率，根据兰西城市群不同地区的发展潜力，利用财政政策杠杆来有效引导城际间产业分工与协调，拓宽城镇化过程中的资金来源渠道，鼓励多元化的资金来源。最后，以科学的考评机制为载体，形成城镇化的绿色导向，将资源消耗、环境损害、生态效益等指标纳入经济社会发展评价体系，建立符合生态文明理念的科学的考评激励机制，通过科学有效的考评激励机制，充分调动绿色发展、循环发展、低碳发展的积极性和主动性，促进生态城镇的全面建设。

6.2.7.2　智慧城市建设

伴随中国新型城镇化有序全面推进，建设“智能、集约、节能、绿色”的智慧城市得到中国多数城市管理者的认同。智慧城市是城市现代化发展到一定阶段的必然趋势，是提升兰西城市群区域城市竞争力的有效途径，对加快兰西城市群区域工业化、信息化、城镇化、农业现代化融合，提升城市可持续发展能力具有重要意义。

1）智慧城市及智慧产业的相关概念

智慧城市是指融合新一代信息与通信技术，具备迅捷信息采集、高速信息传输、高度集中计算、智能事物处理的无所不在的服务提供能力，实现城市内及时、互动、整合的信息感知、传递和处理，以提高民众生活幸福感、企业经济竞争力、城市可持续发展为目标的先进的城市发展理念。智慧城市具体包括四方面内容：①智慧城市建设突出体现以物联网、云计算和移动互联网等新兴热点技术为核心的应用创新；②智慧城市建设以智慧政府、智慧民生、智慧产业和基础设施为主要内容；③智慧城市涉及智慧城管、智能规划、智能家居、智慧医疗、智慧交通、智能电网等诸多领域；④智慧城市的支撑平台是由多个独立存在的电子信息系统组成，基于海量信息和智能分析的，可控可感知的、可组装可拆卸的大规模综合应用与信息服务系统。

智慧城市是以智慧技术、智慧产业、智慧服务、智慧管理、智慧生活等为重要内容的城市发展新模式。针对其具体含义，人们的理解各不相同。

姚建铨认为：智慧城市实际上就是建设一个高效透明的政府、平安有序的城市、绿色和谐的产业和幸福安康的民生，把政府、企业和公众有机地融合。前任美国总统奥巴马认为：智慧城市由传感网、物联网、泛能网、云计算、大数据、超算中心等组成。与“数字城市”、“智能城市”相比，“智慧城市”更加侧重物联网建设。物联网是多种技术的综合与集成，包括传感技术、网络技术、通信技术、计算机技术、信息技术、光电子技术、自动控制等，这些技术综合发展，才能使物联网技术发展，从而推动智慧城市建设。总之，智慧城市是城市信息化发展的高级阶段。

智慧城市发展进展一览表 **表 6-2-10**

侧重点	“数字城市”	“智能城市”	“智慧城市”
根本理念	面向事务处理，提升以政府机关为主导的城市运转效率	城市的虚拟重构	以人为本，强调城市可持续发展和市民幸福
信息采集方式	以摄像头、监视器为主	以信息亭、市民卡等功能设施为主	以传感设备为主
网络基础设施	互联网	互联网	物联网
信息系统	纵向集成	横向集成	综合集成，整合利用
决策支持	提供未经加工的决策信息	提供清晰、整理和关联后的决策信息	提供决策方案
所催生的新兴产业	催生了以信息技术为主的商品和服务的新兴产业	催生了庞大的以数字内容和后台信息服务为主的新兴产业	将催生新兴产业，推动以智慧城市运营为主的线上和线下融合性产业

资料来源：智慧城市行业动态。

从两化深度融合维度理解，很久以来，信息化一直被看作是国家发展战略的重要内容。2002 年，党的十六大报告提出以信息化带动工业化，以工业化促进信息化，走出一条科技含量高，经济效益好，资源消耗低，环境污染少，人力资源优势得到充分发挥的新型工业化道路；2007 年，党的十七大报告提出了“五化”（工业化、信息化、城镇化、市场化、国际化）并举、“两化”（工业化和信息化）融合的思路；2012 年，党的十八大报告指出，坚持走中国特色新型工业化、信息化、城镇化、农业现代化道路，推动信息化和工业化深度融合，工业化和城镇化良性互动，城镇化和农业现代化相互协调，促进工业化、信息化、城镇化、农业现代化同步发展。“在这些重要文件中，信息化都占据重要地位。”信息化工作往往体现为几个具体的 logo。例如初期是信息高速公路，后来是数字城市，从 2008 年开始，智慧城市成为各国信息化工作的主流思路和基本方向，而从我国的实际情况来看，智慧城市作为信息化建设的重点，主要还是停留在地方政府层面，尚未与国家的信息化发展大战略相衔接。

从战略性新兴产业维度理解智慧城市：信息化建设直接由 IT 技术驱动，也因 IT 技术本身的特性而显得更加智能化、人性化、自动化，同时更对企业生产管理、政府公共管理、社会交往形态产生显著的影响。

中国智慧城市建设目前主要处于实验性阶段。住建部所开展的智慧城市建设试点，不仅有规模较大的城市，甚至还有城区和县级单位。截至 2012 年 9 月，全国 478 个副省级以上地方规划文件中，明确提出智慧城市建设的有 220 个，占比 46.8%。但是，面对新一轮的信息化浪潮，如何制定有效的顶层规划方案，有待进一步考证。

从新型城镇化战略维度理解智慧城市：我国的城镇化水平仍然较低（大约为 50% 左右），与发达国家相比还有不小的差距，我国的城镇化还有较大的发展空间。城镇化被看作是未来扩大内需，维持国民经济继续快速增长的重要动力源泉，新型城镇化是未来的战略重点，智慧城市是未来的发展方向，因此，构建新型城镇化与智慧城市的发展创新模式尤为重要。

2）世界各国智慧城市建设经验借鉴

2009 年 IBM 提出智慧城市概念后，国内开始大张旗鼓地进行智慧城市建设，把城市信息化建设模式从数字城市、无线城市推向另一个高度。2012 年，住房和城乡建设部率先启动智慧城市试点工作。部分经济条件较好、信息化水平较高的城市已经完成从理论探索、概念包装向实施和落地阶段的转移，我国的智慧城市建设呈现出规模发展态势。与此同时，世界各国以点带面，城市信息化的升级正在积极有序地推进。

欧洲，智慧城市的发展更关注城市的生态环境和智能经济，2009 年 10 月，欧盟公布的新能源研究投资方向中将投资 110 亿欧元用于“智慧城市”项目，在 25 ~ 30 个城市中重点发展低碳住宅和低碳交通。

亚洲，日本和韩国致力于建设基于 U-City 的“智慧城市”，即在任何地点，电子设备都可以随时获取信息和服务。近几年日本将智慧城市建设重点转移到环境保护上来，核心是建设生态智慧城市，如横滨的智慧城市规划就是通过大量引入可再生能源、电动汽车、家电及建筑物、社区智能能源管理实现生态智慧城市。新加坡、马来西亚等东南亚城市则将智慧城市的重点放在高科技产业的发展上。新加坡提出通过建立无处不在的信息网和发展通信产业打造“智慧国”。马来西亚通过建设“多媒体超级走廊”（Multimedia Super Corridor），即从马来西亚首都吉隆坡南郊新吉隆坡国际机场延伸至市区边缘的国油双峰塔的走廊地带，打造一个长 50km，宽 15km，总面积 750km^2 的大型科技园区，建设 12 个智慧城市。新加坡启动“智慧国 2015”计划，建立无处不在的信息网络，大力发展通信和信息服务等高新技术产业。

在建设理念和发展主题上，欧洲智慧城市以绿色、低碳、环保的智慧应用示范和局部试点为主。亚洲地区智慧城市建设以政府推动为主，相对较为体系化。

北美地区则以市场化机制来推动智慧城市，更加注重数据开放和建设实效。北美地区采用“企业推动为主,政府引导促进为辅”的发展方式,该地区政府重视公共数据的开放与共享,强调信息化建设的顶层规划，城市管理者并不在意其发展的是智慧城市还是数字城市，而更加注重技术应用效果和项目所发挥的效益，但是其发展理念、应用范围均很超前。

总之，国外大部分地区已经完成工业化，已经或正在进入信息化时代，其城镇化率已经达到相当高的程度。因此，绿色低碳、惠民服务、信息共享成为其发展智慧城市的主要诉求。他们在全面统筹规划、资源整合共享的基础上，主抓区域均衡建设，引领区域创新发展。

世界主要智慧城市建设经验及启示 表 6-2-11

区域	城市	经验	启示
西欧	奥地利维也纳	在智慧城市的建设过程中，维也纳制定了一系列的规划文件，包括“智慧能源愿景 2050”、“道路地图”以及“行动计划 2012-2015”等，明确智慧城市目标。目前，维也纳正试图联合各利益相关方共同磋商，致力于碳减排、交通以及土地规划变更等，希望在欧洲的智慧城市技术方面占有一席之地。	兰西城市群智慧城市建设重点在于基础设施、产业基地建设和应用体系
	法国巴黎	欧洲城市，巴黎在可持续发展方面表现突出。在智慧城市的应用方面，巴黎的公共自行车、自行车出租系统以及“汽车图书馆”成效显著。其中，汽车图书馆与自行车出租的模式相似，由巴黎市长发起，目前的出租站点达到 250 个。	
	英国伦敦	伦敦因其在某些可持续性方面的创新（如拥堵税）以及强大的交通系统而获得好评。伦敦的帝国理工学院将建设一个智慧城市研究中心，该中心通过对交通、政府、商业、学术以及客户数据的研究，致力于提高城市效率和创造力。伦敦与英国运营商 O_2 公司已达成合作，计划搭建欧洲最大的免费 Wi-Fi 网络。	
	德国柏林	在与瑞典大瀑布电力公司、宝马汽车公司以及其他公司的合作中，柏林正在测试汽车电网技术，希望通过电动汽车创造一个虚拟的发电机组。	
	丹麦哥本哈根	哥本哈根在可持续创新方面成绩卓著：哥本哈根承诺到 2025 年实现碳中和，40% 的市民骑自行车上下班。哥本哈根市长 Frank Jensen 明确表示，要将清洁技术创新作为刺激经济增长的引擎。	

续表

区域	城市	经验	启示
西欧	西班牙巴塞罗那	巴塞罗那拥有低碳解决方案，是智慧城市的先锋。大约 10 年前，巴塞罗那在世界范围内首次提出了太阳能条例。目前，巴塞罗那又启动了“生活电动汽车”项目，希望推动电动汽车和充电基础设施的应用。此外，该城市还以合作的模式为智慧城市创新建设生活实验室。	兰西城市群智慧城市建设重点在于基础设施、产业基地建设和应用体系
北美	美国纽约	智慧城市建设过程中，纽约于 2009 年创建了业务分析解决方案中心，用以满足复杂功能需求的增长，帮助用户优化业务流程和业务决策方式。此外，纽约已经在城市防止火灾、识别可疑的退税主张等方面取得了一些成效，预计此举在五年内有望为纽约节省 1 亿美元。	
	加拿大多伦多	多伦多是智慧城市榜单上排名最靠前的北美城市。在智慧城市建设的过程中，多伦多的私营部门以合作的形式自发创建“智慧通勤多伦多”组织，致力于提高大都会区的运输效率。此外，多伦多目前也开始利用填埋垃圾得到的天然气为城市垃圾车提供动力，初步探索智慧的闭环城市思维。	
东亚	中国香港	在智慧城市的实践探索中，中国香港将射频识别（RFID）技术试验于飞机场，并贯穿于整个农业供应链。此外，中国香港还是智慧卡应用的领军城市。目前，已有数以百万的居民通过智慧卡享受城市提供的公共交通、图书馆、接入、访问接入、购物以及停车场等服务。	
	日本东京	东京是排名列表上最靠前的亚洲城市。2011 年，东京宣布在郊区建立智慧城镇计划，该智慧城镇将使所有家庭的集成太阳能电池板、蓄电池、节能电器等都连接到一个智能电网上。此外，东京还致力于智慧移动解决方案的研究。	

6.2.7.3 兰西城市群智慧城市建设路径

智慧城市建设包括智慧产业、智慧民生、智慧管理、智慧城市。兰西城市群区域内城市在智慧城市建设方面，应重点以智慧产业和智慧民生作为智慧城市建设的突破口，以建设智能交通、城市基础设施、公共应急决策、能源与资源管理等示范应用工程为主要抓手，进而发展智能感知、泛在互联、数据活化、安全可信和服务发布等关键技术。

1）大力推进智慧应用体系建设

（1）构建智慧物流体系。结合国家“一带一路”的战略，重点建设全国性物流节点城市和黄河上游港口城市，依托西宁曹家堡临空经济区和兰州新区，加快兰州和西宁航空港智慧港口建设，大力推广射频识别、多维条码、卫星定位、货物跟踪、电子商务等信息技术在物流企业、物流产业基地和物流监管部门中的应用，进一步完善第四方物流市场、电子口岸等服务平台，加快推进智慧口岸，兰州新区和西宁航空物流保税港区的物流服务体系等现代物流服务系统的建设，形成高水平、个性化的现代物流体系。

（2）构建智慧制造体系。在机械装备、精细化工、生物医药、电工电器、纺织服装等重点制造行业，推广适用的信息化辅助设计系统和制造系统，推动制造过程逐步向信息化制造的高级阶段发展。围绕家电、机电、仪器仪表等传统产品升级，大力推广应用信息技术，开发数字化、智能化的新产品。加强制造企业的管理信息化建设，提高制造企业的管理水平和经营效益。

（3）构建智慧贸易体系。大力发展网络市场和电子商务，建设国际国内贸易的服务网络和信息平台，促进贸易体系内外对接。以贸易示范区为龙头，建设集贸易、物流、金融和口岸服务于一体的专业国际贸易服务平台，打造一批智慧型进出口专业市场。大力发展集产品展示、信息发布、交易、支付于一体的综合电子商务企业和国家级行业电子商务网站，鼓励引导骨干企业应用电子商务，带动和促进企业间的电子商务建设，提高行业整体水平。

（4）构建智慧能源应用体系。运用各种智慧技术、先进设备和新工艺，强化能源利用管理，发展风能、太阳能等可再生能源和新能源产业，优化能源供给结构，实现能源产业的可持续发展。重点推进智慧电能建设，加快智慧技术在发电、输电、配电、供电、用电服务等环节的广泛应用，加快推进以超高压电网为基础骨干网架的电网建设，促进各级电网协调发展。逐步推行各类可再生新能源统一入网管理和分布式管理，提高能源的使用效率，形成更可控、更高效、更安全的运营管理模式。建立完善资源价格机制，创新能源消费方式，逐步建立环保、节约、高效的能源利用模式。

（5）构建智慧公共服务与社会保障体系。全面推动住房、教育、就业、文化、社会保障、供电、供水、供气、防灾减灾等公共服务智慧应用系统的建设；完善智慧社会管理体系、智慧健康保障体系、智慧安居服务体系、智慧文化服务体系的建设工作。重点建设医疗急救系统、远程挂号系统、电子收费系统、电子健康档案、数字化图文体检诊断查询系统、数字远程医疗系统等智慧医疗系统，逐步实现卫生政务电子化、医院服务网络化、公共卫生管理数字化、卫生医疗信息服务一体化，建设覆盖城乡各类卫生医疗机构的信息化网络体系；研究制定智慧社区安居标准规范，加快智慧家居系统、智慧楼宇、智慧社区的建设，为市民提供更加便利、更加舒适、更加放心的家庭服务、养老服务和社区服务；加强新闻出版、广播影视、文学艺术等行业的信息化建设，整合文化信息资源，开发文化娱乐产品，促进数字电视、电子娱乐、电子书刊、数字图书馆的发展；按照全方位、实时化的要求，加快推进社会治安监控、灾难预警、应急处置、安全生产监管、食品药品安全监管、环境监测、口岸疫情预警等信息系统建设，完善公共安全事件应急处置机制；按照权力模块化、制度刚性化、信息公开化、监督动态化的要求，加快推进综合电子监察系统和纪检监察业务网络系统的建设，打造高效、廉洁、法治型的服务政府。

（6）构建智慧交通体系。努力提高交通运输设施、设备的信息化和智能化水平。加快推进交通行业基础性数据库和信息交换体系建设，开展跨部门、跨行业信息交换与共享。建设关键业务系统，重点推进综合交通服务和管理系统、交通诱导系统、交通应急指挥系统、数字公路综合信息服务系统、出租车与公交车及轨道车辆智能服务管理系统、电子收费系统、港口信息管理系统、港航信息监控中心等智慧交通应用系统建设。以信息化为支撑，提高城市交通的科学管理和组织服务水平，便利广大群众出行，探索破解大城市“出行难”的有效方法和模式。

2）智慧产业基地建设

（1）建设网络数据基地。着力提升政府数据中心、互联网交换中心和数据灾备中心的建设水平，加快培育和建设物联网公共服务平台，加快引进移动通信数据中心、金融数据处理中心、国际物流数据处理中心、重点产品和资源数据中心、市民健康数据中心、空间资源中心等一批面向重点行业应用的数据中心项目，大力推动包括电信运营商与广电运营商在内的央企、大型国企和地方发电企业；建立云计算中心，加快形成海量数据的收集、保存、共享、分类挖掘利用的能力，为城镇群及更大区域的信息化和相关产业的发展提供服务。

（2）建设软件研发推广产业基地。大力推进智慧城市十大智慧应用系统软件的研发与推广应用。抓紧规划建设智慧城市软件研发推广产业基地，全面推进智慧应用系统软件研发生产、应用服务和关键技术体系与公共服务平台建设。鼓励基础条件较好的市级各类功能开发区、县（市）区积极发展各类应用软件设计开发产业基地、创新基地、推广和服务基地。依托产业基地，重点引进和集聚一批具备较大规模和较强创新能力的软件企业，吸引世界 IT 百强及国内大型软件公司在园区落户或设立研发中心。积极引导民营资本和科技人员、大学生在软件服务领域投资创业。

（3）建设智慧装备和产品研发与制造基地。加快制造企业的转型升级，重点提升发展一批如智能家电、智能电表、数控设备等智慧装备产品的设计制造企业。依托城市新区等重点功能区域及各县（市）区，推动现代装备制造产业基地建设，培育发展新一代宽带移动通信装备、信息传感装备、智能交通装备、智能工业控制装备、智能环保装备、智能光电及显示技术装备、智能健康医疗装备、智能供水供气装备和智能电网装备等新兴制造产业集群。

（4）建设智慧服务业示范推广基地。通过信息化深入应用，推进传统服务企业经营、管理和服务模式创新，加快向智能化现代服务企业的转型。结合服务业产业实际，重点培育和提升现代物流、高端商务、现代金融、现代商贸、服务外包、旅游休闲、文化创意、信息服务和电子商务等服务业发展。依托各县（市）区现有基础，结合各自优势，争取在每一个重点服务行业培育一批智慧服务产业示范推广基地，引进和培育一批信息化程度高、管理精细、服务高效、特色明显，具有较强行业示范带动作用的服务企业，从而推进服务业整体发展。

3）智慧基础设施建设

（1）着力构建新一代信息网络基础设施。加快物联网试点推广，加快推进光纤到户、下一代互联网、下一代广播电视网和第三代移动通信网络的建设，开展第四代移动通信网络试点，努力构建“随时随地随需”、统一高效的泛在网络。推进城镇地区光纤到楼入户，加快光纤网络向乡镇和行政村的延伸，推进宽带向政府、公共服务机构和社区中心覆盖。统筹规划物联网和云计算服务平台建设，更好地发挥新一代信息网络基础设施建设效益。加快推进“三网融合”，加大数字电视网络整合力度，实现整体转换和网络升级，积极推进互联网、电信网、广电网“三网”融合，加大内容资源开发和业务创新，大力发展IPTV、手机电视、互联网视频等融合业务。积极探索建立适应三网融合的运营模式、市场体系和政策体系，逐步在全域推广。

（2）加强信息安全基础建设。加强立法和执法工作，强化互联网安全管理，建立网上身份认证（实名）制，强化互联网运营商和联网单位的信息安全的管理职责。全面落实“三网融合”等新技术、新应用背景下的信息安全管理措施，建立信息网络基础设施建设与信息安全同步规划、同步建设工作机制。全面落实基础网络与重要信息系统信息安全等级保护制度，完善数字认证、信息安全风险评估工作机制。规范重要数据库和信息系统的开发、运营和管理等各个环节的信息安全工作，加强网络经济活动中违反信用行为的惩戒制度的建设。抓紧建设市级综合性数据容灾中心，提升网络与信息系统的数据备份和应急处理能力，掌握信息安全主动权，为智慧城市建设提供可靠的信息安全保障。

（3）推进城市基础设施感知化建设。推进电力、煤气、天然气、液化石油气等能源感知化建设；推进水资源保护、自来水厂、供水管网、排水和污水处理等给水排水设施感知化建设；推进道路、桥梁、隧道、轨道、公共交通、出租汽车、停车场、轮渡、航空、铁路、航运、长途汽车和高速公路等交通设施感知化建设；推进园林绿化、垃圾收集与处理、污染治理等环保设施感知化建设；推进防台风、防风沙、消防、防汛、防震、防地面沉降和防空等防灾设施感知化建设。

（4）深入推进信息资源开发利用和整合共享。进一步推进法人、自然资源与空间地理、人口、宏观经济等基础数据库建设，加快推进教育科研、社会保障、社会求助、食品药品、医疗卫生、土地、林地、气象、水利、住房、交通等专业数据库建设，为相应业务应用系统和智慧城市应用体系建设提供丰富、准确、及时的信息资源，为政府公共管理服务、企业经营管理和居民生存发展提供有力的支撑服务。加快政务信息资源目录体系和交换体系建设，积极探索建立信息资源共享交换机制。推进社会治安视频监控资源整合利用工作，探索建立视频信息治安防控整合工作机制。大力培育信息资源市场，鼓励信息资源公益性开发利用。加快互联网内容资源建设。

小结

兰西城市群区域城镇化在快速发展的过程中，受全球化、信息化及地域分工等的影响，外部空间结构发生重组和架构。在水系、交通技术及道路系统演化下，城市建设用地空间形态发生相应变化，即城市内外空间结构发生变化、分形（城市内部空间），其建设和生产活动引发城市及腹地（区域）景观格局变化，主要表现为建设用地侵占农业用地，造成耕地、草地、水体的减少等。研究从两种状态格局（城镇化状态格局和环境响应格局）出发，分析人口和经济城镇化空间格局及演化，探讨生态环境伴随城镇化演化的过程，剖析城镇化与生态环境之间相互作用和影响的内在机制。另外，城市是大地和时间的产物，大地的水、气候、土壤、矿产等资源和能源因影响着人的活动而影响城市发展；同时，城市因人类的社会需要，通过建筑、色彩和空间形态等表达方式和方法反映人的意愿，即“人”与“地”相互作用。研究借鉴系统理论，分析城镇化和生态环境要素之间的交互耦合作用，阐述生态环境对城镇化空间格局的基础作用和城镇对生态环境的影响。以状态格局（结果）→影响因素（原因）→耦合机制（预期结果）的思路，从系统理论及混沌理论视角分析城镇化空间格局对生态环境要素之间的相互作用，主要从城镇化空间格局对生态环境要素的“记忆”和时空“累积”作用及生态环境对城镇化主要要素的“反抗”作用进行研究的基础上，提出兰西城市群城镇化空间格局优化的七大路径：①按照兰西城市群生态环境容量和土地承载能力，划定区域功能管控线，明确空间功能，有利于空间管控发展；②强化兰西城市群核心城市的带动作用，扩大核心城市规模，提高核心城市辐射带动能力；③结合国家新型城镇化建设，重点培育规模以上的重点镇和特色镇建设；④因地制宜，按照差异化和特色化原则，优化城市职能；⑤统筹不同城市不同类型规划，进行协调化发展；⑥注重工业化和城镇化的互动发展，促进产城融合发展；⑦严控生态底线的持续发展，建设生态城市和智慧城市。

参考文献

[1] 方创琳 . 中国城市群形成发育的新格局及新趋向 . 地理科学，2011，31（9）：1025-1034.

[2] 方创琳，宋吉涛，蔺雪芹等 . 中国城市群可持续发展理论与实践 . 北京：科学出版社，2010：14-15.

[3] 方创琳，中国城市群研究取得的重要进展与未来发展方向 . 地理学报，2014，69（8）：1130-1144.

[4] 方创琳 . 城市群空间范围识别标准的研究进展与基本判断 . 城市规划学刊，2009，182（4）：1-6.

[5] 方创琳，宋吉涛，张蔷 . 中国城市群结构体系的组成与空间分异格局 . 地理学报，2005，60（5）：827-840.

[6] 宋吉涛，方创琳 . 中国城市群空间结构的稳定性分析 . 地理学报，2006，61（12）：1311-1325.

[7] 方创琳，祁巍峰，宋吉涛 . 中国城市群紧凑度的综合测度分析 . 地理学报，2008，63（10）：1011-1021.

[8] 董治，吴兵，王艳丽 . 中国城市群交通系统发展特征研究 . 中国公路学报，2011，24（2）：83-88.

[9] 康勇，张龙，孙毅等 . 北京郊区小城镇发展现状和发展路径思考 . 小城镇建设，2013（3）：50-56.

[10] 许玲 . 大城市周边地区小城镇发展研究 . 西北农林大学论文 .2004：44-45.

[11] 刘会晓，王大勇 . 国外小城镇建设模式探究 . 世界农业，2013（4）：31-34.

[12] 罗震东，何鹤鸣 . 全球城市区域中的小城镇发展特征与趋势研究——以长江三角洲为例 . 城市规划，2013（3）：9-16.

[13] 谭克龙，高会军 . 中国半干旱生态脆弱带遥感理论与实践 [M]. 北京：科学出版社，2007：29-31.

[14] 张志斌，张新红 . 兰州—西宁城市整合与协调发展 [J]. 经济地理，2006，26（1）：96-99.

[15] 朱竑 . 河湟谷地兰（州）—西（宁）大城市带的发展趋势研究 [J]. 地理学与国土研究，1999，15（1）：13-16.

[16] 陆大道 .2006 中国区域发展报告：城市化进程及空间扩张 [M] . 北京：商务印书馆，2007.

[17] 陆大道 . 中国区域发展的理论与实践 [M]. 北京：科学出版社，2003：101-121.

[18] John M.Marzluff · Eric Shulenberger. Urban Ecology：An International Perspective on the Interaction Between Humans and Nature. Springer Science+Business Media，LLc. 2008.

[19] 方创琳 . 城市化过程与生态环境效应 [M]. 北京：科学出版社，2008.

[20] 中国科学院生态与环境领域战略研究组 . 中国至 2050 年生态与环境科技发展路线图 . 北京：科学出版社 .2009：7.

[21] 国际城市蓝皮书 . 国际城市发展报告（2014）. 北京：中国社会科学院社会科学文献出版社，2014.

[22] 李双成，赵志强，王仰麟 . 中国城市化过程及其资源与生态环境效应机制 [J]. 地理科学进展，

2009，28（1）：63-70.

［23］R·哈特向．地理学性质的透视 [M]. 北京：商务印书馆，1997.

［24］埃比尼泽·霍华德．明日的田园城市 [M]. 金经元译．北京：商务印书馆，2000.

［25］李小建．经济地理学．北京：高等教育出版社，2002：2.

［26］Gottmann.J.Megalopolis：or the Urbanization of the Northeastern Seaboard." Economic Gegraphy. 1957，33：189-200.

［27］Gottmann.J. Megalopolis：or the Urbanization of the Northeastern Seaboard of the United States. New York：K I P，1961.

［28］Gottmann.J.and Robert.A.H.. Metropolis on the Move：Geogrophers Look at Urban Sprawl. Chicester：John Wiley & Sons，Inc.，1967.

［29］Gottmann.J.. Megalopolis Revisited：Twenty-five Years Later. College Park. Maryland：University of Maryland，Institute for Urban Studies，1987.

［30］Gottmann.J.and Harpr.R.A.. Since Megalopolis. The Urban Writings of Jean Gottman. Baltimore：The John HopKins University Press，1990.

［31］McGee.T.G.. The Emergence of Desakota Region in Asia：Expanding a Hypothesis."in Ginsberg.N;Koppel. B.and McGee.T.G，.The Extended Metropolis：Settlements Transition in Asia. Honolulu：University of Hawall，1991.

［32］McGee.T.G..New Regions of Emerging Rural-Urban Mix in Asia：Implications for National and Regional Policy.Paper Presented at the Seminar on Emerging Urban-Regional Linkages：Challenge for Industrialization. Employment and Regional Development. Bangkok：August，1989：16-19.

［33］冯健．西方城市内部空间结构研究及启示 [J]. 城市规划，2005（29）：8，41-50.

［34］唐子来．西方城市空间结构研究的理论和方法 [J]. 城市规划汇刊，1997，6：1-12.

［35］刘易斯·芒福德．城市发展史——起源、演变和前景．宋俊岭等译．北京：中国建筑工业出版社，2005.

［36］张敦富．区域经济学原理．北京：中国轻工业出版社，1999：1.

［37］邬建国．景观生态学——格局、过程、尺度与等级．北京：高等教育出版社，2000：12.

［38］周一星．城市地理学．北京：商务印书馆，2003.

［39］段进．城市空间发展论 [M]. 南京：江苏科学技术出版社，1999.

［40］冯建，周一星．中国城市内部空间结构研究进展与展望．地理科学进展 [J]，2003，3（22）：304-314.

［41］刘辉，段汉明，范熙伟，谢元礼．西宁城市空间形态演化研究 [J]. 地域研究与开发，2009（10）：56-62.

［42］徐昀，朱喜钢．近代南京城市社会空间结构变迁——基于 1929 年、1947 年南京城市人口数据的分析 [J]. 人文地理，2008，6（104）：17-23.

[43] 何流，黄春晓．城市女性就业的空间分布——以南京为例 [J]. 经济地理，2008，1（28）：105-110.
[44] 宣国富，徐建刚．基于 ESDA 的城市社会空间研究——以上海市中心城区为例 [J]. 地理科学，2010，1（30）：22-30.
[45] 王兴中，刘永刚．中国大城市“项链状”现代商娱场所引力圈的结构——以西安为例 [J]. 经济地理，2008（28）：214-222.
[46] 孟斌，尹卫红，张景秋，张文忠．北京宜居城市满意度空间特征 [J]. 地理研究，2009，28（5）：1318-1326.
[47] 张晓平，刘卫东．开发区与我国城市空间结构演进及其动力机制 [J]. 地理科学，2003，2（23）：142-150.
[48] 杨振山，蔡建明．利用探索式空间数据解析北京城市空间经济发展模式 [J]. 地理学报．2009，8（64）：944-955.
[49] 杨永春，伍俊辉，等．1949 年以来兰州城市资本密度空间变化及其机制 [J]. 地理学报，2009，64（2）：189-201.
[50] 周春山．城市空间结构和形态 [M]. 科学出版社，2007.
[51] 史培军，黄庆旭．城市扩展多尺度驱动机制分析——以北京为例 [J]. 经济地理，2009，5（29）：714-721.
[52] 刘小平，黎夏．景观扩张指数及其在城市扩展分析中的应用 [J]. 地理学报，2009，12（64）：1430-1438.
[53] 李全林，朱传耿．基于 GIS 的盐城城市空间结构演化分析 [J]. 地理与地理信息科学，2007，23(3)：69-75.
[54] 庄大方，邓祥征，战金艳．北京市土地利用变化的空间分布特征 [J]. 地理研究，2002，6（21）：667-674.
[55] 陈刚强，李郇，许学强．中国城市人口的空间集聚特征与规律分析 [J]. 地理学报，2008，63(10)：1045-1054.
[56] 顾朝林，庞海峰．基于重力模型的中国城市体系空间联系与层域划分 [J]. 地理研究，2008，1(27)：1-13.
[57] 方创琳等．中国城市群结构体系的组成与空间分异格局 [J]. 地理学报，2005，5（60）：827-840.
[58] 宋吉涛，方创琳，宋敦江．中国城市群空间结构的稳定性分析 [J]. 地理学报，2006，12（61）：1311-1325.
[59] 王开泳，陈田．我国中部地区人口城市化的空间格局 [J]. 经济地理，2008，3(28)：353-356.
[60] 张京祥．城镇群体空间组合．南京：东南大学出版社：2001.
[61] 马晓冬，马荣华，蒲英霞．苏州地区城市化空间格局及演化分析 [J]. 城市问题，2007，9(146)：20-24.
[62] 宋永昌，由文辉．城市生态学．上海：华东师范大学出版社，2000：10.

[63] 理查德·瑞吉斯特 . 生态城市——重建与自然平衡的城市 [M]. 北京：社会科学文献出版社，2010.

[64] 李升峰 . 城市人居环境 . 贵阳：贵州人民出版社，2002：10.

[65] 罗宏，舒剑民，吕连宏等 . 基于 IPAT 模型的苏州市环境压力——响应分析 [J]. 环境科学研究，2010，1（23）：116-120.

[66] 刘耀彬 . 江西省城市化与生态综合响应程度分析 [J]. 自然资源学报，2008（23）：422-428.

[67] 欧阳婷萍 . 珠江三角洲城市化发展的环境影响评价研究 [D]. 中国科学院研究生院广州地球化学研究所，2005.

[68] 刘喜广 . 区域环境承载力对土地利用变化的响应——以山东省垦利县为例 [J]. 国土资源科技管理，2008，6（25）：57-61.

[69] 涂小松，濮励杰 . 苏锡常地区土地利用变化时空分异及其生态环境响应 [J]. 地理研究，2008，3（27）：583-595.

[70] 杨庆媛 . 土地利用与生态环境演化浅析 [J]. 地域研究与开发 .2000，2（19）：7-12.

[71] 陈英玉，蒋复初 . 共和盆地气候变化及其环境响应 [J]. 地理研究 .2009，2（28）：363-371.

[72] 雷春芳 . 兰西城镇密集区空间结构演化研究 . 西北师范大学硕士学位论文 .2007.

[73] 张志斌，张小平 . 西北内陆城镇密集区发展演化与空间整合 . 北京：科学出版社，2010：2.

[74] 焦世泰，石培基，王世金 . 兰州—西宁城市区域结构优化研究 [J]. 干旱区资源与环境，2008，5（22）：11-14.

[75] 董晓峰，刘理臣 . 基于与的兰州都市圈土地利用变化研究 [J]. 兰州大学学报（自然科学版），2005，1（41）：8-11.

[76] 赵娟，张阳生等 . 青海省东部河湟谷地城镇体系结构特点及其成因分析 [J]. 干旱区资源与环境，2007，7（21）：16-21.

[77] 朱兵 . 基于“点—轴系统”的兰西城镇密集区发展研究 . 西北师范大学硕士学位论文 .2007.

[78] 刘春燕 . 兰西城市发展研究 . 西北师范大学硕士学位论文 .2004.

[79] 张新宏 . 西北内陆城镇密集区整合发展研究——以兰西城镇密集区为例 . 西北师范大学硕士学位论文 .2007.

[80] 杨永春，孟彩红 . 基于 GIS 的兰州城市用地变化分析 [J]. 山地学报，2005，2（23）：174-184.

[81] 杨永春 . 中国西部河谷型城市的发展和空间结构研究 . 南京大学博士学位论文 .2003.

[82] 王有乐，周智芳 . 黄河兰州段水环境风险容量研究 . 环境科学与技术，2006，6（29）：72-73.

[83] 程胜龙，王乃昂 . 近 60 年兰州城市发展对城市气候环境的影响 [J]. 兰州大学学报（自然科学版），2006，3（42）：40-43.

[84] 李娜，夏永久 . 兰州城市人居环境可持续发展综合评价 [J]. 城市问题 .2006，4（132）：42-46.

[85] 王长征，刘毅 . 人地关系时空特征性分析 . 地域研究与开发，2004，1（23）：7-14.

[86] 普雷斯顿·詹姆斯，杰弗雷·马丁 . 地理学思想史 [M]. 北京：商务印书馆，1989.

[87] 吴传钧 . 论地理学的研究核心——人地关系地域系统 [J] . 经济地理，1991，12（3）：1-6.

[88] Thomas.Man's Role in Changing the Face of the Earth.1956.
[89] 王爱民，刘加林 . 我国人地关系研究进展评述 [J]. 热带地理，2001（4）.
[90] 蔡运龙 . 人地关系研究范型：地域系统实证 [J]. 人文地理，1998（2）.
[91] 蔡运龙 . 人地关系研究范型：哲学与伦理思辩 [J]. 人文地理，1996（1）.
[92] 许国安主编 . 系统科学 [M]. 上海：上海科技教育出版社，2000.
[93] 中国科学院区域发展领域战略研究组 . 中国至 2050 年区域科技发展路线图 . 北京：科学出版社，2009：8.
[94] 张理茜，蔡建明，王妍 . 城市化与生态环境响应研究综述 [J]. 生态环境学报，2010，19（1）：244-252.
[95] 李振福 . 城市化水平综合测度模型研究 [J]. 北京交通大学学报（社会科学版）. 2003，1（2）75-80.
[96] 欧向军，甄峰，秦永东 . 区域城市化水平综合测度及其理想动力分析——以江苏省为例 [J]. 地理研究，2008，5（27）：993-1003.
[97] 官静，许恒国 . 区域城市化水平综合评价及其地域差异研究——以江苏省为例 [J]. 资源与产业，2008（10）：35-39.
[98] 王国杰，廖善刚 . 土地利用强度变化的空间异质性研究 . 应用生态学报，2006，4（17）：611-614.
[99] 丁忠义，郝晋珉等 . 区域土地利用强度内涵及其应用——以河北省曲周县为例 . 中国土地科学，2005，5（19）：19-25.
[100] 张金萍，汤庆新，张保华 . 县域土地利用强度变化的空间异质性研究——以山东省冠县为例 . 资源开发与市场，2008，10（24）：871-873.
[101] 尚正永，张小林 . 长江三角洲城市体系空间结构及其分形特征 [J]. 经济地理，2009，6（29）：913-919.
[102] 张增祥 . 基于遥感和 GIS 的天津城市空间形态变化分析 [J]. 地理信息科学，2007，19（5）：89-95.
[103] 李全林，朱传耿 . 基于 GIS 的盐城城市空间结构演化分析 [J]. 地理与地理信息科学，2007，23（3）：69-75.
[104] 何春阳，陈晋，史培军 . 基于 CA 的城市空间动态模型研究 [J]. 地球科学进展，2002，17（2）：187-196.
[105] 林炳耀 . 城市空间形态的计量方法及其评价 [J]. 城市规划汇刊，1998，20（3）：42-45.
[106] 杨波，朱道才 . 城市化的阶段特征与我国城市化道路的选择 [J]. 上海经济研究，2006，2：34-40.
[107] 麻清源，马金辉等 . 基于交通网络空间权重的区域经济空间相关分析——以甘肃省为例 . 地域研究与开发，2007，5（26）42-48.
[108] 刘辉，段汉明，范熙伟 . 兰西城市群区域人口和资源承载力研究 . 农业现代化研究，2010（5）：290-294.
[109] 王晓燕 . 银川城市内部空间结构的演变与发展研究 [J]. 城市问题，2006，7（135）：41-44.
[110] 杨永春，张从果，刘治国 . 快速集聚发展过程中的河谷型城市的空间整合与规划——以兰州市为

例 [J]. 干旱区研究，2004，4（27）：603-609.

［111］高志强，刘纪远 . 中国土地资源生态环境背景与利用程度的关系 [J]. 地理学报，2008，12（53）：36-44.

［112］胡兴林 . 甘肃省主要河流径流时空分布规律及演变趋势分析 [J]. 地球科学进展，2000，5（15）：16-22.

［113］Soumyanand Dinda.Environmental Kuznets Curve Hypothesis：A Survey. Ecological Economics. 2004（49）：431-455.

［114］杨特群，饶素秋等 . 1951 年以来黄河流域气温和降水变化特点分析 [J]. 人民黄河，2009，10（31）：76-77.

［115］施淑文 . 建筑环境色彩设计 [M]. 北京：中国建筑工业出版社，1991：7.

［116］李德华 . 城市规划原理 [M]. 北京：中国建筑工业出版社，2001：6.

［117］李爱军，朱翔，赵碧云等 . 生态环境动态监测与评价指标体系探讨 [J]. 中国环境监测，2004，8（4）：35-38.

［118］张明才，田贵全 . 山东省生态环境遥感监测 . 国土资源遥感 [J]. 2006，4（12）：63-66.

［119］朱晓华，杨秀春 . 层次分析法在区域生态环境质量评价中的应用研究 [J]. 国土资源科技管理，2001，18（5）：43-461.

［120］曹宏伟 . 鞍山市生态环境遥感评价指标体系 . 辽宁城乡环境科技 [J].2007，2（4）：45-46.

［121］国家环境保护总局 . 生态环境状况评价技术规范（试行）. 2006：3-13.

［122］王娟敏，杨联安，高雪玲等 . 陕西省生态遥感监测与评价研究 [J]. 水土保持通报，2006，6（12）：51-54.

［123］陈文惠 . 国内生态环境遥感监测的内容与方法探讨 [J]. 亚热带资源与环境学报，2007，2（6）：62-67.

［124］赵英时等 . 遥感应用分析原理与方法 [M]. 北京：科学出版社，2003：6.

［125］原华荣，周仲高，黄洪琳 . 土地承载力的规定和人口与环境的间断平衡 [J]. 浙江大学学报（人文社会科学版），2007（9）：114-123.

［126］张明辉，尹琼，黄飞 . 新形势下湖南省土地人口承载力研究 [J]. 国土资源科技管理，2006（5）：57-60.

［127］叶伟，赵善伦，孙静 . 土地人口承载力计算方法综述 [J]. 环境科学与管理，2008（3）：40-44.

［128］程丽莉，吕成文，胥国麟 . 安徽省土地资源人口承载力的动态研究 [J]. 资源开发与市场，2006（4）：318-320.

［129］李泽红，董锁成等 . 相对资源承载力模型的改进及其实证分析 [J]. 资源科学 .2008，30（9）：1336-1343.

［130］王传武 . 济宁市相对资源承载力与可持续发展 [J]. 地理科学进展，2009，28（3）：460-464.

［131］孙慧 . 新疆相对资源承载力与可持续发展 [J]. 经济地理，2009，29（6）：995-999.

[132] 沈建法 .1982 年以来中国省级区域城市化水平趋势 [J]. 地理学报，2005，60（4）: 607-614.

[133] 理查德·瑞吉斯特 . 生态城市 – 重建与自然平衡的城市 [M]. 北京 . 社会科学文献出版社，2010.

[134] 牟瑞芳 . 铁路交通规划环境影响评价指标体系的建立 [J]. 交通运输工程与信息学报，2007(15): 6-9.

[135] 苏州，涂圣文 . ArcGIS 空间分析功能在道路交通环境影响后评价中的应用 [J]. 中南公路工程，2006（31）: 164-166.

[136] 李智，鞠美庭，刘伟等 . 中国经济增长与环境污染响应关系的经验研究 [J]. 城市环境与城市生态，2008（21）: 45-47.

[137] 陈兴鹏，范振军等 . 兰州经济发展和生态环境互动作用机理研究 [J]. 地域研究与开发，2005，1(24): 92-95.

[138] 宋永昌，由文辉，王祥荣等 . 城市生态学 . 上海：华东师范大学出版社，2000.

[139] 毛锋，马强等 . 城市生态环境规划的原理与模拟探析 . 北京大学学报（自然科学版）. 2002，4(38): 561-569.

[140] 鲍超，方创琳 . 河西走廊城市化与水资源利用关系的量化研究 . 自然资源学报，2006，2（21）: 301-311.

[141] 陈彦光 . 分形城市系统：标度·对称·空间复杂性 . 科学出版社，2008：7 .

[142] 张志斌，陆慧玉 . 主体功能区视觉下的兰州—西宁城镇密集区空间结构优化 [J]. 干旱区资源与环境，2010，10（24）: 13-18.

[143] 焦世泰，石培基 . 王世金 . 兰州—西宁城市区域空间整合战略构想 [J]. 地域研究与开发，2008，2(27): 43-46.

[144] 杨敬宇，聂华林 . 兰西区域经济一体化实验区建设研究 [J]. 地域研究与开发，2010，4（29）: 27-31.

[145] 方创琳 . 中国城市发展格局优化的科学基础与框架体系 . 经济地理，2013，33(12): 1-9.

[146] Arie Sohachar. Randstand Holland.A ‘world city’ [J]. Urban Studies.1994, 31（3）: 381-400.

[147] David F. Batten. Network cities. Creative urban agglomeration for the 21th century [J]. Urban Studies, 1995, 32（2）: 313-327.

[148] Breheny, M. Centrists, Decentrists and compromisers.Views on the future of urban form. In Jenks, M. , Burton, E. , & Williams, K. ed. The compact city. A sustainable urban form [M] London：E&FN Spon, 1996.

[149] Douglas, A. E. Symbiotic Interactions [M]. Oxford University Press, 1994.

[150] Douglass, M, Mega-urban regions and world city formation. Globalization, the economic crisis and urban policy issues in Pacific Asia[J]. Urban Studies.2000, 37（12）: 2315-2335.

[151] Fainstein, S., the City Builders. Property, Politics, and Planning in London and New York [M]. Cambridge, MA. Blackwell, 1994.

[152] Friedman, J. and Wolff, G. World city formation: An agenda for research and action[J]. International Journal of Urban and Regional Research, 1982 (6): 309-444.

[153] Friedman, J. Political and technical moments in development, aggropolitan development revised[J]. Environment and planning, 1985, 122 (3).

[154] Friedman, J. The world city hypothesis. development and change [J]. Urban studies, 1986, 117 (2).

[155] Friedman, J. . Where we stand. A decade of world research. In P. L. Knox and P. J .Taylor, editors, World cities in the world System[M]. Cambridge, UK. Cambridge University Press, 1995.

[156] Godfrey, B. Restructuring and decentralization in a world city [J] . Geographical Review.1995 (85): 436-457.

[157] Chiesa, Vittorio, Manzini, Raffaella, Noci, Giuliano. Towards a sustainable view of the competitive system. Long Range Planning Volume: 32, Issue: 5, October, 1999: 519-530.

[158] Lee, Kian Foh. Sustainable tourism destinations: the importance of cleaner production. Journal of Cleaner Production Volume: 9, Issue: 4, August, 2001: 313-323.

[159] Gong, Jianhua; Lin, Hui. Sustainable development for agricultural region in China: case studies. Forest Ecology and Management Volume: 128, Issue: 1-2, March 15, 2000: 27-38 .

[160] Roseland, Mark. Sustainable community development: integrating environmental, economic, and social objectives.Progress in Planning Volume: 54, Issue: 2, 2000: 73-132.

[161] Weenen, J.C. van.Towards sustainable product development.Journal of Cleaner Production Volume: 3, Issue: 1-2, March 6, 1995: 95-100.

[162] Haque, M.Shamsul. Environmental Discourse and Sustainable Development: Linkages and Limitations.Ethics and the Environment Volume: 5, Issue: 1, Spring, 2000: 3-21.

[163] Quaddus, M.A., Siddique, M.A.B.Modelling sustainable development planning: A multicriteria decision conferencing approach.Environment International Volume: 27, Issue: 2 ~ 3, 2001: 89-95.

[164] Roberts. Don V. Sustainable Development and the Use of Underground Space.Tunneling and Underground Space Technology Volume: 11, Issue: 4, 1996: 383-390.

[165] Cooke P., Morgan K. The Network Paradigm: New Departures in Corporate and Regional Development [A]. Environment and Planning D: Society and Space, 1993, 36 (11): 543-564.

[166] Pitts F. The medieval river trade network of Russia revisited [J]. Social Network, 1997 (1): 285-293.

[167] Gilbert A., Gugler J. Cities, poverty and development: Urbanization in the third world [M]. Oxford: Oxford Univexsity Press, 1982.

[168] Roberts, R. B. Cities of peasants: the political economy of urbanization in the third world [M]. London: Edward Arnold, 1985.

[169] Angotti, T. Metropolis 2000[M]. New York.Routledge, 1993.

[170] Amin, A. and Thrift. Neo-Marshalling nodes in global networks[J]. International Journal of Urban and Regional Research, 1994 (16): 571-587.

[171] Armstrong, W. and McGee, T, G. Theaters of Accumulation.Study in Asia and Latin American Urbanization[M]. London, UK.Methuen, 1985.

[172] Batten D.F. network cities versus central place cities.building a Cosmo-creative constellation, AN. E Anderson, D.F.Batten, K.Kpobayashiand K.Yoshikawa (eds) [J]. The Cosmo-creative Society, 1993: 137-150.

[173] Barch, A. Kipnis. Dynamics and potential of Israel's megalopolitan process[J]. Urban Studies, 1997, 34 (3): 489-501.

[174] Batten D.F. Network Cities.Creative Urban Agglomerations for the Century [J]. Urban Studies, 1995, 32 (2): 313-327.

后记

城市群是未来一段时间中国城镇化和经济建设的主要载体。据《中国城市统计年鉴（2014）》，2013年末中国三大类20个城市群建设用地仅占全国建设用地面积的9.50%，却承载全国人口的60.21%，地区生产总值的83.89%，拥有金融机构存款额和贷款额的78%以上，社会消费品零售额占全国的72.74%，耗掉城市供水量占全国城市供水量的71.34%。兰西城市群作为全国中西部培育建设的城市群，在2013年末，兰西城市群地区生产总值为3874.23亿元，占甘肃省和青海省地区生产总值的45.83%，总人口1322万人，占甘肃省和青海省的41.85%。兰西城市群对带动区域经济发展起到重要作用。同时，该区域属于黄河上游，生态环境脆弱，作为全国首个绿色经济区（兰西格经济区），建设以兰西城市群为重要载体，以兰州、西宁为双核驱动，兼具发展循环经济、生态产业、旅游产业等诸多内容，让兰西格经济区真正成为西北崛起、均衡发展、连通藏区的经济先导区和示范区。因此，研究加快培育兰西城市群建设和推动兰西格经济区融合、互动、协调发展显得尤为重要。

《城市群城镇化空间格局、环境效应及优化——以兰西城市群为例》是依托博士毕业论文《兰州—西宁区域城市化空间格局及环境响应研究》基础上完成。在此深深感谢我的博士生导师段汉明教授给予的指导、资助和大力支撑。

在编著过程中，中国建筑工业出版社责任编辑焦扬提出了诚挚而中肯的建议，使我受益匪浅，在他们帮助下，完成区域城市化向城市群城市化学术视角转化，使得本书得以完善，在此致以深深的谢意！另外，得到中城国合（北京）规划设计研究院赵小松、北京国土局杜春芝、首都医科大学康慨、北京璟田城市规划设计有限公司韩冬等的大力帮助。在此对他们付出的辛勤劳动报以最诚挚的感谢！另外，特别感谢北京璟田城市规划设计有限公司对本书出版的资金支持！！

兰西城市群空间范围划分不唯一，城市群划分标准和空间范围界定尚未达成共识，本书是在博士论文研究的基础上进行的相关研究，一些观点和看法有失偏颇，特别是兰西城市群空间优化的路径，仁者见仁，智者见智。本书编写过程中，参考了许多专家学者论著或科研论文，对引用部分都已一一注明，如仍有遗漏之误，诚请多多包涵。渴望阅读本书的同仁、朋友多提宝贵意见！

刘辉

2016年春于北京

附图

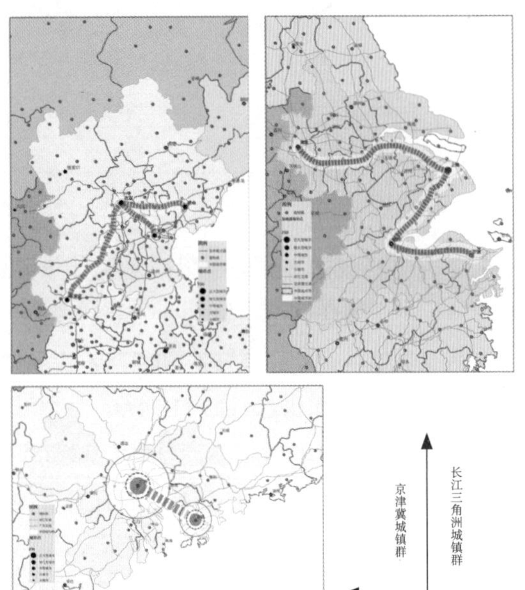

图 1-1-1　三大城镇群规模以上建制镇空间分布

图 1-2-2　兰西城市群区域周边地形及其地理格局

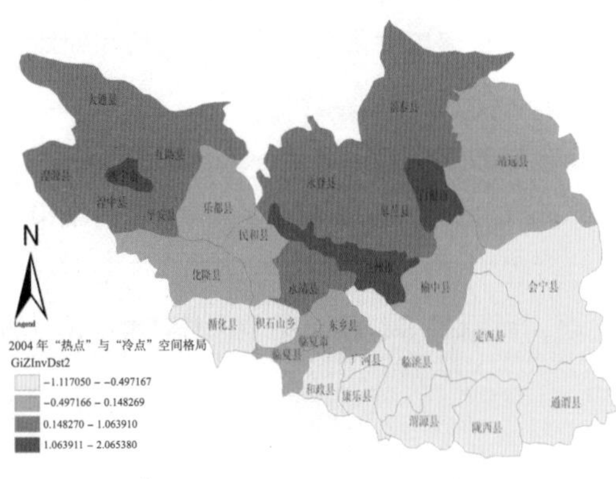

图 3-2-7　2004 年“热点”空间格局

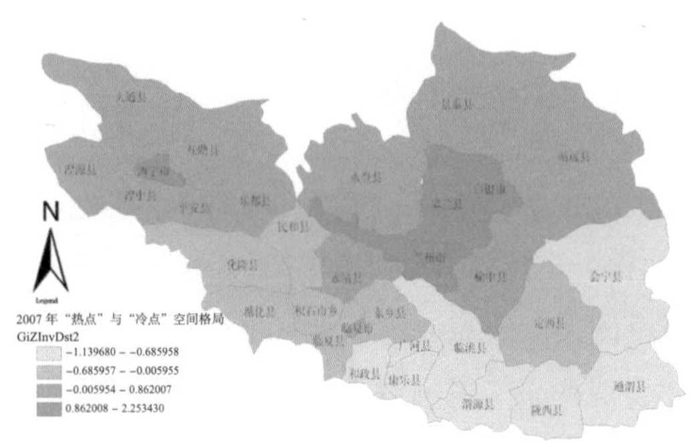

图 3-2-8　2008 年“热点”空间格局

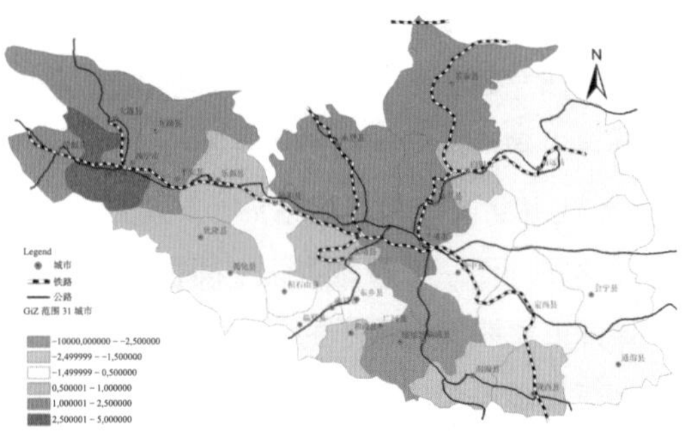

图 3-2-13　2008 年二、三产业比重“热点”分布图

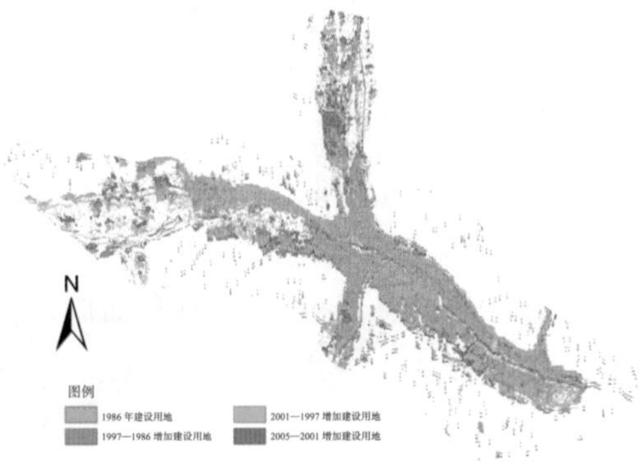

图 3-3-3　1986 ~ 2005 年西宁市建设用地演化图

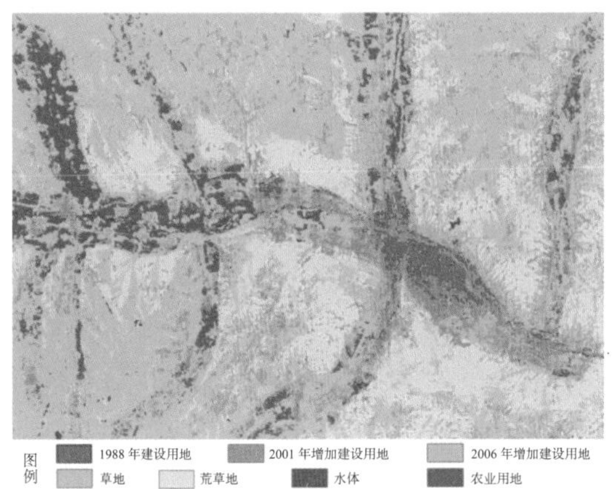

图 3-3-6　1987 ~ 2006 年西宁建设用地景观演变

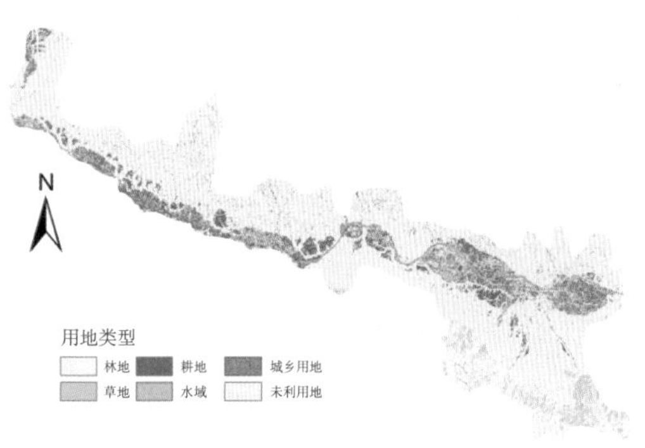

图 4-2-1　2006 年兰州土地利用类型及其空间分布图

图 4-2-21　1996 ~ 2001 年兰西城市群区域生态环境演化空间分布

图 4-2-22　2001 ~ 2006 年兰西城市群区域生态环境演化空间分布

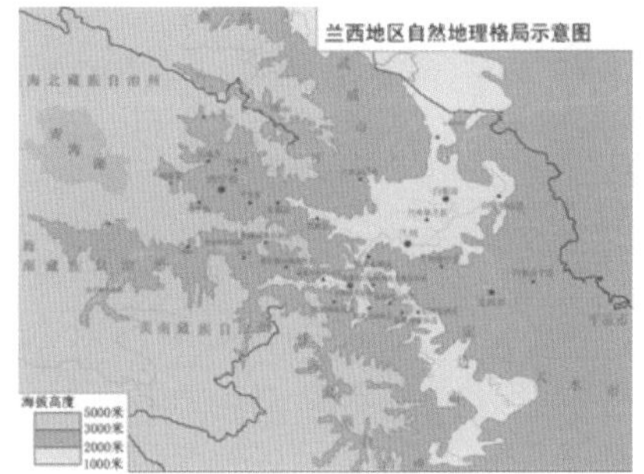

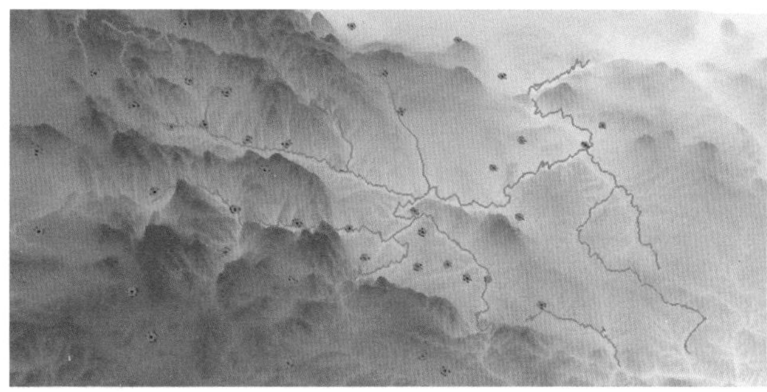

图 5-1-8　兰西城市群区域海拔高度与城市空间分布的关系

责任编辑：焦　扬
封面设计：

经销单位：各地新华书店、建筑书店
网络销售：本社网址 http://www.cabp.com.cn
中国建筑出版在线 http://www.cabplink.com
中国建筑书店 http://www.china-building.com.cn
本社淘宝天猫商城 http://zgjzgycbs.tmall.com
博库书城 http://www.bookuu.com
图书销售分类：城市规划・城市设计（P10）

ISBN 978-7-112-20244-7

(29604) 定价：56.00 元